허세 없는 기본 문제집 — 새 교육과정 반영 (2026년 중2 적용)

바쁜 중2를 위한 빠른 중학연산

2권

2학년 1학기

3, 4단원

이지스에듀

지은이 | **임미연**

임미연 선생님은 대치동 학원가의 소문난 명강사로, 15년 넘게 중고등학생에게 수학을 지도하고 있다. 명강사로 이름을 날리기 전에는 동아출판사와 디딤돌에서 중고등 참고서와 교과서를 기획, 개발했다. 이론과 현장을 모두 아우르는 저자로, 학생들이 어려워하는 부분을 잘 알고 학생에 맞는 수준별 맞춤 수업을 하는 것으로도 유명하다. 그동안의 경험을 집대성해 《바쁜 중1을 위한 빠른 중학연산 1권, 2권》, 《바쁜 중1을 위한 빠른 중학도형》, 《바빠 중학수학 총정리》, 《바빠 중학도형 총정리》 등 〈바빠 중학수학〉 시리즈를 집필하였다.

바쁜 친구들이 즐거워지는 **빠**른 학습법 — 바빠 중학수학 시리즈(개정2판)

바쁜 중2를 위한 빠른 중학연산 2권

초판 1쇄 발행 2025년 5월 30일
초판 3쇄 발행 2026년 1월 20일
(2018년 8월에 출간된 개정1판을 새 교과과정에 맞춰 출간한 개정2판입니다.)
지은이 임미연
발행인 이지연
펴낸곳 이지스퍼블리싱(주)
출판사 등록번호 제313-2010-123호
제조국명 대한민국
주소 서울시 마포구 잔다리로 109 이지스 빌딩 5층(우편번호 04003)
대표전화 02-325-1722
팩스 02-326-1723
이지스퍼블리싱 홈페이지 www.easyspub.com
이지스에듀 카페 www.easysedu.co.kr
바빠 아지트 블로그 blog.naver.com/easyspub
인스타그램 @easys_edu
페이스북 www.facebook.com/easyspub2014
이메일 service@easyspub.co.kr

기획 및 책임 편집 박지연 | 김현주, 김경진, 이지혜 **교정 교열** 서은아 **전산편집** 이츠북스
표지 및 내지 디자인 손한나, 김세리 **일러스트** 김학수, 이츠북스 **인쇄** 보광문화사 **독자지원** 박애림, 이세진, 김수경
영업 및 문의 이주동, 김요한(support@easyspub.co.kr) **마케팅** 라혜주

ISBN 979-11-6303-709-5 54410
ISBN 979-11-6303-598-5(세트)
가격 **14,000원**

• **이지스에듀**는 이지스퍼블리싱(주)의 교육 브랜드입니다.
(이지스에듀는 학생들을 탈락시키지 않고 모두 목적지까지 데려가는 책을 만듭니다!)

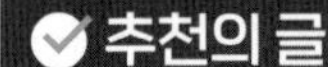

“ 전국의 명강사들이 박수 치며 추천한 책! ”

스스로 공부하기 좋은 허세 없는 기본 문제집!

이 책은 쉽게 해결할 수 있는 연산 문제부터 배치하여 아이들에게 성취감을 줍니다. 또한 명강사에게만 들을 수 있는 꿀팁이 책 안에 담겨 있어서, 수학에 자신이 없는 학생도 혼자 충분히 풀 수 있겠어요! **수학을 어려워하는 친구들에게 자신감을 심어 줄 교재입니다!**

송낙천 원장 | 강남, 서초 최상위에듀학원/ 최상위 수학 저자

'바빠 중학연산'은 한 학기 내용을 두 권으로 분할해, 영역별 최다 문제가 수록되어 아이들이 문제를 풀면서 스스로 개념을 잡을 수 있겠네요. **예비 중학생부터 중학생까지, 자습용이나 선생님들이 숙제로 내주기에** 최적화된 교재입니다.

최영수 원장 | 대치동 수학의열쇠 본원

'바빠 중학연산'은 명강사의 비법을 책 속에 담아 개념을 이해하기 쉽고, **연산 속도와 정확성을 높일 수 있도록 문제가 잘 구성**되어 있습니다. 이 책을 통해 심화 수학의 기초가 되는 연산 실력을 완벽하게 쌓을 수 있을 것입니다.

김종명 원장 | 분당 GTG수학 본원

연산 과정을 제대로 밟지 않은 학생은 학년이 올라갈수록 어려움을 겪습니다. 어려운 문제를 풀 수 있다 하더라도, 연산 실수로 문제를 틀리면 아무 소용이 없지요. 이 책은 **학기별로 필요한 연산 문제를 해결할 수 있어, 바쁜 중학생들에게 큰 도움이 될 것입니다.**

송근호 원장 | 용인 송근호수학학원

쉽고 친절한 개념 설명+충분한 연습 문제+시험 문제까지 3박자가 완벽하게 구성된 책이네요! 유형별 문제마다 현장에서 선생님이 학생들에게 들려주는 꿀팁이 탑재되어 있어, 마치 친절한 선생님과 함께 공부하는 것처럼 문제 이해도를 높여 주는 아주 좋은 교재입니다.

한선영 원장 | 파주 한쌤수학학원

'바빠 중학연산'을 꾸준히 사용하면서 수학을 어려워하는 학생들이 연산 훈련으로 개념을 깨우치는 데에 도움이 많이 되었습니다. **큰 도움을 받은 교재인 만큼 수학에 어려움을 겪고 있는 학생들에게 이 책을 추천합니다.**

김종찬 원장 | 용인죽전 김종찬입시전문학원

각 단원별 **꼼꼼한 개념 정리와 당부하듯 짚어 주는 꿀팁에서 세심함과 정성이 느껴지는 교재입니다.** 늘 더 좋은 교재를 찾기 위해 많은 교재를 찾아보는데 개념과 문제 풀이 두 가지를 다 잡을 수 있는 알짜배기 교재라서 강력 추천합니다.

진명희 원장 | 동두천 MH수학전문학원

수학은 개념을 익힌 후 반드시 충분한 연산 연습이 뒷받침되어야 합니다. '바빠 중학연산'은 잘 정돈된 개념 설명과 유형별 연산 문제가 충분히 배치되어 있습니다. 이 책으로 공부한다면 **중학수학 기본기를 완벽하게 숙달시킬 수 있을 것입니다.**

송봉화 원장 | 동탄 로드학원

중2 수학은 중·고등 수학의 기본!

중학수학을 잘하려면 어떻게 공부해야 할까?

■ 중학수학의 기초를 튼튼히 다지고 넘어가라!

수학은 계통성이 강한 과목으로, 중학수학부터 고등수학 과정까지 단원이 연결되어 있습니다. 중학수학 1학기 과정은 1, 2, 3학년 모두 대수 영역으로, 중1부터 중3까지 내용이 연계됩니다. 특히 **중2 과정의 수와 식의 계산, 부등식, 연립방정식, 함수 영역은 중·고등 수학 대수 영역의 기본이 되는 중요한 단원**입니다.
이 책은 중2에서 알아야 할 가장 기본적인 문제에 충실한 책입니다.

그럼 중2 수학을 효율적으로 공부하려면 무엇부터 해야 할까요?

① 쉬운 문제부터 차근차근 푸는 게 낫다.	VS	② 어려운 문제를 많이 접하는 게 낫다.

공부 전문가들은 이렇게 이야기합니다. "학습하기 어려우면 오래 기억하는 데 도움이 된다. 그러나 학습자가 배경 지식이 없다면 그 어려움은 바람직하지 못하게 된다." 배경 지식이 없어서 수학 문제가 너무 어렵다면, 두뇌는 피로감을 이기지 못해 공부를 포기하게 됩니다.
그러니까 수학을 잘하는 학생이라면 ②번이 정답이겠지만, 보통의 학생이라면 ①번이 정답입니다.

■ 연산과 기본 문제로 수학의 기초 체력을 쌓자!

연산은 수학의 기초 체력이라 할 수 있습니다. 중학교 때 다진 기초 실력 위에 고등학교 수학을 쌓아야 하는데, 연산이 힘들다면 고등학교에서도 수학 성적을 올리기 어렵습니다. 또한 기본 문제집부터 시작하는 것이 어려운 문제집을 여러 권 푸는 것보다 오히려 더 빠른 길입니다. 개념 이해와 연산으로 기본을 먼저 다져야, 어려운 문제까지 풀어낼 근력을 키울 수 있습니다!

'바빠 중학연산'은 수학의 기초 체력이 되는 연산과 기본 문제를 풀 수 있는 책으로, 현재 시중에 나온 책 중 선생님 없이 **혼자 풀 수 있도록 설계된 독보적인 책입니다.**

■ 대치동 명강사의 바빠 꿀팁! 선생님이 옆에 있는 것 같다.

기존의 책들은 한 권의 책에 방대한 지식을 모아 놓기만 할 뿐, 그것을 공부할 방법은 알려주지 않았습니다. 그래서 선생님께 의존하는 경우가 많았죠. 그러나 이 책은 선생님이 얼굴을 맞대고 알려주는 것처럼 세세한 공부 팁까지 책 속에 담았습니다.

각 단계의 개념마다 친절한 설명과 함께 대치동 명강사의 **노하우가 담긴 '바빠 꿀팁'**을 수록, 혼자 공부해도 쉽게 이해할 수 있습니다. 또한 이 책의 모든 단계에 **저자 직강 개념 강의 영상**을 제공해 개념 설명을 직접 들을 수 있습니다.

유튜브 '대치동 임쌤 수학'
개념 강의를 활용하세요!

■ 1학기를 두 권으로 구성, 유형별 최다 문제 수록!

개념을 이해했다면 이제 개념이 익숙해질 때까지 문제를 충분히 풀어 봐야 합니다. '바쁜 중2를 위한 빠른 중학연산'은 충분한 연산 훈련을 위해, 쉬운 문제부터 학교 시험 유형까지 **영역별로 최다 문제를 수록**했습니다. 그래서 2학년 1학기 수학을 두 권으로 나누어 구성했습니다.
이 책의 문제를 풀다 보면 머릿속에 유형별 문제풀이 회로가 저절로 그려질 것입니다.

■ 중2 학생 70%가 틀리는 문제, '앗! 실수'와 '출동! ×맨과 ○맨' 코너로 해결!

수학을 잘하는 친구도 연산 실수로 점수가 깎이는 경우가 많습니다. 이 책에서는 연산 실수로 본인 실력보다 낮은 점수를 받지 않도록 특별한 장치를 마련했습니다.
개념 페이지에 있는 **'앗! 실수'** 코너로 중2 학생 70%가 자주 틀리는 실수 포인트를 정리했습니다. 또한 **'출동! ×맨과 ○맨'** 코너로 어떤 계산이 맞고, 틀린지 한눈에 확인할 수 있어, 연산 실수를 획기적으로 줄이는 데 도움을 줍니다.

또한, 매 단계의 마지막에는 **'거저먹는 시험 문제'**를 넣어, 이 책에서 연습한 것만으로도 풀 수 있는 중학 내신 문제를 제시했습니다. 이 책에 나온 문제만 다 풀어도 맞을 수 있는 학교 시험 문제는 많습니다.

이젠 나도 혼자
공부할 수 있다고!

중학생이라면, 스스로 개념을 정리하고 문제 해결 방법을 터득해야 할 때!
'바빠 중학연산'이 바쁜 여러분을 도와드리겠습니다. 이 책으로 중학수학의 기초를 튼튼하게 다져 보세요!

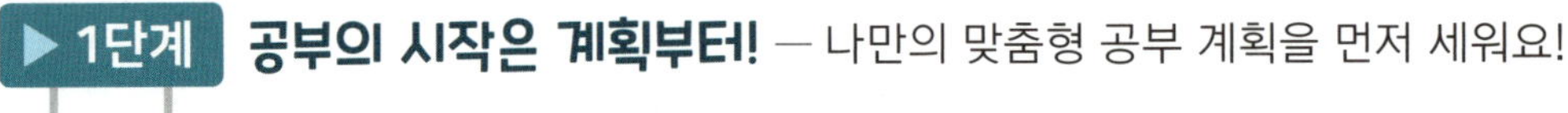

▶ 1단계 공부의 시작은 계획부터! — 나만의 맞춤형 공부 계획을 먼저 세워요!

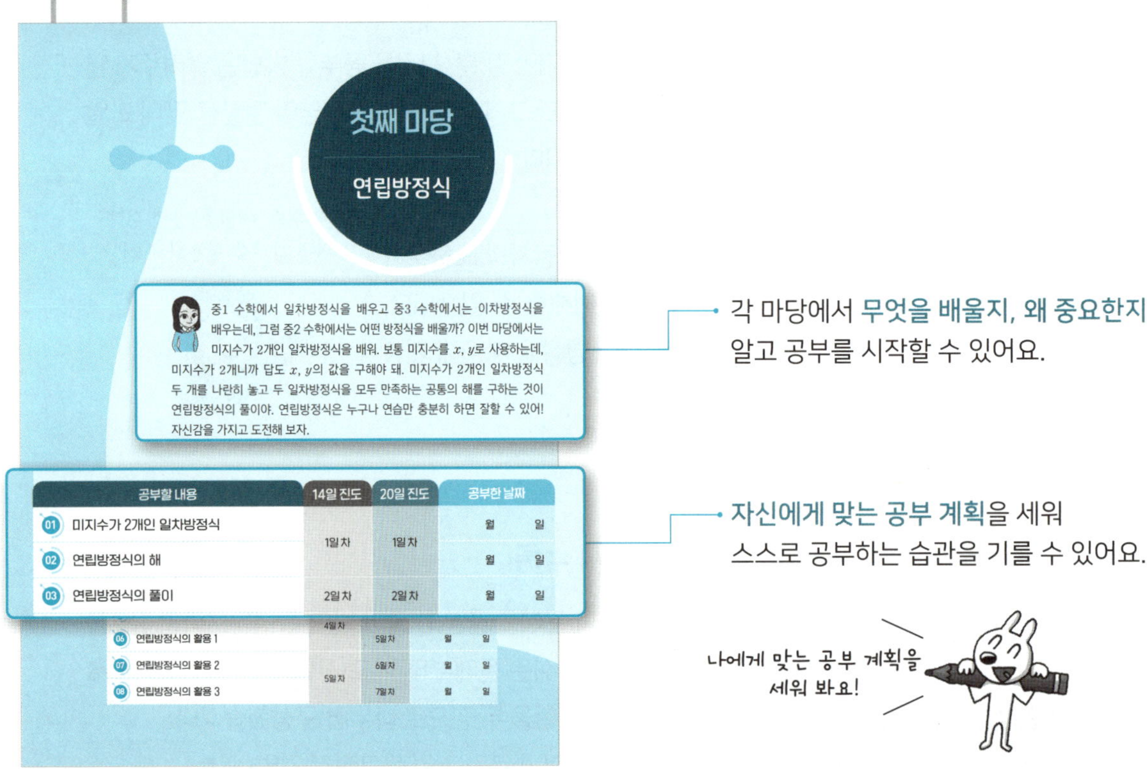

첫째 마당

연립방정식

중1 수학에서 일차방정식을 배우고 중3 수학에서는 이차방정식을 배우는데, 그럼 중2 수학에서는 어떤 방정식을 배울까? 이번 마당에서는 미지수가 2개인 일차방정식을 배워. 보통 미지수를 x, y로 사용하는데, 미지수가 2개니까 답도 x, y의 값을 구해야 돼. 미지수가 2개인 일차방정식 두 개를 나란히 놓고 두 일차방정식을 모두 만족하는 공통의 해를 구하는 것이 연립방정식의 풀이야. 연립방정식은 누구나 연습만 충분히 하면 잘할 수 있어! 자신감을 가지고 도전해 보자.

공부할 내용	14일 진도	20일 진도	공부한 날짜
01 미지수가 2개인 일차방정식	1일차	1일차	월 일
02 연립방정식의 해			월 일
03 연립방정식의 풀이	2일차	2일차	월 일
06 연립방정식의 활용 1	4일차	5일차	월 일
07 연립방정식의 활용 2	5일차	6일차	월 일
08 연립방정식의 활용 3		7일차	월 일

나에게 맞는 공부 계획을
세워 봐요!

각 마당에서 무엇을 배울지, 왜 중요한지 알고 공부를 시작할 수 있어요.

자신에게 맞는 공부 계획을 세워 스스로 공부하는 습관을 기를 수 있어요.

▶ 2단계 개념을 먼저 이해하자! — 단계마다 친절한 핵심 개념 설명이 있어요!

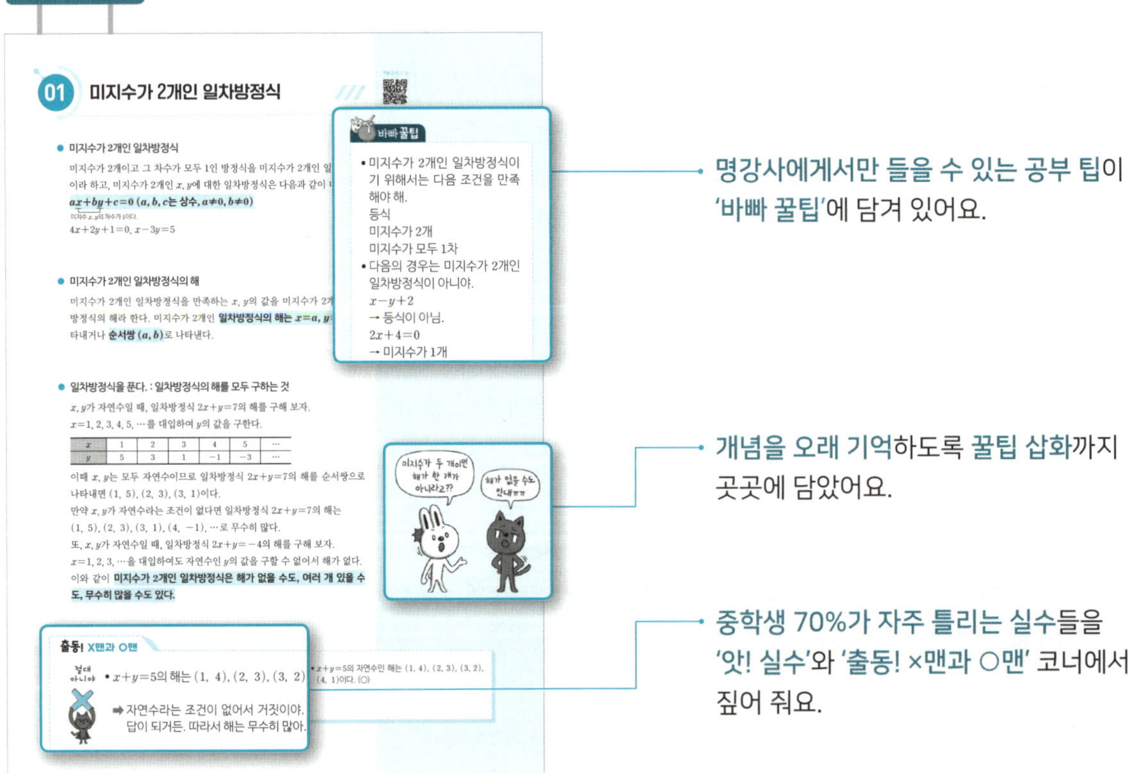

01 미지수가 2개인 일차방정식

● 미지수가 2개인 일차방정식

미지수가 2개이고 그 차수가 모두 1인 방정식을 미지수가 2개인 일차방정식이라 하고, 미지수가 2개인 x, y에 대한 일차방정식은 다음과 같이 나타낸다.

$ax+by+c=0$ (a, b, c는 상수, $a\neq0$, $b\neq0$)

$4x+2y+1=0$, $x-3y=5$

● 미지수가 2개인 일차방정식의 해

미지수가 2개인 일차방정식을 만족하는 x, y의 값을 미지수가 2개인 일차방정식의 해라 한다. 미지수가 2개인 일차방정식의 해는 $x=a$, $y=b$로 나타내거나 순서쌍 (a, b)로 나타낸다.

● 일차방정식을 푼다. : 일차방정식의 해를 모두 구하는 것

x, y가 자연수일 때, 일차방정식 $2x+y=7$의 해를 구해 보자.

$x=1, 2, 3, 4, 5, \cdots$를 대입하여 y의 값을 구한다.

x	1	2	3	4	5	…
y	5	3	1	-1	-3	…

이때 x, y는 모두 자연수이므로 일차방정식 $2x+y=7$의 해를 순서쌍으로 나타내면 $(1, 5)$, $(2, 3)$, $(3, 1)$이다.

만약 x, y가 자연수라는 조건이 없다면 일차방정식 $2x+y=7$의 해는 $(1, 5)$, $(2, 3)$, $(3, 1)$, $(4, -1)$, $\cdots$로 무수히 많다.

또, x, y가 자연수일 때, 일차방정식 $2x+y=-4$의 해를 구해 보자.

$x=1, 2, 3, \cdots$을 대입하여도 자연수인 y의 값을 구할 수 없어서 해가 없다.

이와 같이 **미지수가 2개인 일차방정식은 해가 없을 수도, 여러 개 있을 수도, 무수히 많을 수도 있다.**

바빠 꿀팁

• 미지수가 2개인 일차방정식이 기 위해서는 다음 조건을 만족해야 해.
등식
미지수가 2개
미지수가 모두 1차

• 다음의 경우는 미지수가 2개인 일차방정식이 아니야.
$x-y+2$
→ 등식이 아님.
$2x+4=0$
→ 미지수가 1개

미지수가 두 개이면 해가 한 개가 아니라고??
해가 없을 수도 있냬ㅠㅠ

출동! X맨과 O맨

• $x+y=5$의 해는 $(1, 4)$, $(2, 3)$, $(3, 2)$

➡ 자연수라는 조건이 없어서 거짓이야. 답이 되거든. 따라서 해는 무수히 많아.

• $x+y=5$의 자연수인 해는 $(1, 4)$, $(2, 3)$, $(3, 2)$, $(4, 1)$이다. (○)

명강사에게서만 들을 수 있는 공부 팁이 '바빠 꿀팁'에 담겨 있어요.

개념을 오래 기억하도록 꿀팁 삽화까지 곳곳에 담았어요.

중학생 70%가 자주 틀리는 실수들을 '앗! 실수'와 '출동! ×맨과 ○맨' 코너에서 짚어 줘요.

▶3단계 체계적인 훈련! — 쉬운 문제부터 유형별로 풀다 보면 개념이 잡혀요!

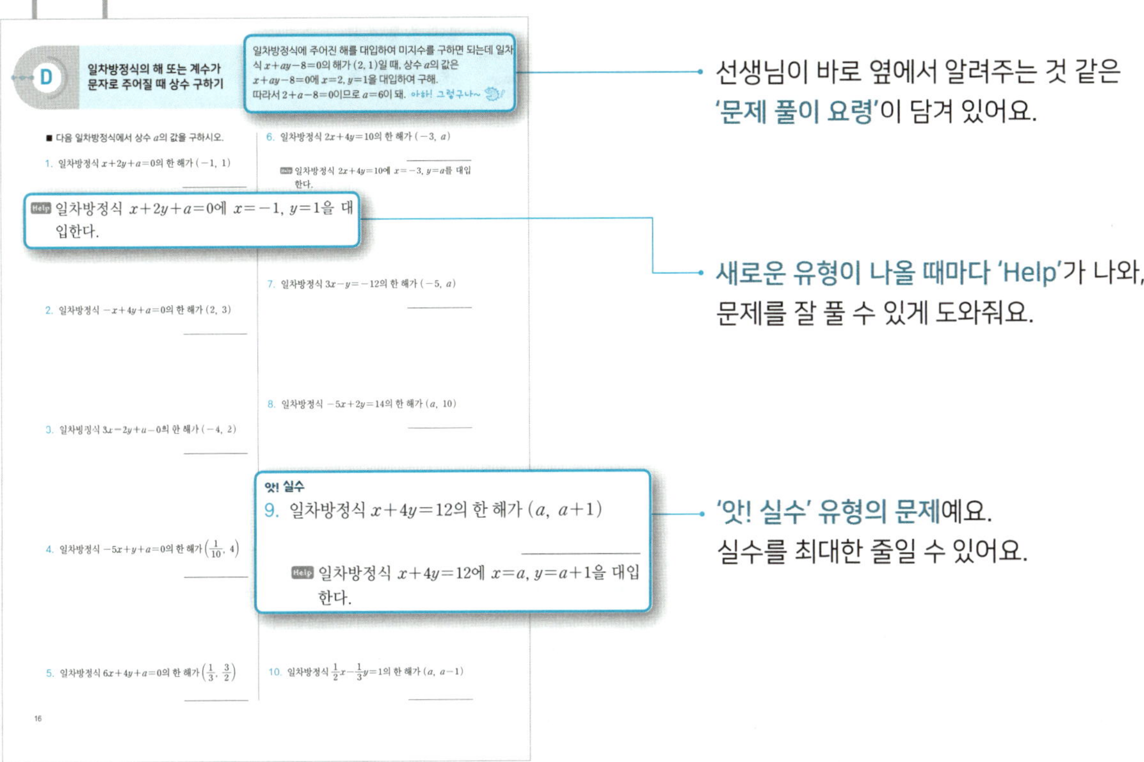

D 일차방정식의 해 또는 계수가 문자로 주어질 때 상수 구하기
일차방정식에 주어진 해를 대입하여 미지수를 구하면 되는데 일차식 $x+ay-8=0$의 해가 $(2, 1)$일 때, 상수 a의 값은
$x+ay-8=0$에 $x=2$, $y=1$을 대입하여 구해.
따라서 $2+a-8=0$이므로 $a=6$이 돼. 아하! 그렇구나~
Help 일차방정식 $x+2y+a=0$에 $x=-1$, $y=1$을 대입한다.
앗! 실수
9. 일차방정식 $x+4y=12$의 한 해가 $(a, a+1)$
Help 일차방정식 $x+4y=12$에 $x=a$, $y=a+1$을 대입한다.

선생님이 바로 옆에서 알려주는 것 같은 '문제 풀이 요령'이 담겨 있어요.

새로운 유형이 나올 때마다 'Help'가 나와, 문제를 잘 풀 수 있게 도와줘요.

'앗! 실수' 유형의 문제예요. 실수를 최대한 줄일 수 있어요.

▶4단계 시험에 자주 나오는 문제로 마무리! — 이 책만 다 풀어도 학교 시험 걱정 없어요!

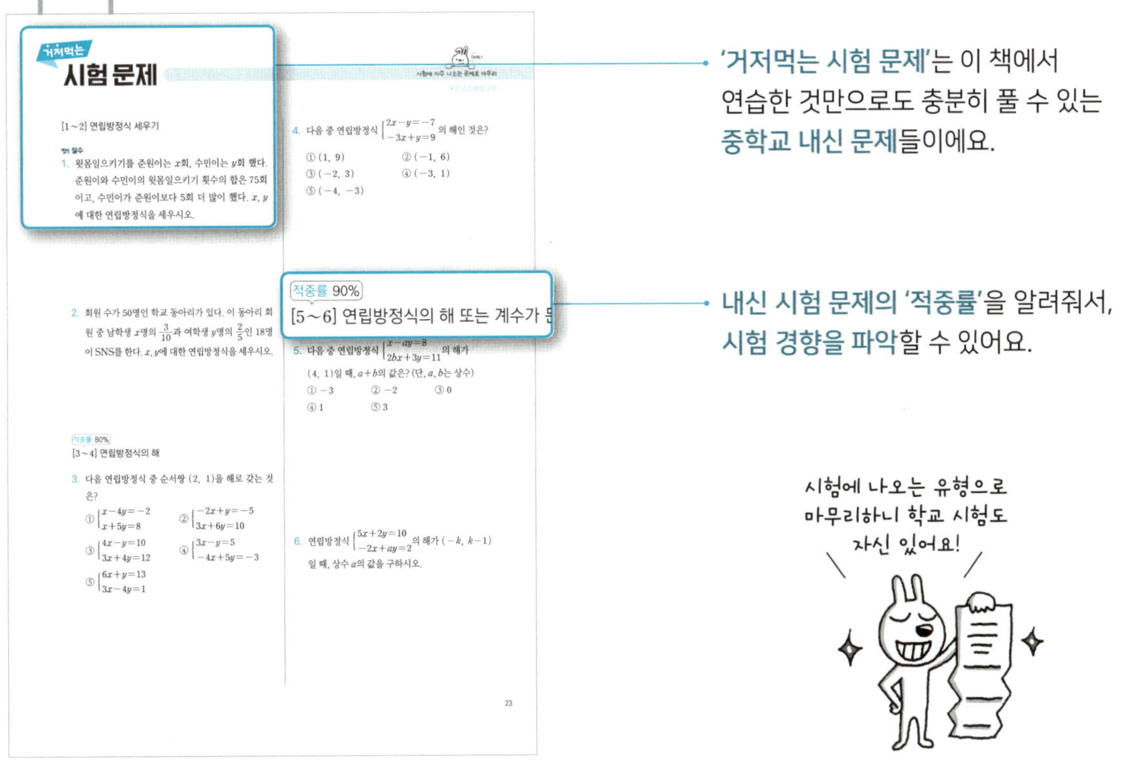

'거저먹는 시험 문제'는 이 책에서 연습한 것만으로도 충분히 풀 수 있는 중학교 내신 문제들이에요.

내신 시험 문제의 '적중률'을 알려줘서, 시험 경향을 파악할 수 있어요.

《바쁜 중2를 위한 빠른 중학연산》 효과적으로 보는 방법

'바빠 중학연산·도형' 시리즈는 1학기 과정이 '바빠 중학연산' 두 권으로, 2학기 과정이 '바빠 중학도형' 한 권으로 구성되어 있습니다.

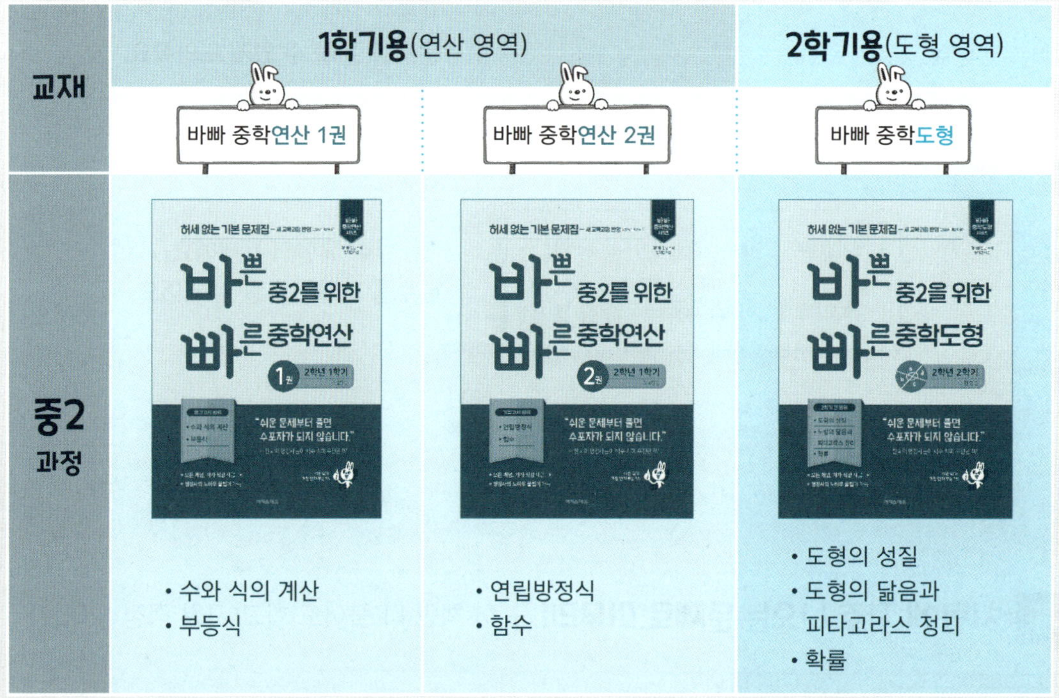

1. 취약한 영역만 보강하려면? — 3권 중 한 권만 선택하세요!

중2 과정 중에서도 수와 식의 계산이나 부등식이 어렵다면 중학연산 1권 <수와 식의 계산, 부등식 영역>을, 연립방정식과 함수가 어렵다면 중학연산 2권 <연립방정식, 함수 영역>을, 도형이 어렵다면 중학도형 <도형의 성질, 도형의 닮음과 피타고라스 정리, 확률>을 선택하여 정리해 보세요. 중2뿐 아니라 중3이라도 자신이 취약한 영역을 집중적으로 공부하여 학습 결손을 빠르게 보충하세요.

2. 중2이지만 수학이 약하거나, 중2 수학을 준비하는 중1이라면?

중학수학 진도에 맞게 [중학연산 1권 → 중학연산 2권 → 중학도형] 순서로 공부하세요.
기본 문제부터 풀 수 있어서, 중학수학의 기초를 탄탄히 다질 수 있습니다.

3. 학원이나 공부방 선생님이라면?

1) 기초가 부족한 학생에게는 개념을 간단히 설명한 후 자습용 교재로 이용하세요.
2) 개념을 익힌 학생에게는 과제용 교재로 이용하세요.
3) 가벼운 선행 학습과 학습 결손을 보강하기 위한 방학용 초단기 교재로 적합합니다.

★ 바빠 중2 연산 1권은 22단계, 2권은 22단계로 구성되어 있고, 단계마다 1시간 안에 풀 수 있습니다.

바쁜 중2를 위한 빠른 중학연산 2권 | 연립방정식, 함수 영역

《바쁜 중2를 위한 빠른 중학연산》 나에게 맞는 방법 찾기

나는 어떤 학생인가?	권장 진도
✔ 중학 2학년이지만, 수학이 어렵고 자신감이 부족하다. ✔ 한 문제 푸는 데 시간이 오래 걸린다. ✔ 예비 중학생 또는 중학 1학년이지만, 도전하고 싶다.	20일 진도 권장
✔ 어려운 문제는 잘 푸는데, 연산 실수로 점수가 깎이곤 한다. ✔ 수학을 잘하는 편이지만, 속도와 정확성을 높여 기본기를 완벽하게 쌓고 싶다.	14일 진도 권장

권장 진도표 ▶ 14일, 20일 진도 중 나에게 맞는 진도로 공부하세요!

✓	1일 차	2일 차	3일 차	4일 차	5일 차	6일 차	7일 차
14일 진도	01~02	03	04	05~06	07~08	09~10	11~12
20일 진도	01~02	03	04	05	06	07	08

✓	8일 차	9일 차	10일 차	11일 차	12일 차	13일 차	14일 차
14일 진도	13~14	15~16	17	18	19~20	21	22 끝
20일 진도	09~10	11	12	13	14	15	16

✓	15일 차	16일 차	17일 차	18일 차	19일 차	20일 차
20일 진도	17	18	19	20	21	22 끝

첫째 마당

연립방정식

중1 수학에서 일차방정식을 배우고 중3 수학에서는 이차방정식을 배우는데, 그럼 중2 수학에서는 어떤 방정식을 배울까? 이번 마당에서는 미지수가 2개인 일차방정식을 배워. 보통 미지수를 x, y로 사용하는데, 미지수가 2개니까 답도 x, y의 값을 구해야 돼. 미지수가 2개인 일차방정식 두 개를 나란히 놓고 두 일차방정식을 모두 만족하는 공통의 해를 구하는 것이 연립방정식의 풀이야. 연립방정식은 누구나 연습만 충분히 하면 잘할 수 있어! 자신감을 가지고 도전해 보자.

공부할 내용	14일 진도	20일 진도	공부한 날짜
01 미지수가 2개인 일차방정식	1일 차	1일 차	월 일
02 연립방정식의 해			월 일
03 연립방정식의 풀이	2일 차	2일 차	월 일
04 조건이 주어진 연립방정식의 풀이	3일 차	3일 차	월 일
05 복잡한 연립방정식의 풀이	4일 차	4일 차	월 일
06 연립방정식의 활용 1		5일 차	월 일
07 연립방정식의 활용 2	5일 차	6일 차	월 일
08 연립방정식의 활용 3		7일 차	월 일

미지수가 2개인 일차방정식

미지수가 2개인 일차방정식

미지수가 2개이고 그 차수가 모두 1인 방정식을 미지수가 2개인 일차방정식이라 하고, 미지수가 2개인 x, y에 대한 일차방정식은 다음과 같이 나타낸다.

$ax+by+c=0$ (a, b, c는 상수, $a\neq0$, $b\neq0$)

미지수 x, y의 차수가 1이다.

$4x+2y+1=0$, $x-3y=5$

미지수가 2개인 일차방정식의 해

미지수가 2개인 일차방정식을 만족하는 x, y의 값을 미지수가 2개인 일차방정식의 해라 한다. 미지수가 2개인 **일차방정식의 해는 $x=a$, $y=b$**로 나타내거나 **순서쌍 $(a,\ b)$**로 나타낸다.

일차방정식을 푼다. : 일차방정식의 해를 모두 구하는 것

x, y가 자연수일 때, 일차방정식 $2x+y=7$의 해를 구해 보자.

$x=1, 2, 3, 4, 5, \cdots$를 대입하여 y의 값을 구한다.

x	1	2	3	4	5	$\cdots$
y	5	3	1	-1	-3	$\cdots$

이때 x, y는 모두 자연수이므로 일차방정식 $2x+y=7$의 해를 순서쌍으로 나타내면 $(1,\ 5)$, $(2,\ 3)$, $(3,\ 1)$이다.

만약 x, y가 자연수라는 조건이 없다면 일차방정식 $2x+y=7$의 해는 $(1,\ 5)$, $(2,\ 3)$, $(3,\ 1)$, $(4,\ -1)$, $\cdots$로 무수히 많다.

또, x, y가 자연수일 때, 일차방정식 $2x+y=-4$의 해를 구해 보자.

$x=1, 2, 3, \cdots$을 대입하여도 자연수인 y의 값을 구할 수 없어서 해가 없다.

이와 같이 **미지수가 2개인 일차방정식은 해가 없을 수도, 여러 개 있을 수도, 무수히 많을 수도 있다.**

바빠 꿀팁

- 미지수가 2개인 일차방정식이기 위해서는 다음 조건을 만족해야 해.
  등식
  미지수가 2개
  미지수가 모두 1차
- 다음의 경우는 미지수가 2개인 일차방정식이 아니야.
  $x-y+2$
  → 등식이 아님.
  $2x+4=0$
  → 미지수가 1개
  $x^2+3y-1=0$
  → x의 차수가 2

미지수가 두 개이면 해가 한 개가 아니라고??
해가 없을 수도 있대ㅠㅠ

출동! X맨과 O맨

- $x+y=5$의 해는 $(1,\ 4)$, $(2,\ 3)$, $(3,\ 2)$, $(4,\ 1)$이다. (×)
  ➡ x, y가 자연수라는 조건이 없어서 거짓이야. $(1.5,\ 3.5)$도 답이 되거든. 따라서 해는 무수히 많아.

- $x+y=5$의 자연수인 해는 $(1,\ 4)$, $(2,\ 3)$, $(3,\ 2)$, $(4,\ 1)$이다. (○)

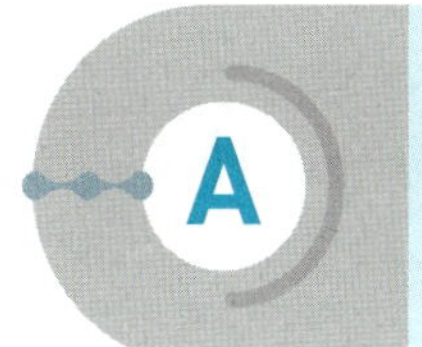

미지수가 2개인 일차방정식

미지수가 2개인 일차방정식을 찾는 문제에서는
① 등식인지 확인하고
② 미지수가 2개인지 확인하고
③ 일차인지 확인해야 해. 잊지 말자. 꼬~옥! 

■ 다음 중 미지수가 2개인 일차방정식인 것은 ○를, 아닌 것은 ×를 하시오.

1. $y=x+1$

2. $y=\frac{1}{x}+2$

Help 분모에 미지수가 있는 식은 일차식이 아니다.

3. $2x^2+1+y=0$

4. $3x-2y=10$

5. $x+1=0$

6. $x+y-5$

앗! 실수

7. $\frac{x}{4}-\frac{y}{3}=2$

8. $x=y(y+4)$

9. $xy+x-y=0$

Help xy는 문자가 두 개 곱해져 있으므로 이차항이다.

앗! 실수

10. $2x^2+x+y=5+2x^2$

Help 우변의 $2x^2$을 이항하여 본다.

미지수가 2개인 일차방정식 세우기

문장제 문제만 보면 어렵게 느끼는 학생이 많은데 아래의 문제들은 간단히 풀 수 있는 쉬운 문제야. 자신을 갖고 주어진 문장을 수, 문자, 기호를 사용하여 미지수가 2개인 일차방정식으로 나타내어 봐.

아하! 그렇구나~

■ 다음 문장을 미지수가 2개인 일차방정식으로 나타내시오.

1. 수학 문제집 x권, 영어 문제집 y권을 합하여 6권을 샀다.

____

2. x의 2배와 y의 3배의 합은 10이다.

____

3. x살인 정환이의 나이는 y살인 예림이의 나이보다 8살이 더 적다.

____

4. 3000원짜리 사과 x개와 4500원짜리 배 y개를 샀더니 21000원이었다.

____

Help 3000원짜리 사과 x개의 값은 $3000x$원이고, 4500원짜리 배 y개의 값은 $4500y$원이다.

5. 농구 시합에서 우리 팀이 2점 슛 x개, 3점 슛 y개를 성공시켜 53점을 득점하였다.

____

6. 강아지 x마리와 닭 y마리의 다리의 수의 합은 48개이다.

____

앗! 실수

7. 가로의 길이가 $x$cm, 세로의 길이가 $y$cm인 직사각형의 둘레의 길이는 25cm이다.

____

8. x의 4배는 y의 2배보다 1만큼 작다.

____

9. 수학 시험에서 3점짜리 문제 x개와 4점짜리 문제 y개를 맞혀서 90점을 받았다.

____

Help 3점짜리 x개의 점수는 $3x$점이고, 4점짜리 y개의 점수는 $4y$점이다.

10. 2000원짜리 공책 x권과 3500원짜리 볼펜 y자루를 사고 18000원을 지불하였다.

____

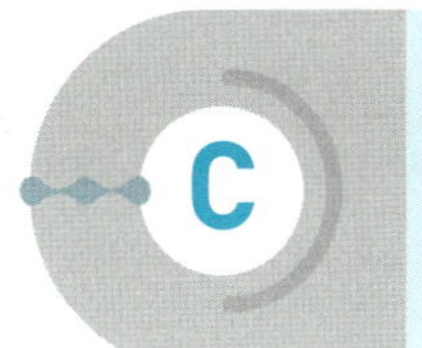

x, y가 자연수일 때, 일차방정식의 해 구하기

x, y에 대한 일차방정식 $ax+by+c=0$의 해가 (p, q)라는 것은 $ax+by+c=0$에 $x=p$, $y=q$를 대입하면 등식이 참이 된다는 뜻이야.
잊지 말자. 꼬~옥!

■ 다음 일차방정식에 대하여 표를 완성하고, x, y가 자연수일 때, 일차방정식의 해를 순서쌍 (x, y)로 나타내시오.

1. $2x+y=8$

x	1	2	3	4
y				

______

Help $x=1, 2, 3, 4$를 $2x+y=8$에 대입한다.
y의 값이 0이 되거나 음수가 되면 해가 아니다.

2. $3x+2y=15$

x	1	2	3	4	5
y					

______

3. $x+5y=20$

x				
y	1	2	3	4

______

4. $2x+5y=25$

x					
y	1	2	3	4	5

______

■ 주어진 순서쌍이 일차방정식의 해이면 ○를, 해가 아니면 ×를 하시오.

5. $2x-y=5$　$(3,\ 1)$

______

Help $x=3$, $y=1$을 $2x-y=5$에 대입하여 등식이 참이 되는지 본다.

6. $5x-2y=12$　$(2,\ -1)$

______

7. $3x-6y=24$　$(3,\ 5)$

______

8. $x+\frac{1}{2}y=8$　$(6,\ 6)$

______

9. $\frac{3}{4}x-\frac{1}{3}y=7$　$(8,\ -3)$

______

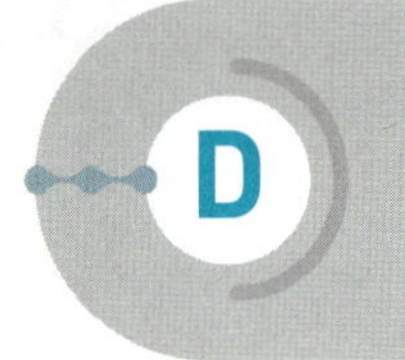

일차방정식의 해 또는 계수가 문자로 주어질 때 상수 구하기

일차방정식에 주어진 해를 대입하여 미지수를 구하면 되는데 일차방정식 $x+ay-8=0$의 해가 $(2, 1)$일 때, 상수 a의 값은 $x+ay-8=0$에 $x=2$, $y=1$을 대입하여 구해.
따라서 $2+a-8=0$이므로 $a=6$이 돼. 아하! 그렇구나~

■ 다음 일차방정식에서 상수 a의 값을 구하시오.

1. 일차방정식 $x+2y+a=0$의 한 해가 $(-1,\ 1)$

Help 일차방정식 $x+2y+a=0$에 $x=-1$, $y=1$을 대입한다.

2. 일차방정식 $-x+4y+a=0$의 한 해가 $(2,\ 3)$

3. 일차방정식 $3x-2y+a=0$의 한 해가 $(-4,\ 2)$

4. 일차방정식 $-5x+y+a=0$의 한 해가 $\left(\frac{1}{10},\ 4\right)$

5. 일차방정식 $6x+4y+a=0$의 한 해가 $\left(\frac{1}{3},\ \frac{3}{2}\right)$

6. 일차방정식 $2x+4y=10$의 한 해가 $(-3,\ a)$

Help 일차방정식 $2x+4y=10$에 $x=-3$, $y=a$를 대입한다.

7. 일차방정식 $3x-y=-12$의 한 해가 $(-5,\ a)$

8. 일차방정식 $-5x+2y=14$의 한 해가 $(a,\ 10)$

앗! 실수

9. 일차방정식 $x+4y=12$의 한 해가 $(a,\ a+1)$

Help 일차방정식 $x+4y=12$에 $x=a$, $y=a+1$을 대입한다.

10. 일차방정식 $\frac{1}{2}x-\frac{1}{3}y=1$의 한 해가 $(a,\ a-1)$

거저먹는

시험 문제

시험에 자주 나오는 문제로 마무리

＊정답과 해설 1쪽

[1～3] 미지수가 2개인 일차방정식

앗! 실수

1. 다음 중 미지수가 2개인 일차방정식인 것은?

① $xy-x=4$ ② $\frac{3}{x}+y=-1$

③ $-\frac{x}{5}+2y=8$ ④ $3x+6y$

⑤ $-x+y+2=-x$

적중률 90%

2. 다음 보기에서 x, y에 대한 일차방정식은 모두 몇 개인지 구하시오.

보 기

ㄱ. $x+\frac{y}{4}=1$ ㄴ. $y=x(x+2)$

ㄷ. $y+3=0$ ㄹ. $y=\frac{2}{3}x-1$

ㅁ. $4x-3=4(x-y+5)$

3. 규호는 700원짜리 아이스크림 x개와 1200원짜리 과자 y개를 사고 5000원을 내었더니 거스름돈 500원을 받았다. 이를 미지수 x, y에 대한 일차방정식으로 나타내시오.

[4～6] 일차방정식의 해

적중률 80%

4. 다음 중 일차방정식 $-x+3y=16$의 해가 되는 것을 모두 고르면? (정답 2개)

① $(0,\ -16)$ ② $(-1,\ 5)$

③ $(7,\ 3)$ ④ $\left(-9,\ \frac{7}{3}\right)$

⑤ $(1,\ -6)$

5. 다음 일차방정식 중 순서쌍 $(-1,\ 1)$을 해로 갖는 것은?

① $x+5y=-4$ ② $\frac{3}{2}x+y=-\frac{1}{2}$

③ $-3x+2y=7$ ④ $-2x+5y=3$

⑤ $\frac{1}{3}x-y=6$

6. 일차방정식 $4x-y=2$의 한 해가 $(a+2,\ a-1)$일 때, 상수 a의 값을 구하시오.

연립방정식의 해

개념 강의 보기

● 미지수가 2개인 연립일차방정식

미지수가 2개인 일차방정식 두 개를 한 쌍으로 묶어 나타낸 것을 미지수가 2개인 **연립일차방정식** 또는 간단히 **연립방정식**이라 한다.

$\begin{cases} x+3y=7 \\ 4x-y=2 \end{cases}$, $\begin{cases} 2x-y=1 \\ y=5x-3 \end{cases}$

바빠 꿀팁

연립방정식에서 연립은 聯(나란히 연), 立(설 립)으로 두 개 이상의 방정식을 나란히 짝지어 세웠다는 뜻이야.

● 연립일차방정식의 해: 두 미지수 x, y에 대한 연립방정식에서 두 일차방정식을 동시에 만족하는 x, y의 값 또는 그 순서쌍 $(x,\ y)$

● 연립방정식을 푼다.: 연립방정식의 해를 모두 구하는 것이다.

x, y가 자연수일 때, 연립방정식 $\begin{cases} x+y=8 \\ -x+y=4 \end{cases}$의 해를 구해 보자.

[1단계] 두 일차방정식의 해를 각각 구한다.

$x+y=8$의 해

x	1	2	3	4	⋯
y	7	6	5	4	⋯

$-x+y=4$의 해

x	1	2	3	4	⋯
y	5	6	7	8	⋯

[2단계] 두 일차방정식의 공통인 해를 찾는다.

표에서 두 일차방정식을 모두 만족하는 x, y의 값을 찾으면 $x=2$, $y=6$이다. 따라서 주어진 연립방정식의 해는 $x=2$, $y=6$ 또는 $(2,\ 6)$이다.

● 연립방정식의 해를 알 때, 상수 a, b의 값 구하기

연립방정식의 해가 주어질 때 주어진 해를 두 일차방정식에 대입하면 등식이 모두 성립하므로 상수 a, b의 값을 구할 수 있다.

연립방정식 $\begin{cases} 2x+ay=5 \cdots ㉠ \\ bx+4y=2 \cdots ㉡ \end{cases}$의 해가 $(2,\ -1)$일 때, 상수 a, b의 값은

$x=2$, $y=-1$을 ㉠에 대입하면 $2\times2+a\times(-1)=5$ $\quad\therefore\ a=-1$

$x=2$, $y=-1$을 ㉡에 대입하면 $b\times2+4\times(-1)=2$ $\quad\therefore\ b=3$

출동! X맨과 O맨

• 연립방정식 $\begin{cases} x-2y=-1 \\ 2x-y=4 \end{cases}$의 해는 $(5,\ 3)$이다. (×)

➡ $(5,\ 3)$은 $x-2y=-1$의 해이지만 $2x-y=4$의 해가 아니므로 연립방정식의 해가 아니야.

• 연립방정식 $\begin{cases} x-2y=-1 \\ 2x-y=4 \end{cases}$의 해는 $(3,\ 2)$이다. (○)

➡ $(3,\ 2)$는 $x-2y=-1$의 해이고 $2x-y=4$의 해도 되므로 연립방정식의 해야.

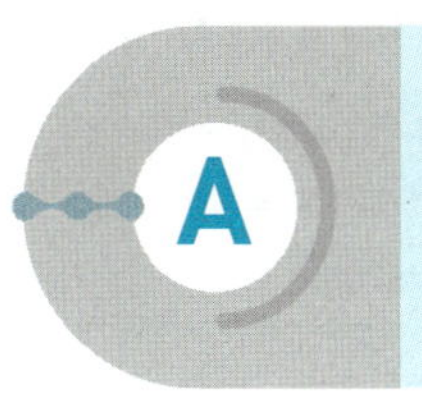

연립방정식 세우기

연립방정식을 세운다는 것은 미지수가 2개인 일차방정식 두 개를 세운 후 한 쌍으로 묶는 것이야.
앞 단원에서 미지수가 2개인 일차방정식을 세우는 것을 연습했으니 두 개의 식도 어렵지 않게 구할 수 있어. 아하! 그렇구나~

■ 다음은 문장을 보고 x, y를 미지수로 하는 연립방정식으로 나타낸 것이다. □ 안에 알맞은 것을 써넣으시오.

1. 두 수 x, y의 합은 21이고, x에서 y를 뺀 값은 9이다.

$$\begin{cases} x+y=\square \\ x-y=\square \end{cases}$$

2. x살인 영준이의 나이와 y살인 지후의 나이의 합은 28살이고, 영준이의 나이는 지후의 나이보다 4살이 더 많다.

$$\begin{cases} x+y=\square \\ x=y+\square \end{cases}$$

3. 3000원짜리 공책 x권과 1000원짜리 공책 y권을 합하여 모두 10권을 샀더니 12000원이었다.

$$\begin{cases} \square x+\square y=12000 \\ x+y=\square \end{cases}$$

4. 20문제가 출제된 수학 시험에서 4점짜리 문제 x개와 5점짜리 문제 y개를 맞혀서 85점을 얻었다. (단, 틀린 문제는 없다.)

$$\begin{cases} \square x+\square y=85 \\ x+y=\square \end{cases}$$

■ 다음 문장을 미지수가 2개인 연립방정식으로 나타내시오.

5. 두 수 x, y에 대하여 x의 2배에서 y를 뺀 값은 15이고, x에 y의 4배를 더한 값은 20이다.

⇨ {

6. 오리 x마리와 강아지 y마리를 합하면 모두 18마리이고, 다리의 수는 모두 50개이다.

⇨ {

Help 오리의 다리의 수는 2개이고, 강아지의 다리의 수는 4개이다.

7. 2000원짜리 과자 x개와 5000원짜리 아이스크림 y개를 합하여 모두 20개를 샀더니 58000원이었다.

⇨ {

8. 둘레의 길이가 64 cm인 직사각형에서 가로의 길이 x cm는 세로의 길이 y cm의 3배이다.

⇨ {

B 연립방정식의 해

해가 주어진 연립방정식은 그 해가 연립방정식으로 주어진 두 일차방정식을 모두 만족해야 연립방정식의 해가 되는 거야. 한 방정식만 만족하는 해가 주어질 때가 많으니 주의해야 해. 아하! 그렇구나~

■ $x=1$, $y=3$이 주어진 연립방정식의 해이면 ○를, 해가 아니면 ×를 하시오.

1. $\begin{cases} x+2y=7 \\ -x+y=2 \end{cases}$ ________

Help $x=1$, $y=3$을 두 식에 대입하여 두 식 모두 성립해야 연립방정식의 해이다.

앗! 실수

2. $\begin{cases} 3x+2y=9 \\ -2x+y=3 \end{cases}$ ________

3. $\begin{cases} -2x+4y=9 \\ x-y=-2 \end{cases}$ ________

4. $\begin{cases} x-4y=-11 \\ 3x+y=6 \end{cases}$ ________

5. $\begin{cases} x-3y=-8 \\ 2x+3y=11 \end{cases}$ ________

■ $x=2$, $y=-2$가 주어진 연립방정식의 해이면 ○를, 해가 아니면 ×를 하시오.

6. $\begin{cases} -x-3y=4 \\ x+2y=2 \end{cases}$ ________

7. $\begin{cases} -4x+y=-10 \\ 2x+3y=-5 \end{cases}$ ________

8. $\begin{cases} x-y=4 \\ x-2y=6 \end{cases}$ ________

9. $\begin{cases} -3x+y=-8 \\ 3x+2y=2 \end{cases}$ ________

10. $\begin{cases} x-2y=-6 \\ 7x+5y=4 \end{cases}$ ________

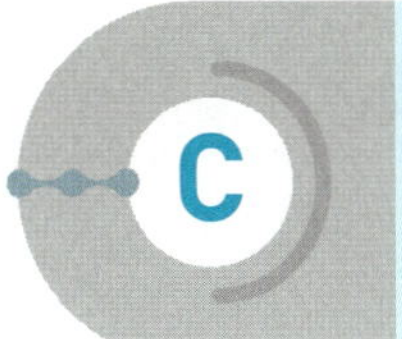

연립방정식의 계수가 문자로 주어질 때

연립방정식 $\begin{cases} x-2ay=4 \\ 3x+by=2 \end{cases}$ 의 해가 $(2, 1)$일 때,
$x=2$, $y=1$을 두 일차방정식에 대입하면
$2-2a=4$에서 $a=-1$, $6+b=2$에서 $b=-4$가 돼.
잊지 말자. 꼬~옥!

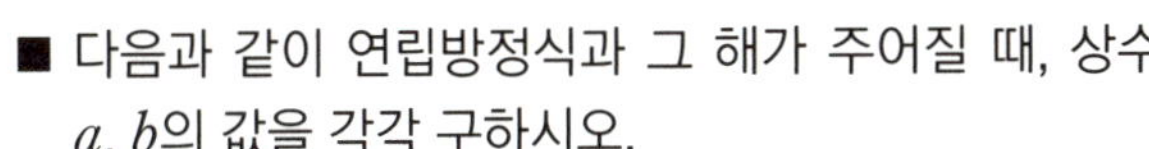

■ 다음과 같이 연립방정식과 그 해가 주어질 때, 상수 a, b의 값을 각각 구하시오.

1. $\begin{cases} ax-2y=5 \\ x+by=2 \end{cases}$ $(1, -1)$

2. $\begin{cases} -2x+ay=4 \\ bx+4y=10 \end{cases}$ $(1, 2)$

3. $\begin{cases} ax+3y=7 \\ bx-2y=4 \end{cases}$ $(2, 3)$

4. $\begin{cases} x-5ay=10 \\ 2bx-2y=8 \end{cases}$ $(-5, 1)$

5. $\begin{cases} 2x+3ay=20 \\ bx-4y=4 \end{cases}$ $(4, 2)$

6. $\begin{cases} -4ax+y=10 \\ 2bx+3y=6 \end{cases}$ $(-3, -2)$

7. $\begin{cases} x-ay=15 \\ bx+5y=10 \end{cases}$ $(-1, -2)$

8. $\begin{cases} -2ax+y=12 \\ x+2by=-7 \end{cases}$ $(1, 4)$

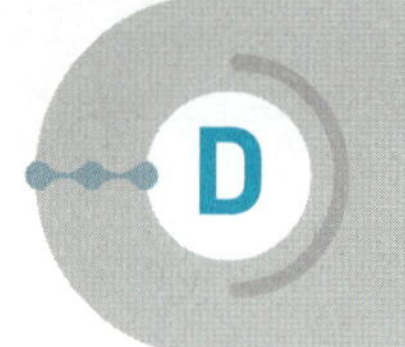

연립방정식의 해 또는 계수가 문자로 주어질 때

연립방정식 $\begin{cases} x-2y=1 \\ x+ay=4 \end{cases}$ 의 해가 $(k+1,\ 3)$이면 $x=k+1$, $y=3$을 a가 없는 식 $x-2y=1$에 대입하여 k의 값을 구하고, 이를 이용하여 해를 구한 다음 a의 값을 구하면 돼.

■ 다음과 같이 연립방정식과 그 해가 주어질 때, 상수 a, k의 값을 각각 구하시오.

1. $\begin{cases} -x+2y=-8 \\ 2ax+4y=8 \end{cases}$ $(k+1,\ -2)$

Help $x=k+1$, $y=-2$를 a가 없는 식 $-x+2y=8$에 대입하여 k의 값을 먼저 구해야 한다.

2. $\begin{cases} -2x+y=-5 \\ -4x-5ay=11 \end{cases}$ $(1,\ 2k+1)$

3. $\begin{cases} x+3y=12 \\ ax+4y=9 \end{cases}$ $(k-1,\ 3)$

4. $\begin{cases} 5x+2ay=8 \\ -3x+2y=16 \end{cases}$ $(-4,\ k+3)$

앗! 실수

5. $\begin{cases} 4x+ay=10 \\ x-5y=13 \end{cases}$ $(k+1,\ k)$

Help $x=k+1$, $y=k$를 a가 없는 식 $x-5y=13$에 대입하여 k의 값을 먼저 구해야 한다.

6. $\begin{cases} ax+y=11 \\ 2x-y=13 \end{cases}$ $(k-1,\ -k)$

7. $\begin{cases} x-2y=6 \\ -3ax-8y=2 \end{cases}$ $(k,\ -2+k)$

8. $\begin{cases} 2x-4y=-18 \\ x+ay=12 \end{cases}$ $(k-1,\ k+1)$

거저먹는

시험 문제

아싸!

시험에 자주 나오는 문제로 마무리

*정답과 해설 3쪽

[1~2] 연립방정식 세우기

앗! 실수

1. 윗몸일으키기를 준원이는 x회, 수민이는 y회 했다. 준원이와 수민이의 윗몸일으키기 횟수의 합은 75회이고, 수민이가 준원이보다 5회 더 많이 했다. x, y에 대한 연립방정식을 세우시오.

2. 회원 수가 50명인 학교 동아리가 있다. 이 동아리 회원 중 남학생 x명의 $\frac{3}{10}$과 여학생 y명의 $\frac{2}{5}$인 18명이 SNS를 한다. x, y에 대한 연립방정식을 세우시오.

적중률 80%

[3~4] 연립방정식의 해

3. 다음 연립방정식 중 순서쌍 $(2,\ 1)$을 해로 갖는 것은?

① $\begin{cases} x-4y=-2 \\ x+5y=8 \end{cases}$
② $\begin{cases} -2x+y=-5 \\ 3x+6y=10 \end{cases}$
③ $\begin{cases} 4x-y=10 \\ 3x+4y=12 \end{cases}$
④ $\begin{cases} 3x-y=5 \\ -4x+5y=-3 \end{cases}$
⑤ $\begin{cases} 6x+y=13 \\ 3x-4y=1 \end{cases}$

4. 다음 중 연립방정식 $\begin{cases} 2x-y=-7 \\ -3x+y=9 \end{cases}$의 해인 것은?

① $(1,\ 9)$
② $(-1,\ 6)$
③ $(-2,\ 3)$
④ $(-3,\ 1)$
⑤ $(-4,\ -3)$

적중률 90%

[5~6] 연립방정식의 해 또는 계수가 문자로 주어질 때

5. 다음 중 연립방정식 $\begin{cases} x-ay=8 \\ 2bx+3y=11 \end{cases}$의 해가 $(4,\ 1)$일 때, $a+b$의 값은? (단, a, b는 상수)

① -3
② -2
③ 0
④ 1
⑤ 3

6. 연립방정식 $\begin{cases} 5x+2y=10 \\ -2x+ay=2 \end{cases}$의 해가 $(-k,\ k-1)$일 때, 상수 a의 값을 구하시오.

03 연립방정식의 풀이

개념 강의 보기

연립방정식의 풀이 – 가감법

두 일차방정식을 변끼리 더하거나 빼어서 한 미지수를 없애 연립방정식의 해를 구하는 방법

가감법에 의한 연립방정식의 풀이 순서

소거 : 미지수가 2개인 연립방정식에서 한 미지수를 없애는 것

① 두 미지수 중 어느 것을 소거할 것인지 정한다.

② 소거할 미지수의 계수의 **절댓값이 같아지도록** 각 방정식의 양변에 적당한 수를 곱한다.

③ 소거할 미지수의

- 계수의 부호가 **같으면** ⇨ 두 방정식을 변끼리 **뺀다.**
- 계수의 부호가 **다르면** ⇨ 두 방정식을 변끼리 **더한다.**

④ ③에서 구한 해를 두 방정식 중 간단한 식에 대입하여 다른 미지수의 값을 구한다.

연립방정식 $\begin{cases} 3x-2y=4 & \cdots ㉠ \\ 2x-3y=1 & \cdots ㉡ \end{cases}$을 가감법으로 풀어 보자.

소거할 미지수 x의 계수의 절댓값이 같아지도록 ㉠×2, ㉡×3을 하면

$\begin{cases} 6x-4y=8 & \cdots ㉢ \\ 6x-9y=3 & \cdots ㉣ \end{cases}$

미지수 x를 소거하기 위해 ㉢−㉣을 하면 $5y=5$ $\quad\therefore y=1$

$y=1$을 ㉠에 대입하면 $x=2$ — 어느 식이든 계산이 편한 식에 대입

따라서 연립방정식의 해는 $x=2$, $y=1$

바빠 꿀팁

가감법과 대입법 중 어느 방법이 더 편리할까?

- 연립방정식의 두 방정식 중에서 어느 하나가 $x=$(y의 식)이나 $y=$(x의 식)의 꼴일 때는 대입법을 이용하는 것이 편리해.
- 방정식에서 x 또는 y의 계수가 1인 경우, 한 미지수의 식으로 나타내기 쉬우므로 대입법이 편리해.

위의 두 가지 경우를 제외하면 일반적으로 가감법이 편리해. 하지만 어느 방법으로 풀어도 답은 같으니 스스로 편한 방법을 선택하면 돼.

연립방정식의 풀이 – 대입법

연립방정식의 한 방정식을 하나의 미지수의 식으로 나타낸 다음 이 식을 다른 방정식에 대입하여 해를 구하는 방법

대입법에 의한 연립방정식의 풀이 순서

① 두 방정식 중 한 방정식을 **$x=$(y의 식)이나 $y=$(x의 식)**이 되게 한다.

② ①의 식을 다른 방정식에 대입하여 해를 구한다.

연립방정식 $\begin{cases} x+y=5 & \cdots ㉠ \\ 3x-y=3 & \cdots ㉡ \end{cases}$을 대입법으로 풀어 보자.

㉠에서 y를 x의 식으로 나타내면 $y=5-x$ $\quad\cdots ㉢$

㉢을 ㉡에 대입하면 $3x-(5-x)=3$ $\quad\therefore x=2$

$x=2$를 ㉢에 대입하면 $y=3$

따라서 연립방정식의 해는 $x=2$, $y=3$

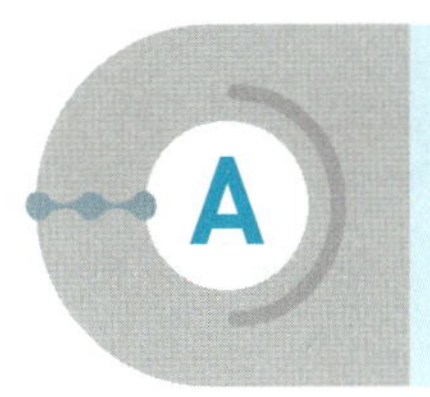

가감법 1

아래 문제들과 같이 두 일차방정식에서 미지수 x, y의 계수 중에 절댓값이 같은 것이 있으면 그 문자를 소거하는 것이 편리해.

$\begin{cases} x+y=3 \\ 2x-y=2 \end{cases}$ ⇨ y의 절댓값의 계수가 같으므로 두 식을 더하면 y가 사라지게 돼.

■ 다음 연립방정식을 가감법으로 푸시오.

1. $\begin{cases} x+y=6 \\ x-y=8 \end{cases}$

Help 두 식을 더하면 y가 사라지고 x의 값을 구할 수 있는데, 이 x의 값을 두 식 중 계산이 편한 식에 대입하여 y의 값을 구한다.

2. $\begin{cases} -x+y=5 \\ x+y=7 \end{cases}$

앗! 실수

3. $\begin{cases} x+3y=6 \\ x+y=4 \end{cases}$

Help 두 식을 빼면 x가 사라지고 y의 값을 구할 수 있는데, 이 y의 값을 두 식 중 계산이 편한 식에 대입하여 x의 값을 구한다.

4. $\begin{cases} x+y=10 \\ 2x+y=9 \end{cases}$

5. $\begin{cases} -2x+y=8 \\ 2x+y=4 \end{cases}$

6. $\begin{cases} x+4y=16 \\ 3x-4y=16 \end{cases}$

7. $\begin{cases} 3x+6y=6 \\ -2x+6y=-14 \end{cases}$

8. $\begin{cases} -4x+3y=8 \\ x+3y=13 \end{cases}$

가감법 2

두 일차방정식에서 미지수 x, y 중에 절댓값이 같은 것이 없으면 절댓값이 같아지도록 한 방정식을 변형해야 해.

$\begin{cases} x+2y=-1 & \cdots ㉠ \\ 2x-y=3 & \cdots ㉡ \end{cases}$ 에서 ㉡×2를 하면 $\begin{cases} x+2y=-1 \\ 4x-2y=6 \end{cases}$

■ 다음 연립방정식을 가감법으로 푸시오.

1. $\begin{cases} x+2y=-3 \\ 2x-y=9 \end{cases}$

Help x를 소거하려면 x의 계수의 절댓값을 같게 만들고, y를 소거하려면 y의 계수의 절댓값을 같게 만든다.

2. $\begin{cases} -3x+y=4 \\ x+2y=8 \end{cases}$

3. $\begin{cases} 2x+3y=16 \\ x-4y=-3 \end{cases}$

4. $\begin{cases} -x-4y=8 \\ 5x+2y=14 \end{cases}$

5. $\begin{cases} -x+6y=3 \\ -3x+4y=-5 \end{cases}$

앗! 실수

6. $\begin{cases} -2x+y=10 \\ x-7y=21 \end{cases}$

7. $\begin{cases} x-3y=-9 \\ -4x+5y=8 \end{cases}$

8. $\begin{cases} 6x-7y=-1 \\ -x+4y=3 \end{cases}$

가감법 3

두 일차방정식에서 한 방정식만 변형하여 절댓값이 같아지는 미지수가 없으면 아래와 같이 두 일차방정식을 모두 변형해야 해.

$\begin{cases} 2x-3y=-1 & \cdots ㉠ \\ 3x+2y=5 & \cdots ㉡ \end{cases}$ 에서 ㉠×2, ㉡×3을 하면 $\begin{cases} 4x-6y=-2 \\ 9x+6y=15 \end{cases}$

■ 다음 연립방정식을 가감법으로 푸시오.

1. $\begin{cases} 2x+3y=15 \\ 3x-2y=3 \end{cases}$

____

Help x의 계수의 절댓값을 같게 할지 y의 계수의 절댓값을 같게 할지부터 결정한다.

2. $\begin{cases} -2x+4y=8 \\ 3x-5y=-14 \end{cases}$

____

3. $\begin{cases} 3x+5y=8 \\ 5x+2y=7 \end{cases}$

____

4. $\begin{cases} 5x-2y=13 \\ 2x-3y=3 \end{cases}$

____

5. $\begin{cases} 3x+2y=-5 \\ -4x+7y=-3 \end{cases}$

____

6. $\begin{cases} 7x-4y=-6 \\ 5x-3y=-5 \end{cases}$

____

앗! 실수

7. $\begin{cases} 9x+2y=-8 \\ 4x+5y=17 \end{cases}$

____

8. $\begin{cases} 5x-7y=-4 \\ 4x-3y=2 \end{cases}$

____

D

대입법 1

연립방정식의 두 일차방정식 중 어느 하나가 $x=$(y의 식) 또는 $y=$(x의 식)의 꼴인 경우에는 가감법보다 대입법을 이용하여 푸는 것이 편리해.

잊지 말자. 꼬~옥!

■ 다음 연립방정식을 대입법으로 푸시오.

1. $\begin{cases} y=x+1 \\ x+y=3 \end{cases}$

Help $y=x+1$을 $x+y=3$에 대입한다.

2. $\begin{cases} y=-x+5 \\ 2x+y=-2 \end{cases}$

3. $\begin{cases} x=-3y+2 \\ x+2y=0 \end{cases}$

4. $\begin{cases} x=4y-6 \\ x+3y=8 \end{cases}$

5. $\begin{cases} y=x+3 \\ 2x-y=5 \end{cases}$

6. $\begin{cases} y=-x+7 \\ 3x-2y=11 \end{cases}$

7. $\begin{cases} x=2y-3 \\ 3x+y=5 \end{cases}$

8. $\begin{cases} x=3y+4 \\ -3x+5y=8 \end{cases}$

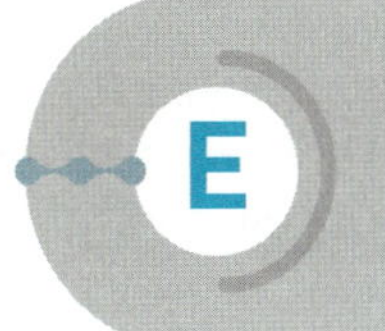

대입법 2

x 또는 y의 계수가 1인 경우 대입법을 이용할 때
① 두 일차방정식 중 한 계수가 1인 일차방정식을
⇨ $x=(y$의 식$)$ 또는 $y=(x$의 식$)$의 꼴이 되게 한다.
② ①의 식을 다른 일차방정식에 대입하여 방정식을 풀면 돼.

■ 다음 연립방정식을 대입법으로 푸시오.

1. $\begin{cases} y=x+7 \\ y=2x+6 \end{cases}$

Help $y=x+7$, $y=2x+6$은 y의 값이 같으므로 $x+7=2x+6$으로 놓고 x의 값을 구한다.

2. $\begin{cases} y=-3x+4 \\ y=2x-6 \end{cases}$

3. $\begin{cases} x=-2y+7 \\ x=-4y+11 \end{cases}$

4. $\begin{cases} x=7y+6 \\ x=2y+1 \end{cases}$

5. $\begin{cases} x-2y=3 \\ 2x-3y=7 \end{cases}$

Help $x-2y=3$을 $x=2y+3$으로 변형하여 $2x-3y=7$에 대입한다.

6. $\begin{cases} 7x+y=10 \\ 5x+2y=11 \end{cases}$

7. $\begin{cases} 5x+y=4 \\ x+3y=12 \end{cases}$

8. $\begin{cases} -x+4y=1 \\ 2x-7y=-3 \end{cases}$

시험 문제

* 정답과 해설 6쪽

적중률 100%

[1~3] 가감법을 이용한 연립방정식의 풀이

1. 연립방정식 $\begin{cases} 5x-4y=3 & \cdots ㉠ \\ 2x-5y=4 & \cdots ㉡ \end{cases}$를 가감법을 이용하여 풀려고 한다. x를 소거하기 위해 필요한 식은?

① ㉠×2+㉡×5　② ㉠×2−㉡×5
③ ㉠×5−㉡×2　④ ㉠×5+㉡×4
⑤ ㉠×4−㉡×3

2. 연립방정식 $\begin{cases} -2x+6y=3 \\ 4x-7y=4 \end{cases}$를 풀면?

① $x=2, y=-\frac{1}{2}$　② $x=\frac{3}{2}, y=2$
③ $x=\frac{3}{2}, y=-\frac{1}{2}$　④ $x=\frac{9}{2}, y=2$
⑤ $x=-\frac{9}{2}, y=-2$

3. 연립방정식 $\begin{cases} 3x-10y=-1 \\ x-5y=-2 \end{cases}$의 해가 일차방정식 $x+y+a=0$을 만족할 때, 상수 a의 값을 구하시오.

적중률 100%

[4~6] 대입법을 이용한 연립방정식의 풀이

앗! 실수

4. 연립방정식 $\begin{cases} x=3y-2 & \cdots ㉠ \\ 4x-10y=5 & \cdots ㉡ \end{cases}$를 풀기 위해 ㉠을 ㉡에 대입하여 x를 소거했더니 $ay=13$이 되었다. 이때 상수 a의 값을 구하시오.

5. 연립방정식 $\begin{cases} y=3x+4 \\ 5x-2y=1 \end{cases}$의 해가 $x=a, y=b$일 때, $a-b$의 값은?

① 14　② 12　③ 11
④ 9　⑤ 5

6. 연립방정식 $\begin{cases} y=-7x+5 \\ y=-3x+1 \end{cases}$의 해가 $x=a$, $y=b$일 때, ab의 값은?

① −6　② −3　③ −2
④ 0　⑤ 1

조건이 주어진 연립방정식의 풀이

연립방정식의 해를 알 때, 미지수 구하기

연립방정식의 해를 두 일차방정식에 대입하여 미지수를 구한다.

연립방정식 $\begin{cases} ax-by=-1 & \cdots ㉠ \\ -bx+ay=4 & \cdots ㉡ \end{cases}$의 해가 $x=1$, $y=2$일 때,

상수 a, b의 값을 구해 보자.

두 일차방정식 ㉠, ㉡에 $x=1$, $y=2$를 각각 대입하면

$\begin{cases} a-2b=-1 \\ -b+2a=4 \end{cases}$가 되어 a, b의 연립방정식이 된다.

따라서 이 연립방정식을 풀면 $a=3$, $b=2$

바빠 꿀팁

연립방정식을 풀 때, a, b, x, y가 모두 있으면 어려워 보이지만 단계별로 풀어 나가면 쉽게 풀 수 있어. 미지수 a, b가 포함된 연립방정식에서 해가 주어질 때, x, y의 값에 해를 대입하면 결국 a, b만 남게 되어 a, b의 연립방정식이 돼.

연립방정식의 해를 한 해로 갖는 일차방정식이 주어질 때

① 주어진 세 일차방정식에서 a가 없는 두 일차방정식을 연립하여 해를 구한다.

② ①에서 구한 해를 나머지 일차방정식에 대입하여 상수 a의 값을 구한다.

연립방정식 $\begin{cases} 3x-y=2 & \cdots ㉠ \\ x-2y=a & \cdots ㉡ \end{cases}$의 해가 일차방정식 $y=2x$를 만족시킬 때,

상수 a의 값을 구해 보자.

a가 없는 ㉠에 $y=2x$를 대입하면 $x=2$ $\quad \therefore y=4$

$x=2$, $y=4$를 ㉡에 대입하면 $2-8=a$ $\quad \therefore a=-6$

연립방정식의 해의 조건이 주어질 때

주어진 해의 조건을 식으로 나타낸 후 푼다.

① x의 값이 y의 값의 a배이다. ⇨ $x=ay$

② x와 y의 값의 합이 a이다. ⇨ $x+y=a$

③ x와 y의 값의 비가 $a:b$이다. ⇨ $x:y=a:b$

앗! 실수

연립방정식 $\begin{cases} a-2b=-1 \\ -b+2a=4 \end{cases}$를 풀 때 a는 a끼리 b는 b끼리 순서를 바로 잡아야 실수를 줄일 수 있어.

위의 연립방정식을 $\begin{cases} a-2b=-1 \\ 2a-b=4 \end{cases}$ 이렇게 바꾸면 훨씬 쉬워 보이지?

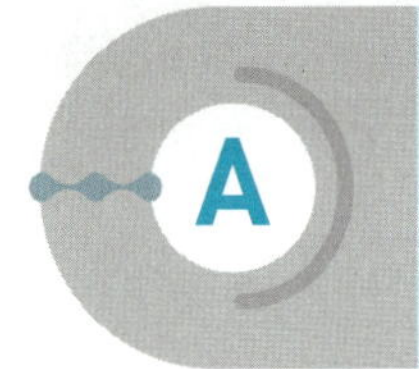

연립방정식의 해를 알 때 미지수 구하기

연립방정식 $\begin{cases} ax+by=5 \\ bx-ay=3 \end{cases}$의 해가 $x=-1$, $y=1$일 때 이 값을 대입하면 $\begin{cases} -a+b=5 \\ -b-a=3 \end{cases}$이 되어 a, b의 연립방정식이 돼. 아하! 그렇구나~

■ 다음 연립방정식의 해가 $x=1$, $y=2$일 때, 상수 a, b의 값을 각각 구하시오.

앗! 실수

1. $\begin{cases} ax+by=3 \\ -bx+ay=1 \end{cases}$

Help $x=1$, $y=2$를 두 일차방정식에 대입한다.

2. $\begin{cases} ax-by=-1 \\ bx+ay=13 \end{cases}$

3. $\begin{cases} -ax+by=6 \\ -bx+ay=-6 \end{cases}$

4. $\begin{cases} ax+by=-5 \\ bx+ay=2 \end{cases}$

■ 다음 연립방정식의 해가 $x=-3$, $y=1$일 때, 상수 a, b의 값을 각각 구하시오.

5. $\begin{cases} ax-by=4 \\ -bx+ay=4 \end{cases}$

앗! 실수

6. $\begin{cases} -ax+by=12 \\ bx-ay=4 \end{cases}$

7. $\begin{cases} ax+by=5 \\ bx-ay=15 \end{cases}$

8. $\begin{cases} -ax+by=1 \\ -bx+ay=-5 \end{cases}$

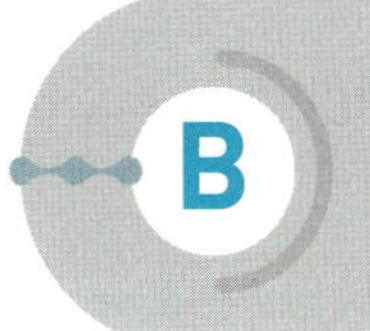

연립방정식의 해를 한 해로 갖는 일차방정식이 주어질 때 미지수 구하기

연립방정식 $\begin{cases} x-2y=4 \\ x+3y=a \end{cases}$의 해가 $y=-x$를 만족할 때 상수 a의 값을 구하려면 $x-2y=4$와 $y=-x$를 연립하여 x, y의 값을 구한 후, 그 값을 $x+3y=a$에 대입해야 해. 잊지 말자. 꼬~옥!

■ 다음에서 상수 a의 값을 구하시오.

1. 연립방정식 $\begin{cases} 4x-y=6 \\ 3x-y=a \end{cases}$의 해가 일차방정식 $y=2x$를 만족

______

Help 연립방정식 $4x-y=6$과 $y=2x$를 풀어서 해를 $3x-y=a$에 대입한다.

2. 연립방정식 $\begin{cases} 5x-2y=9 \\ x-y=a \end{cases}$의 해가 일차방정식 $y=4x$를 만족

______

3. 연립방정식 $\begin{cases} x-7y=5 \\ 2x+y=a \end{cases}$의 해가 일차방정식 $x=-3y$를 만족

______

4. 연립방정식 $\begin{cases} 2x-5y=15 \\ -x+3y=a \end{cases}$의 해가 일차방정식 $x=5y$를 만족

______

5. 연립방정식 $\begin{cases} 2x-5y=a \\ 2x+y=7 \end{cases}$의 해가 일차방정식 $6x-y=1$을 만족

______

6. 연립방정식 $\begin{cases} 6x-y=a \\ 3x-7y=13 \end{cases}$의 해가 일차방정식 $-3x+y=-1$을 만족

______

7. 연립방정식 $\begin{cases} 3x-2y=-1 \\ x+3y=a \end{cases}$의 해가 일차방정식 $2x+y=4$를 만족

______

8. 연립방정식 $\begin{cases} 4x-5y=13 \\ x-3y=a \end{cases}$의 해가 일차방정식 $x-2y=1$을 만족

______

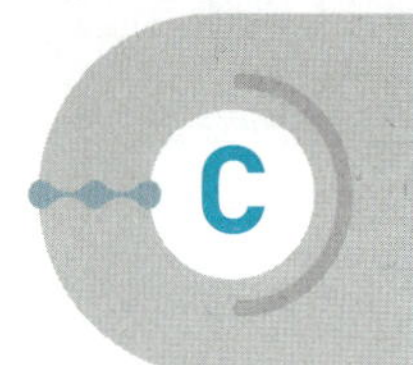

연립방정식의 해의 조건이 주어질 때 미지수 구하기

해의 조건이 주어진 식에서 조건을 식으로 나타내고 연립방정식을 풀면 돼.
x의 값이 y의 값의 4배 ⇨ $x=4y$
x와 y의 값의 비가 $1:3$ ⇨ $y=3x$ 아하! 그렇구나~ 

■ 다음에서 상수 a의 값을 구하시오.

1. 연립방정식 $\begin{cases} x+2y=a+3 \\ 2x-3y=9 \end{cases}$를 만족하는 x의 값이 y의 값의 3배

Help x의 값이 y의 값의 3배이므로 $x=3y$와 $2x-3y=9$를 연립하여 푼 후 $x+2y=a+3$에 대입한다.

앗! 실수
2. 연립방정식 $\begin{cases} 3x-7y=4 \\ 2x-y=a+\frac{1}{2} \end{cases}$을 만족하는 x의 값이 y의 값의 5배

3. 연립방정식 $\begin{cases} 5x-4y=7 \\ x+3y=a-6 \end{cases}$을 만족하는 y의 값이 x의 값의 3배

4. 연립방정식 $\begin{cases} 8x-6y=15 \\ -2x+6y=3a \end{cases}$를 만족하는 y의 값이 x의 값의 $\frac{1}{2}$배

5. 연립방정식 $\begin{cases} 3x-4y=10 \\ x+ay=6 \end{cases}$을 만족하는 x와 y의 값의 비가 $1:2$

Help $x:y=1:2$이므로 $y=2x$

6. 연립방정식 $\begin{cases} x-6y=16 \\ ax+y=7 \end{cases}$을 만족하는 x와 y의 값의 비가 $2:3$

7. 연립방정식 $\begin{cases} 5x-4y=8 \\ 2ax-3y=5 \end{cases}$를 만족하는 x와 y의 값의 비가 $4:3$

8. 연립방정식 $\begin{cases} 3x-10y=15 \\ 2x-ay=6 \end{cases}$을 만족하는 x와 y의 값의 비가 $5:4$

해가 서로 같은 두 연립방정식에서 미지수 구하기

두 연립방정식 $\begin{cases} x+y=3 \\ 5x-y=a \end{cases}$, $\begin{cases} 3x-by=7 \\ 4x-2y=6 \end{cases}$ 해가 서로 같을 때는 상수 a, b가 없는 $x+y=3$과 $4x-2y=6$을 연립하여 푼 후, 나머지 식에 대입하여 a, b의 값을 구하면 돼.

■ 다음 두 연립방정식의 해가 서로 같을 때, 상수 a, b의 값을 각각 구하시오.

앗! 실수

1. $\begin{cases} x-y=5 \\ 3x+y=a \end{cases}$, $\begin{cases} 2x-by=8 \\ 2x+y=4 \end{cases}$

____

Help $x-y=5$, $2x+y=4$를 연립하여 푼 후 구한 x, y의 값을 나머지 식에 대입하여 a, b의 값을 구한다.

2. $\begin{cases} x+2y=3 \\ 5x-y=a \end{cases}$, $\begin{cases} bx-4y=-3 \\ -x+3y=2 \end{cases}$

____

3. $\begin{cases} -3x+y=1 \\ 7x-ay=-5 \end{cases}$, $\begin{cases} x-8y=-b \\ x+2y=2 \end{cases}$

____

4. $\begin{cases} 2x+5y=2 \\ ax+3y=14 \end{cases}$, $\begin{cases} -3x+by=4 \\ x+6y=8 \end{cases}$

____

5. $\begin{cases} 2x+3y=5 \\ x-ay=15 \end{cases}$, $\begin{cases} -2x-5y=b-1 \\ 3x+2y=-5 \end{cases}$

____

6. $\begin{cases} -4x+3y=1 \\ x-2ay=7 \end{cases}$, $\begin{cases} bx-7y=1 \\ 3x-5y=2 \end{cases}$

____

7. $\begin{cases} 2x-7y=5 \\ x+3ay=15 \end{cases}$, $\begin{cases} x-3y=b \\ 5x-16y=5 \end{cases}$

____

8. $\begin{cases} 4x-9y=1 \\ -ax+2y=20 \end{cases}$, $\begin{cases} 2x+by=5 \\ 5x-11y=2 \end{cases}$

____

시험 문제

* 정답과 해설 8쪽

적중률 80%

[1~2] 연립방정식의 해를 알 때 미지수 구하기

1. 연립방정식 $\begin{cases} ax+by=4 \\ bx+2ay=5 \end{cases}$ 의 해가 $x=-1$, $y=2$ 일 때, 상수 a, b의 값을 각각 구하시오.

2. 순서쌍 $(-4,\ 1)$이 연립방정식 $\begin{cases} ax-by=29 \\ 3bx+ay=5 \end{cases}$ 의 해일 때, 상수 a, b에 대하여 $a-2b$의 값은?

① -5 ② -3 ③ 0
④ 1 ⑤ 2

적중률 80%

[3~6] 같은 해를 가지는 일차방정식에서 미지수 구하기

3. 다음 세 일차방정식이 공통인 해를 가질 때, 상수 k의 값은?

$3x=-y+1,\ kx-2y=19,\ 5x+2y=-1$

① 1 ② 2 ③ 3
④ 4 ⑤ 5

4. 연립방정식 $\begin{cases} 6x+y=5 \\ -4x+ay=-3 \end{cases}$ 의 해 $(m,\ n)$이 일차방정식 $-2x+3y=-5$의 해일 때, $m+n+a$의 값은? (단, a는 상수)

① -2 ② -1 ③ 0
④ 1 ⑤ 2

5. 연립방정식 $\begin{cases} ax+4y=8 \\ 2x-3y=9 \end{cases}$ 를 만족시키는 x의 값이 y의 값보다 4만큼 클 때, 상수 a의 값은?

① -4 ② -2 ③ -1
④ 1 ⑤ 4

6. 다음 두 연립방정식의 해가 서로 같을 때, 상수 a, b에 대하여 ab의 값을 구하시오.

$\begin{cases} -8x+3y=5 \\ 4x-ay=-6 \end{cases},\ \begin{cases} 2x-7y=b \\ 4x-5y=1 \end{cases}$

05 복잡한 연립방정식의 풀이

복잡한 연립방정식의 풀이

① 괄호가 있는 연립방정식

$$\begin{cases} 2(x-y)+3y=2 \\ -x+3(x-y)=4 \end{cases} \xrightarrow[\text{풀고}]{\text{괄호를}} \begin{cases} 2x-2y+3y=2 \\ -x+3x-3y=4 \end{cases} \xrightarrow[\text{정리}]{\text{동류항}} \begin{cases} 2x+y=2 \\ 2x-3y=4 \end{cases}$$

② 계수가 분수 또는 소수인 연립방정식

계수가 분수일 때: 양변에 분모의 최소공배수를 곱한다.

계수가 소수일 때: 양변에 10의 거듭제곱(10, 100, ⋯)을 곱한다.

③ 방정식 $A=B=C$

다음 세 가지 중 하나로 고쳐서 푼다. 모두 해가 같으므로 셋 중 가장 간단한 것을 선택한다.

$$\begin{cases} A=B \\ B=C \end{cases}, \begin{cases} A=B \\ A=C \end{cases}, \begin{cases} A=C \\ B=C \end{cases}$$

바빠 꿀팁

- $x+y=3x-y=4$와 같이 상수항이 있는 방정식을 풀 때는 상수항만으로 되어 있는 식을 두 번 선택하여 풀어야 가장 쉽게 풀 수 있어.
  $\begin{cases} x+y=4 \\ 3x-y=4 \end{cases}$
- $2x-y=-x+4y=x-1$의 방정식을 풀 때는 상수항만으로 되어 있는 식이 없으므로 가장 간단한 식 $x-1$을 두 번 선택하여 풀어야 가장 쉽게 풀 수 있어.
  $\begin{cases} 2x-y=x-1 \\ -x+4y=x-1 \end{cases}$

해가 특수한 연립방정식

한 쌍의 해를 갖는 일반적인 연립방정식 외에 해가 무수히 많거나 해가 없는 연립방정식도 있다.

① 해가 무수히 많은 연립방정식

두 방정식을 변형하였을 때, 미지수의 계수와 상수항이 각각 같다.

$$\begin{cases} x-2y=4 & \cdots ㉠ \\ 2x-4y=8 & \cdots ㉡ \end{cases} \xrightarrow{㉠\times 2\text{를 하면}} \begin{cases} 2x-4y=8 \\ 2x-4y=8 \end{cases}$$

각각 같다.

② 해가 없는 연립방정식

두 방정식을 변형하였을 때, 미지수의 계수는 같지만 상수항이 다르다.

$$\begin{cases} x-2y=3 & \cdots ㉠ \\ 2x-4y=8 & \cdots ㉡ \end{cases} \xrightarrow{㉠\times 2\text{를 하면}} \begin{cases} 2x-4y=6 \\ 2x-4y=8 \end{cases}$$

각각 같다. 다르다.

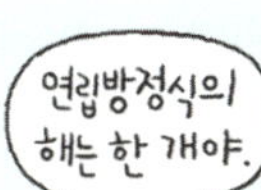
연립방정식의 해는 한 개야.

아니지. 아니지~ 연립방정식의 해는 해가 없을 수도 있고 무수히 많을 수도 있어.

출동! X맨과 O맨

계수에 분수가 있는 등식에서 양변에 분모의 최소공배수를 곱할 때

절대 아니야

- $\frac{x}{3}+\frac{y}{4}=6$에 3과 4의 최소공배수인 12를 곱하면
  $4x+3y=6$ (×)
  ➡ 상수항 6에도 12를 곱해야 해.

이게 정답이야

- $\frac{x}{3}+\frac{y}{4}=6$에 3과 4의 최소공배수인 12를 곱하면
  $4x+3y=72$ (○)

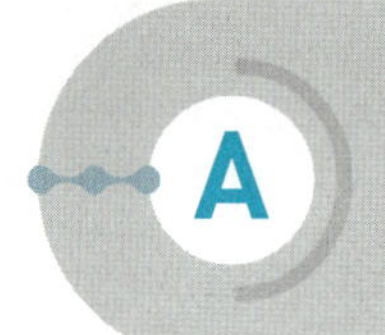

괄호가 있는 연립방정식의 풀이

괄호가 있는 연립방정식을 풀 때에는 분배법칙을 이용하여 괄호를 풀고 동류항끼리 정리한 후 가감법이나 대입법을 이용하면 돼.

아하! 그렇구나~

■ 다음 연립방정식을 푸시오.

1. $\begin{cases} 2(x-y)+3y=3 \\ -x+3(x-y)=7 \end{cases}$

Help $a(x+y)=ax+ay$, $a(x-y)=ax-ay$로 괄호 안의 모든 항에 괄호 앞의 상수를 곱하여 전개한다.

2. $\begin{cases} -(x-3y)-6y=-8 \\ 5x-3(x-y)=10 \end{cases}$

Help $-(x-3y)=-x+3y$로 괄호 앞에 $-$가 있으면 괄호 안의 모든 항의 부호를 바꾼다.

3. $\begin{cases} 6x-(2x+y)=1 \\ 4(-2x+y)-3y=-2 \end{cases}$

4. $\begin{cases} 3x-(5x+y)=13 \\ 2(x-2y)-3x=3 \end{cases}$

5. $\begin{cases} -(x+4y)+5y=5 \\ 2x+5(x-y)=-19 \end{cases}$

6. $\begin{cases} 7(x-y)+4y=4 \\ 4x+2(x-y)=4 \end{cases}$

7. $\begin{cases} x-(3x+4y)=2 \\ 2(4x+y)+5y=1 \end{cases}$

앗! 실수

8. $\begin{cases} 10x-3(3x-y)=9 \\ 4(x-2y)+13y=8 \end{cases}$

B 계수가 소수인 연립방정식의 풀이

계수가 소수인 연립방정식을 풀 때에는 양변의 모든 항에 10, 100, 1000, …을 곱하여 계수를 정수로 고친 후 풀면 돼.
잊지 말자. 꼬~옥!

■ 다음 연립방정식을 푸시오.

1. $\begin{cases} 0.1x-0.3y=-0.2 \\ -0.1x+0.4y=0.5 \end{cases}$

2. $\begin{cases} 0.2x-0.7y=0.4 \\ 0.1x-0.4y=0.5 \end{cases}$

앗! 실수

3. $\begin{cases} -0.3x+0.4y=1 \\ 0.02x-0.01y=0.05 \end{cases}$

4. $\begin{cases} 0.05x-0.02y=0.12 \\ 0.3x+0.4y=0.2 \end{cases}$

앗! 실수

5. $\begin{cases} -0.2x+0.04y=0.4 \\ 0.05x-0.03y=0.1 \end{cases}$

Help 계수가 소수일 때, 모든 소수를 정수로 만들 수 있는 10의 거듭제곱을 곱한다.

6. $\begin{cases} 0.06x-0.1y=-0.08 \\ 0.18x-0.07y=0.22 \end{cases}$

7. $\begin{cases} -0.1x+0.2y=0.3 \\ 0.3x+0.25y=-0.05 \end{cases}$

8. $\begin{cases} 0.04x+0.1y=0.08 \\ 0.2x+0.17y=-0.26 \end{cases}$

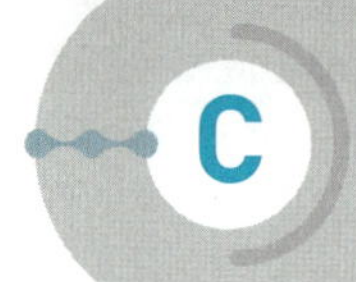

계수가 분수인 연립방정식의 풀이

계수가 분수인 연립방정식을 풀 때에는 양변의 모든 항에 분모의 최소공배수를 곱하여 계수를 정수로 고친 후 풀면 돼.

잊지 말자. 꼬~옥!

■ 다음 연립방정식을 푸시오.

앗! 실수

1. $\begin{cases} \frac{1}{2}x-\frac{2}{3}y=-\frac{13}{6} \\ -\frac{3}{4}x+\frac{1}{8}y=-\frac{1}{4} \end{cases}$

Help 첫 번째 방정식은 2, 3, 6의 최소공배수인 6을 곱하고, 두 번째 방정식은 4, 8의 최소공배수인 8을 곱한다.

2. $\begin{cases} \frac{1}{4}x-\frac{5}{6}y=\frac{5}{2} \\ -\frac{2}{5}x+\frac{1}{2}y=1 \end{cases}$

3. $\begin{cases} -x-\frac{1}{4}y=\frac{1}{4} \\ \frac{8}{3}x+2y=\frac{10}{3} \end{cases}$

4. $\begin{cases} \frac{1}{4}x-\frac{2}{3}y=-\frac{3}{2} \\ -\frac{1}{2}x+\frac{5}{6}y=\frac{3}{2} \end{cases}$

5. $\begin{cases} \frac{7}{5}x+y=2 \\ -\frac{5}{2}x+\frac{5}{3}y=-\frac{3}{2} \end{cases}$

6. $\begin{cases} x-\frac{7}{8}y=-\frac{3}{2} \\ -\frac{8}{5}x+\frac{1}{2}y=\frac{3}{5} \end{cases}$

7. $\begin{cases} \frac{1}{3}x+\frac{3}{4}y=\frac{13}{12} \\ \frac{5}{6}x-\frac{1}{4}y=\frac{7}{12} \end{cases}$

8. $\begin{cases} \frac{2}{3}x+\frac{1}{2}y=\frac{1}{6} \\ \frac{5}{4}x+\frac{3}{2}y=-\frac{1}{4} \end{cases}$

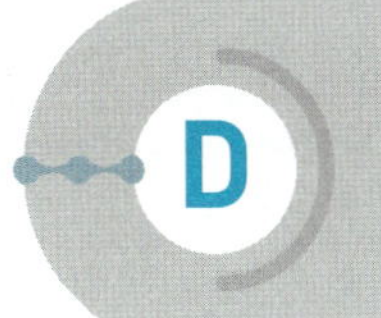

방정식 $A=B=C$의 풀이

방정식 $A=B=C$는 $\begin{cases} A=B \\ B=C \end{cases}$, $\begin{cases} A=B \\ A=C \end{cases}$, $\begin{cases} A=C \\ B=C \end{cases}$의 세 가지 연립방정식 중 가장 간단한 것을 선택하여 풀면 돼. 상수항만으로 되어 있는 식이 있다면 그 식을 두 번 이용하여 연립방정식을 만들면 계산이 쉬워져.

■ 다음 방정식을 푸시오.

1. $3x-y=-5x+2y+7=3$

Help $\begin{cases} 3x-y=3 \\ -5x+2y+7=3 \end{cases}$이 가장 간단한 식이다.

2. $x+7y-6=4x-11y=5$

3. $2x-9y+5=-3x+8y+3=x-1$

4. $-5x+2y-1=y+5=x+2y+5$

5. $-3x+4y+1=2x-y-4=x-3y$

6. $2x-5y-2=x+y+5=3x+y+3$

7. $x-2y+3=-2x+5y+1=x+3y-7$

8. $x+5y+14=4x+3y+4=2x-y$

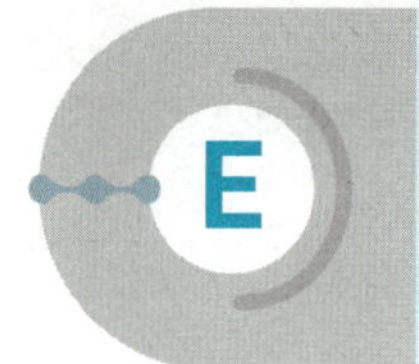

해가 무수히 많거나 없는 연립방정식

- 주어진 연립방정식을 변형하여 x의 계수, y의 계수, 상수항이 모두 같아지면 ⇨ 연립방정식의 해가 무수히 많아.
- 주어진 연립방정식을 변형하여 x의 계수, y의 계수는 같고 상수항이 다르면 ⇨ 연립방정식의 해가 없어.

■ 다음 연립방정식의 해가 무수히 많으면 ○를, 해가 없으면 ×를 하시오.

1. $\begin{cases} 2x-y=-4 \\ 6x-3y=-12 \end{cases}$ ________

Help $2x-y=-4$의 양변에 3을 곱하면 $6x-3y=-12$가 되어 두 식이 일치한다.

2. $\begin{cases} 4x-5y=3 \\ -8x+10y=-6 \end{cases}$ ________

앗! 실수

3. $\begin{cases} -3x+4y=-2 \\ 6x-8y=1 \end{cases}$ ________

Help $-3x+4y=-2$의 양변에 -2를 곱하면 $6x-8y=4$가 되어 주어진 식인 $6x-8y=1$과 x의 계수와 y의 계수는 같지만 상수항이 다르다.

4. $\begin{cases} 2x-5y=4 \\ 10x-25y=-20 \end{cases}$ ________

5. $\begin{cases} -x+2(x+3y)=4 \\ -(x-y)-7y=-4 \end{cases}$ ________

6. $\begin{cases} 2(-x+5y)-4y=8 \\ 2(x+3y)-3(x+y)=4 \end{cases}$ ________

7. $\begin{cases} 3(x+3y)-7y=1 \\ -2y+6(x+y)=3 \end{cases}$ ________

8. $\begin{cases} 4x-(2x+y)=5 \\ 4x+4(x-y)=20 \end{cases}$ ________

시험 문제

*정답과 해설 10쪽

적중률 90%

[1~4] 복잡한 연립방정식의 풀이

1. 연립방정식 $\begin{cases} 3x+2(x-y)=5 \\ 4(x+y)-5y=1 \end{cases}$의 해가 $x=a$, $y=b$일 때, $a+b$의 값은?

① -8 ② -6 ③ -3
④ 0 ⑤ 2

앗! 실수

2. 연립방정식 $\begin{cases} \frac{1}{2}x+0.3y=0.4 \\ 0.5x+\frac{2}{5}y=0.7 \end{cases}$을 푸시오.

앗! 실수

3. 다음 연립방정식을 푸시오.

$$\begin{cases} \frac{x+3y}{4}-\frac{2x+y}{3}=-\frac{5}{6} \\ -\frac{3x-1}{2}+\frac{5}{4}y=-\frac{3}{2} \end{cases}$$

4. 다음 방정식을 푸시오.

$$\frac{x-4y}{2}=\frac{x+8}{5}=\frac{x-4y}{4}$$

적중률 80%

[5~6] 해가 무수히 많거나 없는 연립방정식

5. 연립방정식 $\begin{cases} ax-3y=5 \\ -4x+by=-10 \end{cases}$의 해가 무수히 많을 때, 상수 a, b에 대하여 $a-b$의 값은?

① -4 ② -2 ③ 0
④ 1 ⑤ 3

Help 두 식의 x의 계수, y의 계수, 상수항이 일치해야 하므로 상수항이 일치하도록 위의 식을 변형한다.

6. 연립방정식 $\begin{cases} 5x-2y=a \\ -20x+8y=-12 \end{cases}$의 해가 존재하지 않을 때, 상수 a의 값이 될 수 없는 것은?

① 1 ② 2 ③ 3
④ 4 ⑤ 5

연립방정식의 활용 1

자연수의 자릿수 변화에 대한 문제

십의 자리의 숫자가 x, 일의 자리의 숫자가 y인 두 자리 자연수는

⇨ **처음 수: $10x+y$**, 십의 자리와 일의 자리의 숫자를 **바꾼 수: $10y+x$**

'두 자리의 자연수가 있다. 각 자리의 숫자의 합은 11이고, 십의 자리와 일의 자리의 숫자를 바꾼 수는 처음 수보다 9만큼 크다.'를 연립방정식으로 세워 보자.

① 미지수 정하기	십의 자리의 숫자를 x, 일의 자리의 숫자를 y라 하자.
② 문제에서 방정식을 만들 수 있는 내용 정리하기	• 각 자리의 숫자의 합이 11이다. • 십의 자리의 숫자와 일의 자리의 숫자를 바꾼 수는 처음 수보다 9만큼 크다.
③ 연립방정식 세우기	$\begin{cases} x+y=11 \\ 10y+x=10x+y+9 \end{cases}$

개수, 가격에 대한 문제

A, B 한 개의 가격을 알 때, 전체 개수와 전체 가격이 주어지면

⇨ A, B의 개수를 각각 x, y로 놓고 연립방정식을 세운다.

⇨ $\begin{cases} (\text{A의 개수})+(\text{B의 개수})=(\text{전체 개수}) \\ (\text{A의 전체 가격})+(\text{B의 전체 가격})=(\text{전체 가격}) \end{cases}$

'1000원짜리 과자와 1500원짜리 빵을 합하여 6개를 사고 8000원을 지불하였다.'를 연립방정식으로 세워 보자.

① 미지수 정하기	1000원짜리 과자를 x개, 1500원짜리 빵을 y개 샀다고 하자.
② 문제에서 방정식을 만들 수 있는 내용 정리하기	• 과자와 빵의 개수의 합이 6이다. • 과자와 빵의 가격의 합이 8000원이다.
③ 연립방정식 세우기	$\begin{cases} x+y=6 \\ 1000x+1500y=8000 \end{cases}$

여러 가지 개수에 대한 문제

다리가 a개인 동물이 x마리, b개인 동물이 y마리가 있으면

⇨ $\begin{cases} x+y=(\text{전체 동물의 수}) \\ ax+by=(\text{전체 동물의 다리의 수}) \end{cases}$

'강아지와 닭이 모두 10마리이고 다리 수의 합은 28이다.'를 연립방정식으로 세워 보자.

강아지를 x마리, 닭을 y마리라 하면 $x+y=10$

강아지의 다리는 4개, 닭의 다리는 2개이므로 $4x+2y=28$

연립방정식을 세우면 $\begin{cases} x+y=10 \\ 4x+2y=28 \end{cases}$

바빠 꿀팁

이 단원의 문제들은 모두 1학년 때 풀었던 미지수가 1개인 일차방정식으로도 풀 수 있어. 왼쪽 문제에서 1학년 때는 십의 자리의 숫자를 x라 하면 일의 자리의 숫자를 $11-x$로 놓았지. 같은 유형의 문제를 2학년에서는 연립방정식으로 푸는 거지. 물론 처음에는 미지수가 2개인 것이 부담스럽지만 구하려는 값을 두 개 찾아서 x, y라 하면 연립방정식으로 푸는 것이 훨씬 쉽다는 것을 알게 될 거야.

믿어 주세요! 미지수가 1개인 일차방정식보다 연립방정식으로 푸는 것이 더 쉬워요!
x만 있는 일차방정식 보다 x, y가 있는 연립방정식이 더 쉬워!
수학당
와
와~

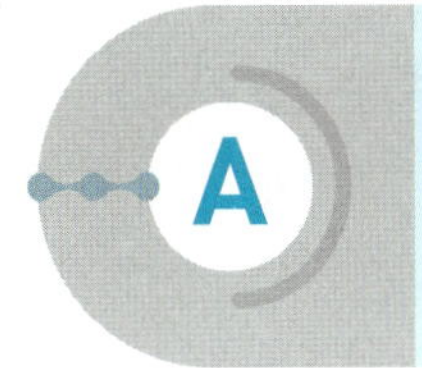

수에 대한 문제

연립방정식을 세울 때는 문장을 한꺼번에 읽지 말고 끊어서 읽고, 중요한 부분은 줄을 치고 숫자에는 ○를 그려 넣어 봐.
이렇게 하면 그냥 읽는 것보다 식을 세우는 데 많은 도움이 되거든.
아하! 그렇구나~

1. 어떤 두 자연수의 합이 42이고, 차는 12이다. 두 자연수 중 큰 수를 구하시오.

______

Help 큰 수를 x, 작은 수를 y라 하면
$x+y=42$, $x-y=12$

2. 어떤 두 자연수의 합이 65이고, 차는 21이다. 두 자연수 중 큰 수를 구하시오.

______

3. 어떤 두 자연수의 합이 74이고, 차는 38이다. 두 자연수 중 작은 수를 구하시오.

______

4. 어떤 두 수의 합은 33이고, 큰 수에서 작은 수의 2배를 빼면 9이다. 작은 수를 구하시오.

______

Help 큰 수를 x, 작은 수를 y라 하면
$x+y=33$, $x-2y=9$

5. 어떤 두 수의 합은 27이고, 큰 수에서 작은 수의 3배를 빼면 3이다. 작은 수를 구하시오.

______

6. 어떤 두 수의 합은 42이고, 작은 수의 3배에서 큰 수를 빼면 18이다. 큰 수를 구하시오.

______

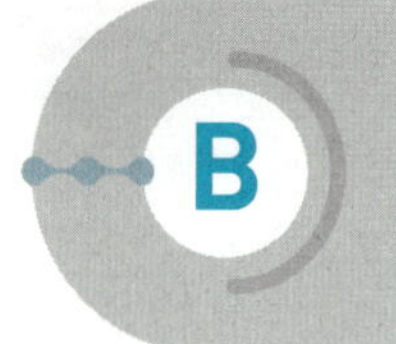

자연수의 자릿수 변화에 대한 문제

처음 두 자리의 자연수의 십의 자리의 숫자를 x, 일의 자리의 숫자를 y라 하면
⇨ 처음 수는 $10x+y$
⇨ 십의 자리의 숫자와 일의 자리의 숫자를 바꾼 수는 $10y+x$

1. 두 자리의 자연수가 있다. 각 자리의 숫자의 합은 9이고, 십의 자리의 숫자와 일의 자리의 숫자를 바꾼 수는 처음 수보다 27만큼 크다. □ 안에 알맞은 수를 써넣고, 처음 수를 구하시오.

> 처음 수의 십의 자리의 숫자를 x, 일의 자리의 숫자를 y라 하면 각 자리의 숫자의 합은 9이므로
> $x+y=\square$
> 처음 수는 $10x+y$, 바꾼 수는 $10y+x$이므로
> $10y+x=(10x+y)+\square$

______

2. 두 자리의 자연수가 있다. 각 자리의 숫자의 합은 12이고, 십의 자리의 숫자와 일의 자리의 숫자를 바꾼 수는 처음 수보다 36만큼 작다. 처음 수를 구하시오.

______

3. 두 자리의 자연수가 있다. 일의 자리의 숫자는 십의 자리의 숫자보다 5만큼 크고, 십의 자리의 숫자와 일의 자리의 숫자를 바꾼 수는 처음 수의 2배보다 4만큼 작다. □ 안에 알맞은 수를 써넣고, 처음 수를 구하시오.

> 처음 수의 십의 자리의 숫자를 x, 일의 자리의 숫자를 y라 하면 일의 자리의 숫자는 십의 자리의 숫자보다 5만큼 크므로 $y=x+\square$
> 또, 처음 수는 $10x+y$, 바꾼 수는 $10y+x$이므로
> $10y+x=\square(10x+y)-\square$

______

4. 두 자리의 자연수가 있다. 일의 자리의 숫자는 십의 자리의 숫자보다 4만큼 크고, 십의 자리의 숫자와 일의 자리의 숫자를 바꾼 수는 처음 수의 3배보다 16만큼 작다. 처음 수를 구하시오.

______

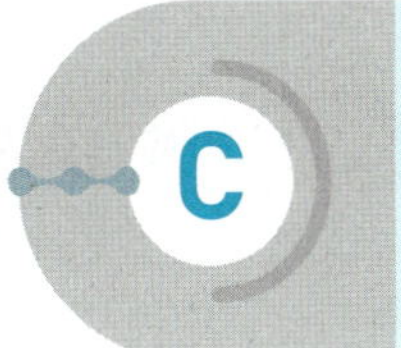

C 개수, 가격에 대한 문제 1

400원짜리 A와 300원짜리 B를 합하여 10개를 사고 4400원을 지불하였다.
⇨ A를 x개, B를 y개 샀다고 하면
$x+y=10$, $400x+300y=4400$

1. 승아는 편의점에서 1000원짜리 음료수와 700원짜리 빵을 합하여 7개를 사고 5800원을 지불하였다. □ 안에 알맞은 수를 써넣고, 승아가 빵을 몇 개 샀는지 구하시오.

음료수를 x개, 빵을 y개 샀다고 하면
$x+y=\square$, $\square x+\square y=5800$

____

2. 형준이는 문방구에서 한 자루에 800원 하는 볼펜과 한 권에 2000원 하는 공책을 합하여 6개를 사고 7200원을 지불하였다. 이때 형준이가 볼펜과 공책을 각각 몇 개씩 샀는지 구하시오.

____

3. 어느 미술관의 입장료가 성인은 1500원, 청소년은 800원이라 한다. 어느 날 이 미술관에 성인과 청소년을 합하여 56명이 입장하였다. 총 입장료가 58800원일 때, □ 안에 알맞은 수를 써넣고, 이 날 입장한 성인과 청소년이 각각 몇 명인지 구하시오.

성인을 x명, 청소년을 y명이라 하면
$x+y=\square$, $\square x+\square y=58800$

____

4. 어느 연극의 입장료가 성인은 12000원, 청소년은 8000원이라 한다. 어느 날 이 연극을 성인과 청소년을 합하여 27명이 보았다. 총 입장료가 252000원일 때, 이 연극을 본 성인과 청소년이 각각 몇 명인지 구하시오.

____

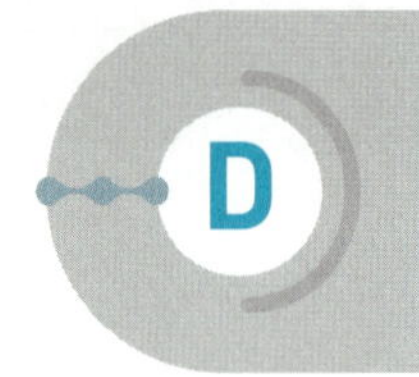

개수, 가격에 대한 문제 2

A를 4개, B를 3개를 샀더니 5000원이었고, A를 8개, B를 5개 샀더니 9000원이었다. A와 B의 가격을 각각 구하시오.
⇨ A의 가격을 x원, B의 가격을 y원이라 하면
$4x+3y=5000$, $8x+5y=9000$

1. 사과 5개와 배 3개를 샀더니 30000원이었고, 사과 7개와 배 4개를 샀더니 41000원이었다. 이때 □ 안에 알맞은 수를 써넣고, 사과 한 개의 가격을 구하시오.

사과 한 개의 가격을 x원, 배 한 개의 가격을 y원이라 하면
$\square x+\square y=30000$, $\square x+\square y=41000$

______

2. 감자 과자 6개와 고구마 과자 4개를 샀더니 14400원이었고, 감자 과자 3개와 고구마 과자 7개를 샀더니 13200원이었다. 이때 고구마 과자 한 개의 가격을 구하시오.

______

3. 팔찌 2개와 목걸이 5개를 샀더니 22500원이었고, 팔찌 3개와 목걸이 3개를 샀더니 18000원이었다. 이때 □ 안에 알맞은 수를 써넣고, 팔찌 한 개의 가격을 구하시오.

팔찌 한 개의 가격을 x원, 목걸이 한 개의 가격을 y원이라 하면
$\square x+\square y=22500$, $\square x+\square y=18000$

______

4. 샤프펜슬 2자루와 볼펜 4자루를 샀더니 12800원이었고, 샤프펜슬 4자루와 볼펜 3자루를 샀더니 19600원이었다. 이때 볼펜 한 자루의 가격을 구하시오.

______

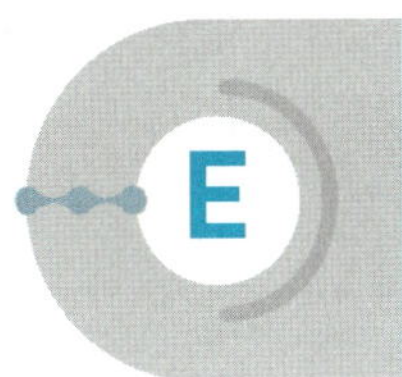

E 여러 가지 개수에 대한 문제

어떤 동아리 회원 55명은 4명 또는 5명씩 12대의 승용차에 나누어 탔다. 4명이 탄 승용차와 5명이 탄 승용차는 각각 몇 대인지 구하시오.
⇨ 4명이 탄 승용차를 x대, 5명이 탄 승용차를 y대라 하면
$x+y=12$, $4x+5y=55$

1. 동물원에서 한 우리에 염소와 닭을 키우고 있는데 동물이 모두 28마리이고, 다리의 합은 72개일 때, □ 안에 알맞은 수를 써넣고, 염소는 몇 마리인지 구하시오.

> 염소를 x마리, 닭을 y마리라 하면
> $x+y=\square$, $\square x+\square y=72$

______

2. 어느 팀이 농구 경기에서 2점 슛과 3점 슛을 합하여 22개를 넣어서 51점을 득점하였다. 이때 넣은 3점 슛은 몇 골인지 구하시오.

______

3. 재아네 반에서 3명 또는 4명이 모둠을 지어서 수행평가를 한다고 한다. 모둠의 수는 11모둠이고 재아네 반 학생은 모두 39명일 때, □ 안에 알맞은 수를 써넣고, 4명이 한 모둠인 모둠은 몇 모둠인지 구하시오.

> 3명이 한 모둠인 모둠이 x모둠, 4명이 한 모둠인 모둠이 y모둠이라 하면
> $x+y=\square$, $\square x+\square y=39$

______

4. 시은이는 사탕 한 봉지를 사서 매일 2개 또는 3개씩 먹으려고 한다. 사탕을 모두 25일 만에 다 먹었고 사탕의 총 개수가 65일 때 사탕을 2개 먹은 날은 며칠인지 구하시오.

______

시험 문제

시험에 자주 나오는 문제로 마무리

* 정답과 해설 12쪽

[1～6] 연립방정식의 활용

적중률 90%

1. 어떤 두 수의 합은 47이고, 큰 수에서 작은 수의 2배를 빼면 2이다. 이때 큰 수와 작은 수의 차는?

① 8 ② 11 ③ 17
④ 21 ⑤ 23

적중률 90%

2. 두 자리의 자연수가 있다. 각 자리의 숫자의 합은 5이고, 십의 자리의 숫자와 일의 자리의 숫자를 바꾼 수는 처음 수보다 27만큼 작다. 처음 수를 구하시오.

3. 다음 조건을 모두 만족하는 자연수를 구하시오.

> (가) 두 자리의 자연수이다.
> (나) 이 자연수는 각 자리의 숫자의 합의 3배와 같다.
> (다) 이 자연수의 십의 자리의 숫자와 일의 자리의 숫자를 바꾼 수는 처음 수의 2배보다 18만큼 크다.

4. 어느 지역으로 가는 고속버스의 요금이 성인은 22000원, 청소년은 15000원이라 한다. 한 대의 고속버스에 성인과 청소년을 합하여 22명이 탔고, 총 요금이 435000원일 때, 이 고속버스에 탄 성인과 청소년은 각각 몇 명인지 구하시오.

적중률 80%

5. 채은이가 마트에 가서 커피 음료수 3개와 탄산 음료수 8개를 샀더니 12600원이었고, 커피 음료수 2개와 탄산 음료수 9개를 샀더니 11700원이었다. 이때 탄산 음료수 한 개의 가격은?

① 800원 ② 900원 ③ 1000원
④ 1500원 ⑤ 1800원

6. 중간고사 수학 시험에서 객관식은 4점, 주관식은 5점이다. 이 시험에서 수민이가 맞힌 문제는 모두 20문제이고 87점을 받았다면 수민이는 주관식 문제를 몇 개 맞혔는지 구하시오.

연립방정식의 활용 2

개념 강의 보기

증가, 감소에 대한 문제

① x에서 $a\%$ 증가하였을 때

증가량: $\frac{a}{100}x$, 전체 양: $x+\frac{a}{100}x=\left(1+\frac{a}{100}\right)x$

② x에서 $b\%$ 감소하였을 때

감소량: $\frac{b}{100}x$, 전체 양: $x-\frac{b}{100}x=\left(1-\frac{b}{100}\right)x$

'어느 학교의 작년의 학생은 1000명이었는데 올해는 남학생이 3 % 줄고, 여학생이 7 % 늘어서 1010명이 되었다. 올해의 여학생은 몇 명인지 구하시오.'를 풀어 보자.

① 미지수 정하기	작년의 남학생을 x명, 작년의 여학생을 y명이라 하자.
② 문제에서 방정식을 만들 수 있는 내용 정리하기	• 작년의 학생은 1000명이다. • 올해 학생은 작년보다 10명이 늘었다.
③ 연립방정식 세우기	$\begin{cases} x+y=1000 \\ -\frac{3}{100}x+\frac{7}{100}y=10 \end{cases}$
④ 연립방정식 풀기	$x=600,\ y=400$ 올해의 여학생은 $400+\frac{7}{100}\times400=428$(명)이다.

바빠 꿀팁

- 증가, 감소에 대한 문제는 올해의 학생 수 또는 올해의 수확량을 구하라는 문제라도 **작년의 학생 수 또는 작년의 수확량을 x, y로 놓아야 해.**
- 일에 대한 문제에서 가장 중요한 것은 **전체 일의 양을 1**로 놓은 다음 각자 하루에 할 수 있는 일의 양을 x, y라 하고 식을 세워야 해.

조심해! 조심해!
구한 값이 답이 아니야.
구한 값을 이용해서
다시 답을 구해!

일에 대한 문제

① 일의 양이 주어지지 않으면 **전체 일의 양을 1**로 놓는다.

② 한 사람이 단위 시간에 할 수 있는 일의 양을 각각 미지수 x, y로 놓는다.

'다영이와 수민이가 4일 동안 함께 작업하여 마칠 수 있는 일을 다영이가 2일 동안 작업한 후 나머지를 수민이가 8일 동안 작업하여 모두 마쳤다. 이 일을 다영이가 혼자서 하면 며칠이 걸리는지 구하시오.'를 풀어 보자.

4일 지나니 다 끝냈고 일한 양은 1이네!
1/4
1/4
1/4
1/4

① 미지수 정하기	다영이와 수민이가 1일 동안 할 수 있는 일의 양을 각각 x, y라 하자.
② 문제에서 방정식을 만들 수 있는 내용 정리하기	• 둘이 같이 일한 날수는 4일이다. • 다영이가 2일, 수민이가 8일 일했다.
③ 연립방정식 세우기	$\begin{cases} 4x+4y=1 \\ 2x+8y=1 \end{cases}$
④ 연립방정식 풀기	$x=\frac{1}{6},\ y=\frac{1}{12}$ ⇨ 다영이가 혼자서 하면 6일이 걸린다.

앗! 실수

위의 두 가지 유형에서 보면 **미지수로 놓은 x, y가 답이 아닌 것**을 알 수 있어. x, y값이 나오면 무조건 답으로 적는 학생들은 반드시 주의해서 구한 x, y값을 문제에서 구하라고 하는 것으로 변형하여 답으로 만들어야 해.

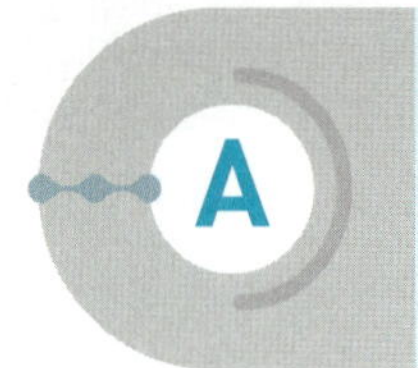

나이에 대한 문제

두 사람의 나이를 각각 x살, y살이라 하고 연립방정식을 세우면 돼. 현재 아버지가 x살이고 아들이 y살이라 하면 a년 후의 두 사람의 나이는 $(x+a)$살, $(y+a)$살이 되지.

아하! 그렇구나~

1. 현재 어머니의 나이와 아들의 나이의 합은 61살이고, 7년 후에는 어머니의 나이가 아들의 나이의 2배가 된다고 한다. □ 안에 알맞은 수를 써넣고, 현재 어머니의 나이를 구하시오.

> 현재 어머니의 나이를 x살, 아들의 나이를 y살이라 하면 $x+y=$□
> 7년 후의 두 사람의 나이는 각각 $(x+$□$)$살, $(y+$□$)$살이므로 $x+$□$=2(y+$□$)$

______

2. 현재 아버지의 나이와 딸의 나이의 합은 50살이고, 5년 후에는 아버지의 나이가 딸의 나이의 3배가 된다고 한다. 현재 딸의 나이를 구하시오.

______

3. 현재 아버지의 나이와 아들의 나이의 차는 33살이고, 10년 후에는 아버지의 나이가 아들의 나이의 2배보다 5살이 많아진다고 한다. □ 안에 알맞은 수를 써넣고, 현재 아버지의 나이와 아들의 나이를 각각 구하시오.

> 현재 아버지의 나이를 x살, 아들의 나이를 y살이라 하면 $x-y=$□
> 10년 후의 두 사람의 나이는 각각 $(x+$□$)$살, $(y+$□$)$살이므로 $x+$□$=2(y+$□$)+5$

______

4. 현재 어머니의 나이와 딸의 나이의 차는 27살이고, 8년 후에는 어머니의 나이가 딸의 나이의 2배보다 1살이 적어진다고 한다. 현재 어머니의 나이와 딸의 나이를 각각 구하시오.

______

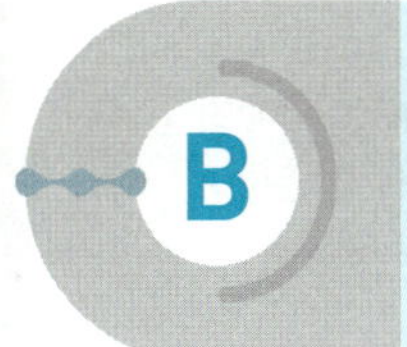

B 도형에 대한 문제

가로의 길이가 x cm, 세로의 길이가 y cm인 직사각형의 둘레의 길이
⇨ $2(x+y)$ cm
윗변의 길이가 x cm, 아랫변의 길이가 y cm이고 높이가 a cm인
사다리꼴의 넓이 ⇨ $\frac{1}{2}\times a\times(x+y)(\text{cm}^2)$

1. 가로의 길이가 세로의 길이보다 5 cm 더 긴 직사각형의 둘레의 길이가 26 cm일 때, □ 안에 알맞은 수를 써넣고, 이 직사각형의 가로의 길이와 세로의 길이를 각각 구하시오.

> 가로의 길이를 x cm, 세로의 길이를 y cm라 하면
> $x=y+$□, $2(x+y)=$□

2. 가로의 길이가 세로의 길이보다 4 cm 더 긴 직사각형의 둘레의 길이가 24 cm일 때, 이 직사각형의 가로의 길이와 세로의 길이를 각각 구하시오.

3. 아랫변의 길이가 윗변의 길이보다 3 cm 더 긴 사다리꼴이 있다. 이 사다리꼴의 높이가 6 cm이고, 넓이가 33 cm²일 때, □ 안에 알맞은 수를 써넣고, 아랫변의 길이를 구하시오.

> 아랫변의 길이를 x cm, 윗변의 길이를 y cm라 하면
> $x=y+$□, $\frac{1}{2}\times$□$\times(x+y)=$□

4. 아랫변의 길이가 윗변의 길이보다 6 cm 더 긴 사다리꼴이 있다. 이 사다리꼴의 높이가 10 cm이고, 넓이가 110 cm²일 때, 윗변의 길이를 구하시오.

증가, 감소에 대한 문제

증가, 감소에 대한 문제는 올해 또는 이번 달의 수를 묻더라도 미지수 x, y는 작년 또는 지난 달의 수로 놓고 풀어야 해. 또, 1000명이 990명이 되었다면 10명이 감소된 것이므로 증가와 감소만을 식에 반영하여 식을 세워야 훨씬 간단하게 풀 수 있어. 잊지 말자. 꼬~옥!

앗! 실수

1. 어느 학교의 작년의 학생은 1000명이었는데 올해는 작년보다 남학생이 5 % 줄고, 여학생이 6 % 늘어서 994명이 되었다. □ 안에 알맞은 수를 써넣고, 올해의 여학생은 몇 명인지 구하시오.

> 작년의 남학생을 x명, 여학생을 y명이라 하면
> $x+y=\square$
> 남학생이 5 % 줄고, 여학생이 6 % 늘어서 올해의 학생이 작년보다 6명이 줄었으므로 증가와 감소된 양으로만 식을 세우면
> $-\frac{\square}{100}x+\frac{\square}{100}y=-6$
> 따라서 올해의 여학생은 $y+\frac{\square}{100}y$명이다.

____

2. 어느 학교의 작년의 학생은 600명이었는데 올해는 작년보다 남학생이 5 % 늘고, 여학생이 10 % 줄어서 582명이 되었다. 올해의 남학생은 몇 명인지 구하시오.

____

3. 어느 블로그의 지난 달의 회원은 300명이었는데 이번 달에는 지난 달보다 남자가 20 % 늘고, 여자가 25 % 늘어서 회원이 65명이 증가하였다. □ 안에 알맞은 수를 써넣고, 이번 달의 여자 회원은 몇 명인지 구하시오.

> 지난 달의 남자 회원을 x명, 여자 회원을 y명이라 하면 $x+y=\square$
> 남자 회원이 20 % 늘고, 여자 회원이 25 % 늘어서 이번 달에 지난 달보다 65명이 증가하였으므로 증가와 감소된 양으로만 식을 세우면
> $\frac{\square}{100}x+\frac{\square}{100}y=65$
> 따라서 이번 달 여자 회원은 $y+\frac{\square}{100}y$명이다.

____

4. 쌀과 보리를 합한 무게가 2000 g인데 쌀은 5 %를 줄이고, 보리는 20 %를 늘렸더니 쌀과 보리의 무게가 처음의 무게보다 40 g이 증가하였다. 나중의 보리의 무게를 구하시오.

____

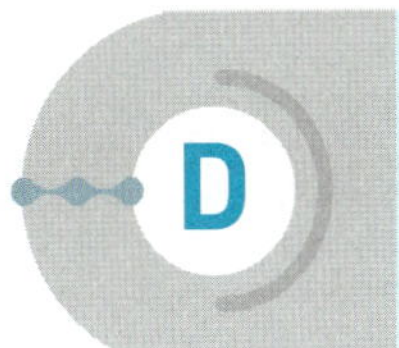

이익, 할인에 대한 문제

A, B 제품의 원가가 각각 x원, y원일 때 A제품은 10 %, B제품은 15 %의 이익을 붙여서 판매하였더니 50000원의 이익이 생겼다면 이익에 대한 식은 $\frac{10}{100}x+\frac{15}{100}y=50000$이 돼.

1. A, B 두 제품을 합하여 20000원에 사서 A제품은 원가의 25 %, B제품은 원가의 50 %의 이익을 붙여서 판매하였더니 8000원의 이익을 얻었다. □ 안에 알맞은 수를 써넣고, A제품의 원가를 구하시오.

   A제품의 원가를 x원, B제품의 원가를 y원이라 하면 $x+y=\square$
   A제품은 원가의 25 %, B제품은 원가의 50 %의 이익을 붙여서 8000원의 이익을 얻었으므로
   $\frac{\square}{100}x+\frac{\square}{100}y=8000$

   ____

2. A, B 두 제품을 합하여 50000원에 사서 A제품은 원가의 20 %, B제품은 원가의 30 %의 이익을 붙여서 판매하였더니 12000원의 이익을 얻었다. B제품의 원가를 구하시오.

   ____

3. 가게에서 원가가 1000원인 A제품과 원가가 800원인 B제품을 합하여 100개를 구입하였다. A제품은 원가의 30 %, B제품은 원가의 25 %의 이익을 붙여서 판매하면 26000원의 이익이 발생한다고 할 때, □ 안에 알맞은 수를 써넣고, A, B제품은 각각 몇 개 구입하였는지 구하시오.

   A제품을 x개, B제품을 y개 구입하였다고 하면 $x+y=\square$
   A제품은 원가의 30 %, B제품은 원가의 25 %의 이익을 붙여서 26000원의 이익을 얻었으므로
   $\frac{\square}{100}\times1000\times x+\frac{\square}{100}\times800\times y=26000$

   ____

4. 마트에서 원가가 1500원인 A제품과 원가가 2000원인 B제품을 합하여 300개를 구입하였다. A제품은 원가의 20 %, B제품은 원가의 10 %의 이익을 붙여서 판매하면 80000원의 이익이 발생한다고 할 때, A, B제품은 각각 몇 개 구입하였는지 구하시오.

   ____

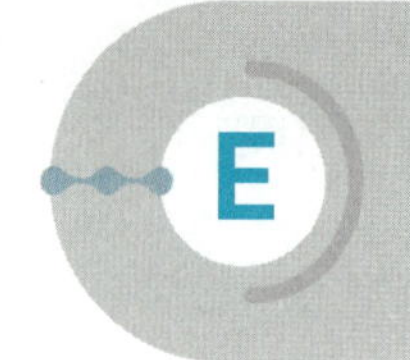

일에 대한 문제

일에 대한 문제에서 A, B 두 사람이 같이 하면 20일 걸리는 일이 있을 때, A, B가 1일 동안 할 수 있는 일의 양을 각각 x, y라 하고, 전체 일의 양을 1이라 하면 $20x+20y=1$로 식을 세우면 돼.

아하! 그렇구나~

앗! 실수

1. 규호와 기태가 함께 8일 동안 작업하여 마칠 수 있는 일을 규호가 4일 동안 작업한 후 나머지를 기태가 10일 동안 작업하여 모두 마쳤다. □ 안에 알맞은 수를 써넣고, 이 일을 기태가 혼자서 하면 며칠이 걸리는지 구하시오.

> 전체 일의 양을 1로 놓고 규호와 기태가 1일 동안 할 수 있는 일의 양을 각각 x, y라 하면
> 함께 8일 동안 작업했으므로 $\square x+\square y=1$
> 규호가 4일 동안 작업하고 기태가 10일 동안 작업했으므로 $\square x+\square y=1$

____

2. 주엽이와 승원이가 함께 6일 동안 작업하여 마칠 수 있는 일을 주엽이가 2일 동안 작업한 후 나머지를 승원이가 12일 동안 작업하여 모두 마쳤다. 이 일을 주엽이가 혼자서 하면 며칠이 걸리는지 구하시오.

____

3. 물탱크에 물을 채우는 데 A호스로 3시간 넣고 B호스로 2시간 넣었더니 물탱크가 가득 찼다. 또, 같은 물탱크에 A호스로 6시간 넣고 B호스로 1시간 넣었더니 물탱크가 가득 찰 때, □ 안에 알맞은 수를 써넣고, A호스로만으로 물탱크를 가득 채우는 데는 몇 시간이 걸리는지 구하시오.

> 물탱크에 물을 가득 채웠을 때의 물의 양을 1로 놓고 A호스, B호스로 1시간 동안 채우는 물의 양을 각각 x, y라 하면
> A호스로 3시간 넣고 B호스로 2시간 넣었으므로
> $\square x+\square y=1$
> A호스로 6시간 넣고 B호스로 1시간 넣었으므로
> $\square x+\square y=1$

____

4. 물탱크에 물을 채우는 데 A호스로 3시간 넣고 B호스로 8시간 넣었더니 물탱크가 가득 찼다. 또, 같은 물탱크에 A호스로 6시간 넣고 B호스로 4시간 넣었더니 물탱크가 가득 찰 때, B호스로만으로 물탱크를 가득 채우는 데는 몇 시간이 걸리는지 구하시오.

____

시험 문제

시험에 자주 나오는 문제로 마무리

*정답과 해설 15쪽

[1~6] 연립방정식의 활용

적중률 80%

1. 현재 어머니의 나이와 딸의 나이의 차는 35살이고, 5년 후에는 어머니의 나이가 딸의 나이의 2배보다 7살이 많다고 한다. 현재 어머니의 나이와 딸의 나이를 각각 구하시오.

2. 둘레의 길이가 36 cm인 직사각형이 있다. 이 직사각형의 가로의 길이는 세로의 길이의 3배보다 2 cm가 길다고 할 때, 이 직사각형의 넓이는?

① 25 cm^2 ② 32 cm^2 ③ 36 cm^2
④ 42 cm^2 ⑤ 56 cm^2

3. 학생 수가 50명인 어느 반에서 남학생의 $\frac{2}{3}$와 여학생의 $\frac{3}{5}$인 32명이 독서 퀴즈 대회에 참여하였다고 한다. 이 반의 남학생은 몇 명인지 구하시오.

적중률 90%

4. 어느 학교의 작년의 학생 수는 800명이었는데 올해는 작년보다 남학생이 10 % 늘고, 여학생이 6 % 줄어서 전체 학생 수가 8명이 늘었다. 올해의 여학생은 몇 명인가?

① 392명 ② 423명 ③ 450명
④ 495명 ⑤ 502명

5. 어느 악세사리 가게에서 머리띠 1개와 머리핀 1개를 합하여 30000원에 사서 머리띠는 원가의 25 %, 머리핀은 원가의 30 %의 이익을 붙여서 판매하였더니 8100원의 이익을 얻었다. 머리띠의 원가를 구하시오.

적중률 90%

6. 채은이와 다희가 함께 4일 동안 작업하여 마칠 수 있는 일을 채은이가 3일 동안 작업한 후 나머지를 다희가 6일 동안 작업하여 모두 마쳤다. 이 일을 다희가 혼자서 하면 며칠이 걸리는지 구하시오.

08 연립방정식의 활용 3

개념 강의 보기

● 거리, 속력, 시간에 대한 문제

(거리)=(속력)×(시간)

(속력)=$\dfrac{\text{(거리)}}{\text{(시간)}}$

(시간)=$\dfrac{\text{(거리)}}{\text{(속력)}}$

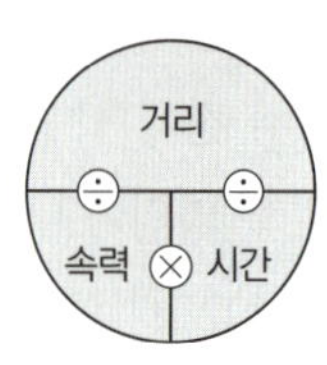

'어느 산을 등산하는데 올라갈 때는 시속 2 km로 걷고, 내려올 때는 다른 등산로로 시속 4 km로 걸었더니 모두 4시간이 걸렸다. 총 거리가 10 km일 때, 내려온 거리를 구하시오.'를 풀어 보자.

① 미지수 정하기	올라간 거리를 x km, 내려온 거리를 y km라고 하자.
② 문제에서 방정식을 만들 수 있는 내용 정리하기	• (등산을 한 총 거리)=10 • (올라갈 때 걸린 시간)+(내려올 때 걸린 시간)=4
③ 연립방정식 세우기	$\begin{cases} x+y=10 \\ \dfrac{x}{2}+\dfrac{y}{4}=4 \end{cases}$
④ 연립방정식 풀기	$x=6$, $y=4$ ⇨ 내려온 거리는 4 km이다.

● 농도에 대한 문제

(소금물의 농도)=$\dfrac{\text{(소금의 양)}}{\text{(소금물의 양)}}\times 100(\%)$

(소금의 양)=$\dfrac{\text{(소금물의 농도)}}{100}\times$(소금물의 양)

'9 %의 소금물과 4 %의 소금물을 섞어서 6 %의 소금물 500 g을 만들었다. 9 %의 소금물은 몇 g을 섞어야 하는지 구하시오.'를 풀어 보자.

① 미지수 정하기	9 %의 소금물의 양을 x g, 4 %의 소금물의 양을 y g이라 하자.
② 문제에서 방정식을 만들 수 있는 내용 정리하기	• (두 소금물의 합)=500 • (두 소금물의 소금의 양의 합)=(6 %의 소금물 500 g에 들어 있는 소금의 양)
③ 연립방정식 세우기	$\begin{cases} x+y=500 \\ \dfrac{9}{100}x+\dfrac{4}{100}y=\dfrac{6}{100}\times 500 \end{cases}$
④ 연립방정식 풀기	$x=200$, $y=300$ ⇨ 9 %의 소금물은 200 g을 섞어야 한다.

앗! 실수

거리, 속력, 시간에 대한 활용 문제를 풀 때, 각각의 단위가 다를 경우에는 방정식을 세우기 전에 단위를 통일해야 해.

• 1 km=1000 m　• 1시간=60분, 1분=$\dfrac{1}{60}$시간

바빠 꿀팁

• 왕복하는 문제는 다음을 이용하여 식을 세워.
① (가는 거리)+(오는 거리)=(전체 거리)
② (갈 때 걸린 시간)+(올 때 걸린 시간)=(전체 걸린 시간)

• 농도에 대한 문제
농도가 다른 두 소금물을 섞는 문제는 다음을 이용하여 식을 세워.
① (섞기 전 두 소금물의 양의 합)=(섞은 후 소금물의 양)
② (섞기 전 두 소금물의 소금의 양의 합)=(섞은 후 소금물의 소금의 양)

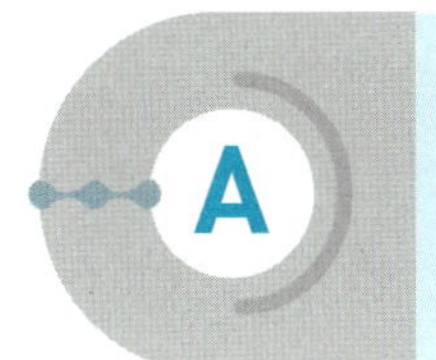

거리, 속력, 시간에 대한 문제 1

A ——(시속 2 km, x km)—— B ——(시속 4 km, y km)—— C

$x+y=$(A, C의 거리), $\frac{x}{2}+\frac{y}{4}=$(A에서 C까지 가는데 걸린 시간)

1. 재원이네 집에서 할머니 댁까지의 거리는 6 km이다. 재원이가 집에서 할머니 댁까지 가는데 시속 6 km로 달리다가 시속 2 km로 걸어서 모두 2시간이 걸렸다. □ 안에 알맞은 수를 써넣고, 달린 거리를 구하시오.

> 재원이가 달린 거리를 x km, 걸은 거리를 y km라 하면 $x+y=\square$
>
> 시속 6 km로 달린 시간은 $\frac{\square}{6}$시간,
>
> 시속 2 km로 걸은 시간은 $\frac{\square}{2}$시간이므로
>
> $\frac{\square}{6}+\frac{\square}{2}=2$

____

2. 정현이네 집에서 도서관까지의 거리는 8 km이다. 정현이가 집에서 도서관까지 가는데 자전거를 타고 시속 20 km로 가다가 자전거가 고장 나서 시속 4 km로 걸어서 모두 1시간이 걸렸다. 자전거를 타고 간 거리를 구하시오.

____

3. 어느 산을 등산하는데 올라갈 때는 시속 2 km로 걷고, 내려올 때는 다른 등산로로 시속 3 km로 걸었더니 모두 2시간이 걸렸다. 총 거리가 5 km일 때, □ 안에 알맞은 수를 써넣고, 내려온 거리를 구하시오.

> 올라간 거리를 x km, 내려온 거리를 y km라 하면 $x+y=\square$
>
> 올라갈 때 시속 2 km로 걸은 시간은 $\frac{\square}{2}$시간,
>
> 내려올 때 시속 3 km로 걸은 시간은 $\frac{\square}{3}$시간이므로
>
> $\frac{\square}{2}+\frac{\square}{3}=2$

____

4. 어느 산을 등산하는데 올라갈 때는 시속 3 km로 걷고, 내려올 때는 다른 등산로로 시속 4 km로 걸었더니 모두 3시간이 걸렸다. 총 거리가 10 km일 때, 올라간 거리를 구하시오.

____

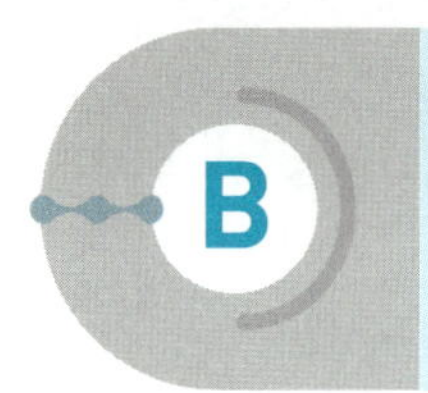

거리, 속력, 시간에 대한 문제 2

A, B 두 사람이 시간 차이를 두고 같은 지점에서 같은 방향으로 출발해 서 만났다고 하면
{(시간 차에 대한 식)
{(A가 이동한 거리)=(B가 이동한 거리)

1. 8 km 떨어진 두 지점에서 용환이와 경석이가 동시에 마주 보고 출발하여 도중에 만났다. 용환이는 시속 5 km, 경석이는 시속 3 km로 걸었다고 할 때, □ 안에 알맞은 수를 써넣고, 용환이가 걸은 거리를 구하시오.

8 km
x km　y km
용환　시속 5 km　만난 지점　시속 3 km　경석

용환이가 걸은 거리를 x km, 경석이가 걸은 거리를 y km라 하면 $x+y=\square$

용환이와 경석이가 만났으므로 걸은 시간은 같다.

용환이가 걸은 시간은 $\dfrac{x}{\square}$시간,

경석이가 걸은 시간은 $\dfrac{y}{\square}$시간이므로

$\dfrac{x}{\square}=\dfrac{y}{\square}$

____

2. 9 km 떨어진 두 지점에서 지윤이와 기태가 동시에 마주 보고 출발하여 도중에 만났다. 지윤이는 시속 2 km, 기태는 시속 4 km로 걸었다고 할 때, 지윤이가 걸은 거리를 구하시오.

____

3. 형과 동생이 집에서 출발하여 학교에 가려고 한다. 형이 학교를 향해 분속 60 m로 걸어간 지 35분 후에 동생이 자전거를 타고 분속 200 m로 학교를 향해 출발하여 학교 정문에서 두 사람이 만났다. □ 안에 알맞은 수를 써넣고, 형이 학교까지 가는데 걸린 시간을 구하시오.

형이 걸린 시간을 x분, 동생이 걸린 시간을 y분이라 하면 형이 동생보다 35분 더 걸렸으므로

$x=y+\square$

(형이 간 거리)=(동생이 간 거리)이므로

(형의 속력)×(형이 걸린 시간)

=(동생의 속력)×(동생이 걸린 시간)

$\square x=\square y$

____

4. 민영이가 공원을 향해 분속 60 m로 걸어간 지 48분 후에 같은 출발점에서 진용이가 자전거를 타고 분속 220 m로 공원을 향해 출발하여 공원 정문에서 두 사람이 만났다. 진용이가 공원까지 가는데 걸린 시간을 구하시오.

____

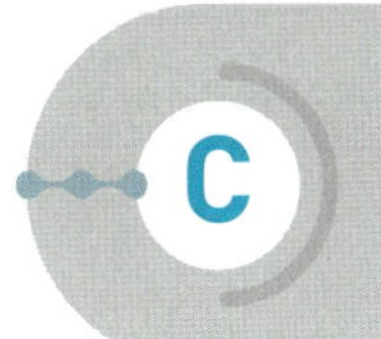

거리, 속력, 시간에 대한 문제 3

A, B 두 사람이 트랙의 같은 지점에서 동시에 출발한 후 다시 만날 때
① 같은 방향 ⇨ (A, B가 이동한 거리의 차) = (트랙의 길이)
② 반대 방향 ⇨ (A, B가 이동한 거리의 합) = (트랙의 길이)

1. 둘레의 길이가 1200 m인 호수를 형과 동생이 같은 지점에서 동시에 출발하여 같은 방향으로 돌면 24분 후에 처음으로 만나고, 반대 방향으로 돌면 8분 후에 처음으로 만난다고 한다. 형이 동생보다 빠르게 걷는다고 할 때, □ 안에 알맞은 수를 써넣고, 형과 동생의 속력을 각각 구하시오.

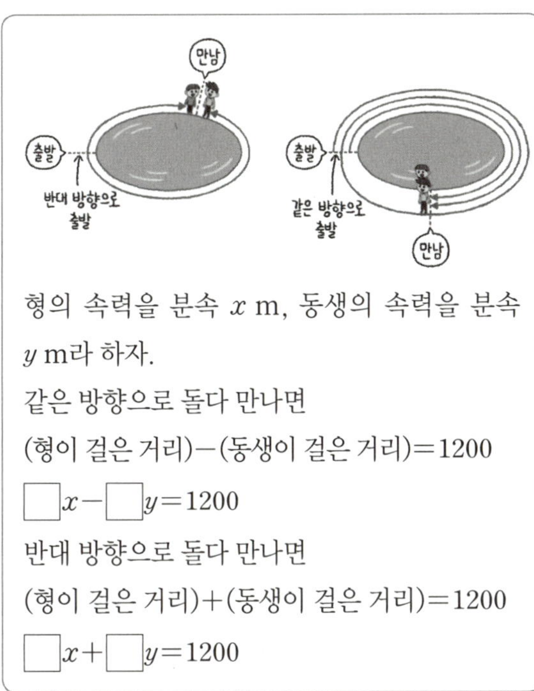

형의 속력을 분속 x m, 동생의 속력을 분속 y m라 하자.
같은 방향으로 돌다 만나면
(형이 걸은 거리)−(동생이 걸은 거리)=1200
$\square x-\square y=1200$
반대 방향으로 돌다 만나면
(형이 걸은 거리)+(동생이 걸은 거리)=1200
$\square x+\square y=1200$

2. 둘레의 길이가 1000 m인 트랙을 희정이와 지현이가 같은 지점에서 동시에 출발하여 같은 방향으로 돌면 10분 후에 처음으로 만나고, 반대 방향으로 돌면 5분 후에 처음으로 만난다고 한다. 희정이가 지현이보다 빠르게 걷는다고 할 때, 희정이와 지현이의 속력을 각각 구하시오.

3. 둘레의 길이가 1800 m인 공원을 승준이는 분속 60 m로 걷고, 정아는 자전거를 타고 분속 240 m로 돌고 있다. 같은 지점에서 승준이가 출발하고 10분 후에 정아가 출발하여 반대 방향으로 돈다고 할 때, □ 안에 알맞은 수를 써넣고 승준이가 출발한 지 몇 분 후에 처음으로 정아를 만나게 되는지 구하시오.

승준이가 걸린 시간을 x분, 정아가 걸린 시간을 y분이라 하면
(승준이가 걸린 시간)
=(정아가 걸린 시간)+□
$x=y+\square$
반대 방향으로 돌다 만나면
(승준이가 간 거리)+(정아가 간 거리)=1800
$\square x+\square y=1800$

4. 둘레의 길이가 1900 m인 공원을 기현이는 분속 80 m로 걷고, 예림이는 자전거를 타고 분속 220 m로 돌고 있다. 같은 지점에서 기현이가 출발하고 5분 후에 예림이가 출발하여 반대 방향으로 돌면 기현이가 출발한 지 몇 분 후에 처음으로 만나게 되는지 구하시오.

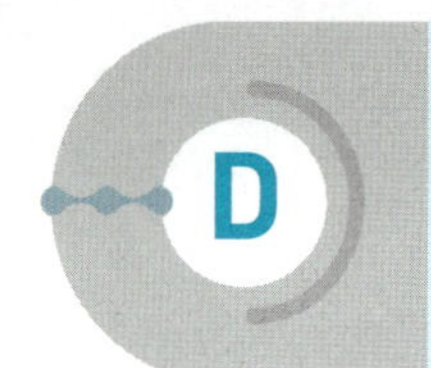

농도에 대한 문제 1

농도가 다른 두 소금물 A, B를 섞어서 소금물 C를 만들 때, 전체 소금물의 양과 소금의 양은 변하지 않음을 이용하여 식을 세우면 돼.

$\begin{cases} (\text{소금물 A, B의 양의 합}) = (\text{소금물 C의 양}) \\ (\text{A의 소금의 양}) + (\text{B의 소금의 양}) = (\text{C의 소금의 양}) \end{cases}$

1. 10 %의 소금물과 5 %의 소금물을 섞어서 6 %의 소금물 400 g을 만들었다. □ 안에 알맞은 수를 써넣고, 10 %의 소금물은 몇 g을 섞어야 하는지 구하시오.

   10 %의 소금물의 양을 x g, 5 %의 소금물의 양을 y g이라 하면

   $\begin{cases} x+y=\square \\ \frac{\square}{100}\times x+\frac{\square}{100}\times y=\frac{6}{100}\times 400 \end{cases}$

   ____

2. 15 %의 소금물과 9 %의 소금물을 섞어서 12 %의 소금물 600 g을 만들었다. 9 %의 소금물은 몇 g을 섞어야 하는지 구하시오.

   ____

3. 12 %의 설탕물과 4 %의 설탕물 600 g을 섞어서 6 %의 설탕물을 만들었다. □ 안에 알맞은 수를 써넣고, 12 %의 설탕물의 양을 구하시오.

   12 %의 설탕물의 양을 x g, 6 %의 설탕물의 양을 y g이라 하면

   $\begin{cases} y=x+\square \\ \frac{\square}{100}\times x+\frac{4}{100}\times \square=\frac{6}{100}\times y \end{cases}$

   ____

4. 20 %의 설탕물과 10 %의 설탕물 500 g을 섞어서 12 %의 설탕물을 만들었다. 이때 20 %의 설탕물의 양을 구하시오.

   ____

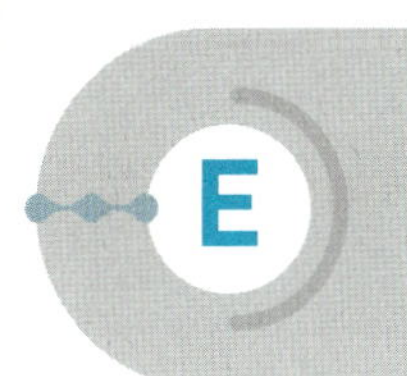

농도에 대한 문제 2

소금물에 소금을 더 넣으면 소금의 양과 소금물의 양이 모두 변해.
소금물 A에 소금을 넣어서 소금물 C를 만들 때

$\begin{cases} (\text{소금물 A의 양})+(\text{더 넣은 소금의 양})=(\text{소금물 C의 양}) \\ (\text{소금물 A의 소금의 양})+(\text{더 넣은 소금의 양})=(\text{소금물 C의 소금의 양}) \end{cases}$

1. 농도가 다른 두 소금물 A, B가 있다. 소금물 A를 200 g, 소금물 B를 300 g 섞으면 8 %의 소금물이 되고 소금물 A를 300 g, 소금물 B를 200 g 섞으면 7 %의 소금물이 된다. □ 안에 알맞은 수를 써넣고 소금물 A, B의 농도를 각각 구하시오.

   소금물 A, B의 농도를 각각 x %, y %라 하면

   $$\begin{cases} \frac{x}{100}\times\square+\frac{y}{100}\times\square=\frac{8}{100}\times500 \\ \frac{x}{100}\times\square+\frac{y}{100}\times\square=\frac{7}{100}\times500 \end{cases}$$

   ____

2. 농도가 다른 두 소금물 A, B가 있다. 소금물 A를 400 g, 소금물 B를 200 g 섞으면 12 %의 소금물이 되고 소금물 A를 200 g, 소금물 B를 400 g 섞으면 15 %의 소금물이 된다. 소금물 A, B의 농도를 각각 구하시오.

   ____

앗! 실수

3. 20 %의 소금물에 소금을 더 넣어서 25 %의 소금물 400 g을 만들었다. □ 안에 알맞은 수를 써넣고, 더 넣은 소금의 양을 구하시오.

   20 %의 소금물 x g에 소금 y g을 더 넣으면

   $$\begin{cases} x+y=\square \\ \frac{\square}{100}\times x+y=\frac{25}{100}\times400 \end{cases}$$

   ____

4. 10 %의 설탕물에 설탕을 더 넣어서 16 %의 설탕물 600 g을 만들었다. 이때 더 넣은 설탕의 양을 구하시오.

   ____

시험 문제

시험에 자주 나오는 문제로 마무리

*정답과 해설 17쪽

[1~6] 연립방정식의 활용

1. 시은이네 집에서 미술관까지의 거리는 8 km이다. 시은이가 집에서 미술관까지 가는데 시속 6 km로 달리다가 시속 2 km로 걸어서 모두 2시간이 걸렸다. 걸은 거리는?

① 1 km ② 2 km ③ 4 km
④ 6 km ⑤ 7 km

적중률 90%

2. 어느 산을 등산하는데 올라갈 때는 시속 2 km로 걷고, 내려올 때는 다른 등산로로 시속 4 km로 걸었더니 모두 2시간이 걸렸다. 총 거리가 6 km일 때, 내려온 거리를 구하시오.

적중률 80%

3. 형과 동생이 집에서 출발하여 학교에 가려고 한다. 형이 학교를 향해 분속 50 m로 걸어간 지 40분 후에 동생이 자전거를 타고 분속 250 m로 학교를 향해 출발하여 학교 정문에서 두 사람이 만났다. 형이 학교까지 가는데 걸린 시간을 구하시오.

앗! 실수

4. 둘레의 길이가 2 km인 호수를 혜민이와 형준이가 같은 지점에서 동시에 출발하여 같은 방향으로 돌면 40분 후에 처음으로 만나고, 반대 방향으로 돌면 20분 후에 처음으로 만난다고 한다. 혜민이가 형준이보다 빠르게 뛴다고 할 때, 혜민이와 형준이의 속력을 각각 구하시오.

적중률 70%

5. 12 %의 소금물과 7 %의 소금물을 섞어서 10 %의 소금물 800 g을 만들었다. 7 %의 소금물은 몇 g을 섞어야 하는가?

① 220 g ② 280 g ③ 320 g
④ 400 g ⑤ 480 g

6. 농도가 다른 두 소금물 A, B가 있다. 소금물 A를 400 g, 소금물 B를 600 g 섞으면 9 %의 소금물이 되고 소금물 A를 600 g, 소금물 B를 400 g 섞으면 10 %의 소금물이 된다. 소금물 A, B의 농도를 각각 구하시오.

둘째 마당

함수

둘째 마당에서는 함수의 뜻과 일차함수에 대하여 배우게 돼. 일차함수의 그래프에서 기울기, x절편, y절편 등에 대해서 배우고 이것을 이용하여 그래프를 그리는 방법도 배울 거야. 또 그래프를 이용하여 여러 가지 문제를 푸는 방법을 배우는데, 처음엔 좀 어렵게 느껴지더라도 반복해서 연습하면 쉽게 풀 수 있어. 중등 과정에서 배우는 함수는 고등 과정 내내 배우는 함수의 기본이 돼. 처음 배울 때 개념을 잘 이해해야 나중에 어려운 함수 문제도 잘 해결할 수 있어.

공부할 내용	14일 진도	20일 진도	공부한 날짜
09 함수의 뜻과 함숫값	6일차	8일차	월 일
10 일차함수의 뜻			월 일
11 일차함수의 그래프 위의 점	7일차	9일차	월 일
12 일차함수의 그래프의 평행이동		10일차	월 일
13 일차함수의 그래프의 x절편, y절편	8일차	11일차	월 일
14 일차함수의 그래프의 기울기		12일차	월 일
15 일차함수의 그래프 그리기	9일차	13일차	월 일
16 일차함수 $y=ax+b$의 그래프		14일차	월 일
17 일차함수의 식 구하기	10일차	15일차	월 일
18 일차함수의 활용	11일차	16일차	월 일
19 일차함수와 일차방정식	12일차	17일차	월 일
20 좌표축에 평행한 직선의 방정식		18일차	월 일
21 연립방정식의 해와 그래프	13일차	19일차	월 일
22 직선의 방정식의 응용	14일차	20일차	월 일

09 함수의 뜻과 함숫값

개념 강의 보기

함수의 뜻

① **변수**: x, y와 같이 여러 가지로 변하는 값을 나타내는 문자를 변수라 한다.

② **함수**: 두 변수 x, y에 대하여 **x의 값이 변함에 따라 y의 값이 하나씩 대응하는 관계**가 있을 때, **y를 x의 함수**라 한다.

길이가 10 m인 끈을 x m 잘라서 쓰고 남은 끈의 길이가 y m

x	1	2	3	4	⋯
y	9	8	7	6	⋯

x의 값 하나에 y의 값이 하나씩 대응

함수의 표현

y가 x의 함수인 것을 기호로 $y=f(x)$와 같이 나타낸다.

f는 함수를 뜻하는 영어 *function*의 첫 글자를 기호화한 것

함수 $y=2x$에서 $y=f(x)$이므로 $f(x)=2x$이다.

즉, $y=2x$와 $f(x)=2x$는 같은 함수를 나타내는 **같은 뜻 다른 표현**이다.

함숫값 구하기

함수 $y=3x+2$에서 $f(x)=3x+2$이므로

$x=1$일 때, 함숫값은 $f(1)=3\times1+2=5$

x 대신 1을 대입

$x=2$일 때, 함숫값은 $f(2)=3\times2+2=8$

⋮ ⋮

$x=a$일 때, 함숫값은 $f(a)=3\times a+2=3a+2$

따라서 $f(a)$는 함수 $f(x)$에 x대신 a를 대입하여 계산한 식의 값이 된다.

바빠 꿀팁

- 함수는 x의 값에 y의 값이 오직 하나씩 대응되어야 해. x와 짝을 이루는 수가 한 개뿐이라는 거지. 학교에서도 짝꿍은 한 명인 것처럼 x의 짝이 여러 개이면 함수가 아니야.
- 함수 $y=f(x)$에서 $f(a)$의 뜻
  - ⇨ $x=a$에서의 함숫값
  - ⇨ $x=a$에서의 y의 값
  - ⇨ $f(x)$에 $x=a$를 대입하여 구한 y의 값

  이 세 가지가 모두가 같은 표현이야.
  $f(x)=3x$와 $y=3x$는 같아.
  따라서 $f(2)=3\times2=6$이므로 $x=2$일 때 $y=6$인 거지.

함수 파티
여기는 함수 파티장이니 한 여성분은 한 남성분의 손만 잡아야 해요!

출동! X맨과 O맨

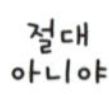

- 자연수 x의 약수 y는 함수이다. (×)
  ➡ 자연수 6의 약수는 1, 2, 3, 6이고 자연수 6에 1, 2, 3, 6이 모두 대응되므로 함수가 아니야.
- 자연수 x의 소인수 y는 함수이다. (×)
  ➡ 자연수 6의 소인수는 2, 3이고 자연수 6에 2, 3이 모두 대응되므로 함수가 아니야.

- 자연수 x의 약수의 개수 y는 함수이다. (○)
  ➡ 자연수 6의 약수는 1, 2, 3, 6이고 자연수 6의 약수의 개수는 4이므로 $x=6$에 $y=4$가 대응되어서 함수야.
- 자연수 x의 소인수의 개수 y는 함수이다. (○)
  ➡ 자연수 6의 소인수는 2, 3이고 자연수 6의 소인수의 개수는 2이므로 $x=6$에 $y=2$가 대응되어서 함수야.

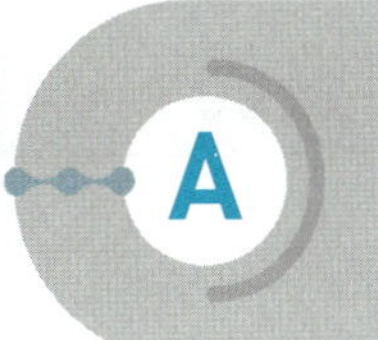

함수의 뜻 1

x의 값에 y의 값이 한 개씩 대응되면 함수이고, x의 값에 대응되는 y의 값이 없거나 2개 이상이면 함수가 아니야.

잊지 말자. 꼬~옥!

■ 두 변수 x, y의 값이 다음과 같을 때, 주어진 표를 완성하고 y가 x의 함수이면 ○를, 함수가 아니면 ×를 하시오.

1. 한 개에 500원 하는 과자 x개의 값 y원

x	1	2	3	4	…
y	500			2000	…

______

2. 넓이가 24 cm^{2}인 직사각형의 가로의 길이 x cm와 세로의 길이 y cm

x	1	2	3	4	…
y	24				…

______

앗! 실수

3. 자연수 x의 약수 y

x	1	2	3	4	…
y	1			1, 2, 4	…

______

Help x의 값 하나에 y의 값이 여러 개가 대응되면 함수가 아니다.

4. 합이 20인 두 유리수 x와 y

x	1	2	3	4	…
y			17		…

______

앗! 실수

5. 자연수 x보다 작은 소수 y

x	1	2	3	4	…
y	없다.			2, 3	…

______

6. 길이가 25 cm인 양초를 x cm 사용하고 남은 양초의 길이 y cm

x	1	2	3	4	…
y		23			…

______

7. 정수 x의 절댓값 y

x	…	-2	-1	0	$+1$	$+2$	…
y	…						…

______

8. 공책 48권을 x명이 똑같이 나누어 가질 때 한 사람이 가지는 공책 y권

x	1	2	3	4	…
y					…

______

B 함수의 뜻 2

대응표가 없어도 x의 값 하나에 y의 값이 하나씩 대응되는지 알아낼 수 있어야 함수인지 함수가 아닌지 구별할 수 있어.
아하! 그렇구나~

■ 다음에서 y가 x의 함수인 것에는 ○를, 함수가 아닌 것에는 ×를 하시오.

1. 한 변의 길이가 x cm인 정삼각형의 둘레의 길이 y cm

2. 자연수 x보다 작은 짝수 y

Help x보다 작은 짝수가 1개인지 생각해 보자.

3. 한 개에 32 g인 물건 x개의 무게 y g

앗! 실수

4. 자연수 x의 약수의 개수 y

5. 자연수 x와 서로소인 수 y

6. 30 L들이 물통에 매분 x L씩 물을 넣을 때, 물이 가득 찰 때까지 걸린 시간 y분

7. 반지름의 길이가 x cm인 원의 둘레의 길이 y cm

8. 시속 x km로 10시간 동안 간 거리 y km

Help (거리)=(속력)×(시간)

9. 한 권에 500원인 공책 x권의 값 y원

10. 총 쪽수가 260쪽인 책을 x쪽 읽고 남은 쪽수 y쪽

11. 자연수 x의 배수 y

Help 자연수 x의 배수가 몇 개인지 생각해 보자.

12. 자연수 x와 8의 최대공약수 y

13. 나이가 x살인 사람의 몸무게 y kg

14. 물 20 L를 x명이 똑같이 나누어 마실 때, 한 사람이 마시는 물의 양 y L

C 함숫값 구하기 1

$f(x)=2x$에서 $f(-2)$는 x 대신 -2를 대입하라는 뜻이야.
따라서 $2x=2\times(-2)=-4$이므로 $f(-2)=-4$가 되지.
아하! 그렇구나~

■ 함수 $f(x)$에 대하여 다음 함숫값을 구하시오.

1. $f(x)=3x$

(1) $f(-1)$ ________

Help x 대신 -1을 대입한다.

(2) $f(0)$ ________

(3) $f\left(-\frac{1}{2}\right)$ ________

(4) $f\left(\frac{4}{3}\right)$ ________

2. $f(x)=-2x-1$

(1) $f(-2)$ ________

(2) $f(0)$ ________

(3) $f(3)$ ________

(4) $f\left(\frac{1}{6}\right)$ ________

3. $f(x)=\frac{8}{x}$

(1) $f(-1)$ ________

(2) $f(1)$ ________

(3) $f(2)$ ________

(4) $f(8)$ ________

4. $f(x)=-\frac{4}{x}+1$

(1) $f(-4)$ ________

(2) $f(-2)$ ________

(3) $f(2)$ ________

(4) $f(4)$ ________

D 함숫값 구하기 2

$f(x)=ax$에서 x에 어떤 값을 대입해도 $a\times x$로 구하면 되니 쉬워.
따라서, 여러 개의 함숫값을 구할 때는 당황하지 말고 각각 구하면 돼.
아하! 그렇구나~

■ 다음을 구하시오.

1. $f(x)=5x$에 대하여 $f(-1)+f(1)$의 값

______

Help $f(-1)=5\times\square$, $f(1)=5\times\square$

2. $f(x)=-2x$에 대하여 $f(-2)+f(0)$의 값

______

3. $f(x)=x+8$에 대하여 $f(-1)+f(3)$의 값

______

앗! 실수

4. $f(x)=-3x+2$에 대하여 $2f(-3)-f(3)$의 값

______

5. $f(x)=-\frac{1}{4}x+\frac{3}{2}$에 대하여 $4f(-1)-f(6)$의 값

______

6. $f(x)=\frac{2}{x}$에 대하여 $f(-1)+f(2)$의 값

______

Help $f(-1)=\frac{2}{\square}$, $f(2)=\frac{2}{\square}$

7. $f(x)=-\frac{4}{x}$에 대하여 $f(-4)+f(1)$의 값

______

8. $f(x)=-\frac{3}{x}$에 대하여 $f(-2)+f(2)$의 값

______

9. $f(x)=\frac{8}{x}$에 대하여 $2f(-4)+f(8)$의 값

______

10. $f(x)=\frac{10}{x}$에 대하여 $f(-2)-3f(5)$의 값

______

시험 문제

아싸!

시험에 자주 나오는 문제로 마무리

*정답과 해설 19쪽

적중률 100%

[1~3] 함수 고르기

1. 다음 중 y가 x의 함수가 아닌 것은?
   ① 자연수 x를 8로 나눈 나머지 y
   ② 자연수 x보다 작은 자연수 y
   ③ 밑변의 길이가 3 cm, 높이가 x cm인 삼각형의 넓이 $y\,\text{cm}^2$
   ④ 시속 x km로 4시간 동안 이동한 거리 y km
   ⑤ 한 권에 2000원인 공책 x권의 값 y원

앗! 실수

2. 다음 중 y가 x의 함수가 아닌 것은?
   ① 한 개에 40 g인 물건 x개의 무게 y g
   ② 한 변의 길이가 x cm인 정사각형의 둘레의 길이 y cm
   ③ 자연수 x와 6의 최소공배수 y
   ④ 자연수 x의 약수 y
   ⑤ 1 L에 1900원인 휘발유 x L의 가격 y원

3. 다음 보기 중 y가 x의 함수인 것은 모두 몇 개인지 구하시오.

   보기
   ㄱ. 자연수 x와 서로소인 수 y
   ㄴ. 길이가 30 cm인 양초를 x cm 태우고 남은 양초의 길이 y cm
   ㄷ. 12개의 사탕을 x명에게 똑같이 나누어 줄 때, 한 사람이 가지는 사탕의 개수 y개
   ㄹ. 절댓값이 x인 수 y
   ㅁ. 자연수 x의 소인수 y

적중률 100%

[4~6] 함숫값 구하기

4. 함수 $f(x)=-2x+6$에 대하여 다음 중 함숫값이 옳지 않은 것은?
   ① $f(-3)=12$ ② $f(-1)=8$
   ③ $f(0)=6$ ④ $f(3)=0$
   ⑤ $f(5)=-2$

5. 다음 보기의 함수 중 $f(2)=5$인 것은 몇 개인지 구하시오.

   보기
   ㄱ. $f(x)=3x$ ㄴ. $f(x)=-x+7$
   ㄷ. $f(x)=\frac{10}{x}$ ㄹ. $f(x)=4x-3$
   ㅁ. $f(x)=\frac{5}{4}x+\frac{5}{2}$ ㅂ. $f(x)=-\frac{2}{x}$

앗! 실수

6. 함수 $f(x)=$(자연수 x의 약수의 개수)에 대하여 $f(9)+f(12)$의 값은?
   ① 6 ② 7 ③ 8
   ④ 9 ⑤ 10

일차함수의 뜻

개념 강의 보기

일차함수의 뜻

함수 $y=f(x)$에서 y가 x에 대한 일차식

$y=ax+b$ (a, b는 상수, $a\neq0$)

와 같이 나타날 때, 이 함수를 x에 대한 **일차함수**라 한다.

$y=-2x+1$ ← 일차함수이다.

$y=\frac{x}{3}$ ← 상수항이 없어도 일차함수이다.

$y=5x^2-2$ ← x의 차수가 2이므로 일차함수가 아니다.

$y=\frac{4}{x}+1$ ← 분모에 x가 있으므로 일차함수가 아니다.

$y=3$ ← x항이 없으므로 일차함수가 아니다.

바빠 꿀팁

• 일차함수를 찾을 때는 y항을 좌변으로, 나머지 항은 우변으로 이항한 후에 y의 계수를 1로 만들고 $y=ax+b(a\neq0)$를 찾으면 돼.

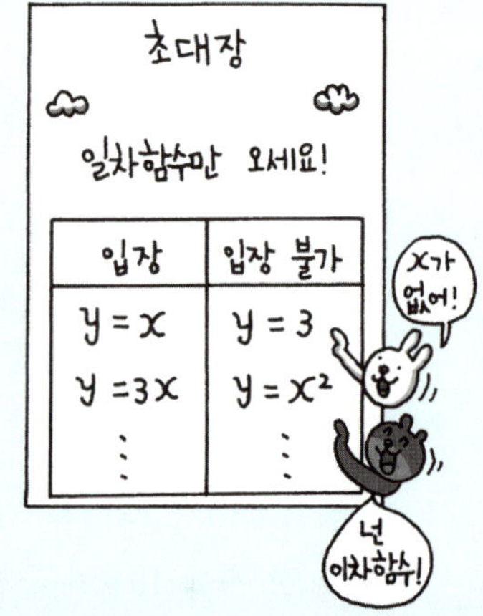

일차함수가 될 조건

$y=ax+b$(a, b는 상수)가 x에 대한 일차함수이려면

⇨ $a\neq0$

$y=ax^2+bx+c$(a, b, c는 상수)가 x에 대한 일차함수이려면

⇨ $a=0$, $b\neq0$

일차함수의 함숫값

함수 $y=f(x)$에 대하여 $x=a$에서의 y의 값을 함숫값이라 하고, $f(a)$로 나타낸다.

일차함수 $f(x)=2x+3$에 대하여

$x=2$일 때의 함숫값은 x 대신 2를 대입한다.

⇨ $f(2)=2\times2+3=7$

$x=-2$일 때의 함숫값은 x 대신 -2를 대입한다.

⇨ $f(-2)=2\times(-2)+3=-1$

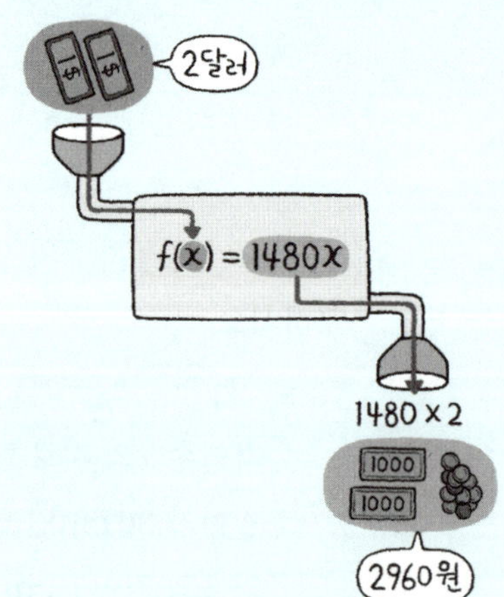

앗! 실수

이제까지 배운 '일차 ~'를 정리해 보자.

- x에 대한 일차식: $ax+b$
- x에 대한 일차방정식: $ax+b=0$
- x에 대한 일차부등식: $ax+b>0$
- x에 대한 일차함수: $y=ax+b$

⇨ 모두 $a\neq0$이고 x의 차수가 1이야.

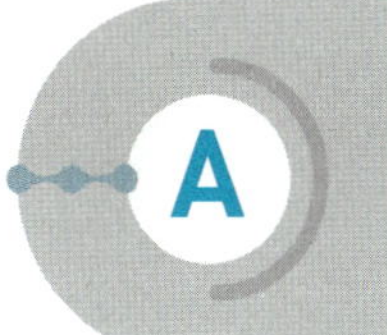

일차함수 찾기

$y=\frac{3}{x}$, $y=x^2+1$, $y=5$ 등은 $y=$(x에 대한 일차식)이 아니므로 일차함수가 아니야.

아하! 그렇구나~

■ 다음 중 일차함수인 것은 ○를, 일차함수가 아닌 것은 ×를 하시오.

1. $y=2$

____

2. $2x+y=x+1$

____

3. $x^2-y=3x+x^2+1$

____

Help 좌변의 x^2을 우변으로 이항한다.

4. $y=\frac{x}{2}$

____

5. $y=3x-3(x-5)$

____

6. $y=-\frac{8}{x}$

____

7. $\frac{x}{4}-\frac{y}{5}=1$

____

Help 양변에 20을 곱하여 정리한다.

8. $y=-0.05x+\frac{1}{4}$

____

앗! 실수

9. $y^2+x=y^2+6$

____

10. $xy=10$

____

Help $xy=10$이면 $x\neq0$이므로 $y=\frac{10}{x}$

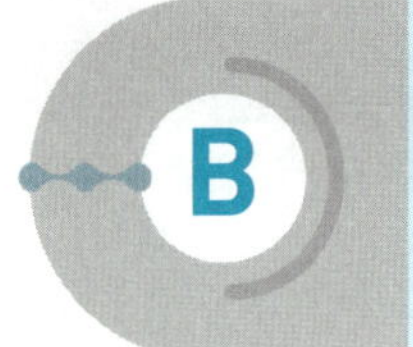

y를 x의 식으로 나타내고, 일차함수 찾기

- (거스름돈)=(낸 돈)−(물건값)
- (정삼각형의 둘레의 길이)=(정삼각형의 한 변의 길이)×3
- (시간)=$\frac{(거리)}{(속력)}$ 이 정도는 암기해야 해~ 암암!

■ 다음에서 y를 x의 식으로 나타내고, y가 x에 대한 일차함수인 것은 ○를, 일차함수가 아닌 것은 ×를 ( ) 안에 써넣으시오.

1. 800원짜리 물건을 x개 사고 5000원을 냈을 때, 받는 거스름돈은 y원이다.

식 ______________________ (　　)

2. 한 변의 길이가 $x$cm인 정삼각형의 둘레의 길이는 $y$cm이다.

식 ______________________ (　　)

3. 시속 80km로 x시간 동안 달린 거리는 $y$km이다.

식 ______________________ (　　)

4. 음료수 1000 mL를 x잔으로 똑같이 나눌 때, 한 잔의 양은 y mL이다.

식 ______________________ (　　)

5. 넓이가 20cm^{2}이고 밑변의 길이가 $x$cm인 삼각형의 높이는 $y$cm이다.

식 ______________________ (　　)

Help 먼저 넓이를 2배 한 후 밑변의 길이로 나눈다.

6. 하루 중 낮의 길이가 x시간일 때, 밤의 길이는 y시간이다.

식 ______________________ (　　)

Help 하루는 24시간이어서 밤의 길이는 24시간에서 낮의 길이를 빼면 된다.

7. 시속 x km로 y시간 동안 달린 거리는 12 km이다.

식 ______________________ (　　)

Help (시간)=$\frac{(거리)}{(속력)}$

8. 한 변의 길이가 x cm인 정사각형의 넓이는 y cm^{2}이다.

식 ______________________ (　　)

C 일차함수가 될 조건

상수 a, b에 대하여 함수 $y=ax+b$가 x에 대한 일차함수이려면 $a\neq 0$이야. b는 0이어도 되고 0이 아니어도 상관없는 거지.
아하! 그렇구나~

■ 다음 함수가 x에 대한 일차함수가 되도록 하는 상수 a의 조건을 구하시오.

1. $y=ax$

____

앗! 실수

2. $y+x=ax-3$

____

Help $y+x=ax-3$의 좌변의 x를 우변으로 이항하면 $y=(a-1)x-3$이 되는데, 이때 x의 계수가 0이 아니어야 한다.

3. $y-2x=ax+4$

____

4. $y+3x^2=ax^2+x-1$

____

Help $y=(a-3)x^2+x-1$의 x^2의 계수가 0이어야 한다.

5. $y=ax+5(4-x)$

____

■ 다음 함수가 x에 대한 일차함수가 되도록 하는 상수 a, b의 조건을 각각 구하시오.

6. $y=ax^2+bx-1$

____

Help x^2항은 없어져야 하고 x항은 없어지면 안 된다.

앗! 실수

7. $y-6x^2=ax^2-bx$

____

Help $y=(a+6)x^2-bx$의 x^2항은 없어져야 하고 x항은 없어지면 안 된다.

8. $y-8x=ax^2+bx-1$

____

Help $y=ax^2+(b+8)x-1$

앗! 실수

9. $y=5x(ax+3)+bx+9$

____

10. $y=ax+7-x(bx+2)$

____

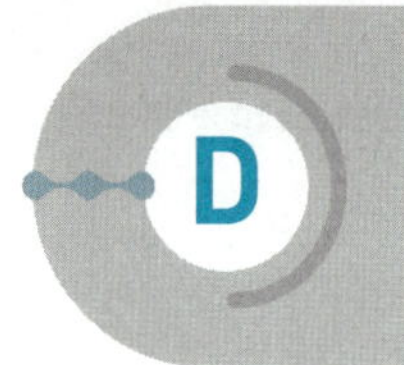

일차함수의 함숫값 1

일차함수 $f(x)=2x-5$에서 $f(2)$의 값은 x 대신 2를 넣어 계산한 값이므로
$f(2)=2\times2-5=-1$
아하! 그렇구나~

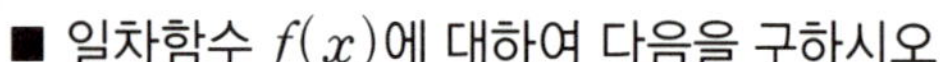

■ 일차함수 $f(x)$에 대하여 다음을 구하시오.

1. $f(x)=3x+1$에 대하여 $f(3)$

______

Help $f(3)=3\times3+1$

2. $f(x)=-6x+8$에 대하여 $f(2)$

______

3. $f(x)=-\frac{2}{5}x+1$에 대하여 $f(15)$

______

4. $f(x)=\frac{2}{3}x+5$에 대하여 $-2f(-6)$

______

5. $f(x)=-2x+\frac{3}{7}$에 대하여 $7f(1)$

______

6. $f(x)=-4x+3$에 대하여 $2f(3)+3f(-1)$

______

7. $f(x)=5x-2$에 대하여 $5f(1)-3f(2)$

______

8. $f(x)=\frac{3}{2}x+1$에 대하여 $3f(2)-2f(6)$

______

앗! 실수

9. $f(x)=\frac{8}{5}x-4$에 대하여 $-2f(10)+5f(5)$

______

10. $f(x)=-4x+\frac{2}{9}$에 대하여 $9f\left(\frac{1}{2}\right)-9f(1)$

______

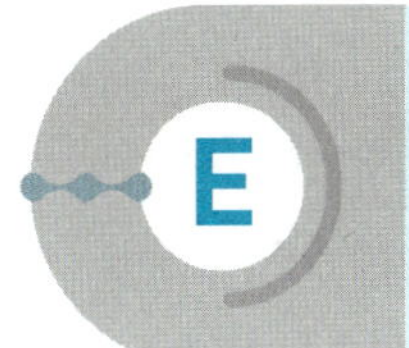

일차함수의 함숫값 2

두 함수 $f(x)=ax+4$, $g(x)=-x+b$(단, a, b는 상수)에 대하여
$f(-2)=6$, $g(3)=-5$일 때,
$f(-2)=6$에서 $a\times(-2)+4=6$이므로 $a=-1$
$g(3)=-5$에서 $-3+b=-5$이므로 $b=-2$

■ 일차함수 $f(x)$에서 상수 a의 값을 구하시오.

1. $f(x)=-x+a$에 대하여 $f(2)=5$

Help $f(2)=5$이므로 $-2+a=5$

2. $f(x)=-\frac{2}{3}x+a$에 대하여 $f(6)=5$

3. $f(x)=ax+5$에 대하여 $f(4)=-3$

4. $f(x)=6x-1$에 대하여 $f(a)=17$

5. $f(x)=-\frac{5}{4}x+2$에 대하여 $f(a)=-8$

■ 일차함수 $f(x)$, $g(x)$에서 상수 a, b의 값을 각각 구하시오.

6. $f(x)=ax-8$, $g(x)=-3x+b$에 대하여
$f(-3)=7$, $g(2)=-4$

Help $f(-3)=7$이므로 $-3a-8=7$
$g(2)=-4$이므로 $-3\times2+b=-4$

7. $f(x)=ax+10$, $g(x)=5x+b$에 대하여
$f(4)=-2$, $g(2)=11$

8. $f(x)=3x+b$, $g(x)=ax-4$에 대하여
$f(5)=7$, $g(-5)=6$

9. $f(x)=6x-9$, $g(x)=x+6$에 대하여
$f(a)=9$, $g(b)=1$

앗! 실수

10. $f(x)=\frac{1}{2}x+\frac{3}{4}$, $g(x)=\frac{6}{5}x+1$에 대하여
$f(a)=1$, $g(b)=\frac{3}{5}$

거저먹는

시험 문제

시험에 자주 나오는 문제로 마무리

*정답과 해설 21쪽

적중률 80%

[1~2] 일차함수의 뜻

1. 다음 중 일차함수인 것을 모두 고르면? (정답 2개)

① $xy=-8$ ② $y=\frac{2x-1}{3}$

③ $y=x(-3+x)$ ④ $y=\frac{3}{x}$

⑤ $y=4x(x-3)-4x^2$

2. 다음 보기에서 일차함수인 것은 모두 몇 개인가?

보기

ㄱ. $x=10$ ㄴ. $\frac{1}{x}+\frac{5}{y}=8$

ㄷ. $y=x$ ㄹ. $3x+1=8$

ㅁ. $\frac{x}{4}+\frac{y}{3}=1$ ㅂ. $y=3$

① 1개 ② 2개 ③ 3개

④ 4개 ⑤ 5개

적중률 90%

[3~6] 일차함수의 함숫값

3. 일차함수 $f(x)=\frac{3}{2}x+1$에 대하여 $3f(2)-2f(6)$의 값을 구하시오.

4. 일차함수 $f(x)=-\frac{3}{8}x+1$에 대하여 $f\left(\frac{a}{3}\right)=2$일 때, a의 값은?

① -8 ② -5 ③ -2

④ 1 ⑤ 4

5. 일차함수 $f(x)=\frac{4}{5}x+a$에 대하여 $f(10)=3$, $f(b)=-9$일 때, $a-b$의 값은? (단, a는 상수)

① 0 ② -2 ③ -5

④ -7 ⑤ -10

6. 두 일차함수 $f(x)=ax-2$, $g(x)=6x+b$에 대하여 $f(3)=-8$, $g(-2)=-10$일 때, $f(1)+g(2)$의 값은? (단, a, b는 상수)

① -6 ② -3 ③ 1

④ 4 ⑤ 10

11 일차함수의 그래프 위의 점

개념 강의 보기

일차함수의 그래프 위의 점

주어진 점이 일차함수의 그래프 위의 점인지 알아보려면 x의 값을 일차함수에 대입하여 나온 y의 값과 주어진 점의 y의 값이 같으면 된다.

점 $(2,\ 5)$가 일차함수 $y=3x-2$의 그래프 위의 점인지 알기 위해서 $x=2$를 $y=3x-2$에 대입하면 $y=3\times2-2=4$

이 값은 주어진 점의 y의 값인 5와 같지 않으므로 점 $(2,\ 5)$는 $y=3x-2$의 그래프 위의 점이 아니다.

바빠 꿀팁

1학년에 배웠던 순서쌍에 대해 다시 알아보자.

$(2,\ 5)$ — x좌표: 2, y좌표: 5

따라서 이 점이 일차함수의 그래프 위의 점인지 알아보려면 일차함수 식에 $x=2$, $y=5$를 대입하면 돼.

일차함수의 그래프 위의 점의 미지수 구하기

일차함수 $y=-2x+5$의 그래프가 점 $(k,\ 3)$을 지날 때, k의 값을 구해 보자.

$x=k$, $y=3$을 $y=-2x+5$에 대입하면

$3=-2k+5$, $2k=2$ $\quad\therefore k=1$

미지수가 있는 일차함수의 그래프 위의 점

① 일차함수 $y=ax-4$의 그래프가 두 점 $(3,\ 8)$, $(p,\ -2p)$를 지날 때, a, p의 값을 구해 보자. (단, a는 상수)

$x=3$, $y=8$을 $y=ax-4$에 대입하면 $3a-4=8$ $\quad\therefore a=4$

따라서 $y=4x-4$에 $x=p$, $y=-2p$를 대입하면

$-2p=4p-4$ $\quad\therefore p=\frac{2}{3}$

② 두 일차함수 $y=ax+1$, $y=-4x+3$의 그래프가 모두 점 $(2,\ p)$를 지날 때, a, p의 값을 구해 보자. (단, a는 상수)

$x=2$, $y=p$를 $y=-4x+3$에 대입하면

$p=-4\times2+3$ $\quad\therefore p=-5$

따라서 점 $(2,\ -5)$를 $y=ax+1$에 대입하면

$-5=2a+1$ $\quad\therefore a=-3$

앗! 실수

일차함수 $y=-4x+1$의 그래프가 두 점 $(p,\ q)$, $(2p,\ -q)$를 지날 때, p, q의 값을 구하는 문제에서 두 점 $(p,\ q)$, $(2p,\ -q)$를 일차함수에 대입하면 $q=-4p+1$, $-q=-8p+1$이 되어 복잡한 식처럼 보이지? 하지만 두 개의 문자가 있고 두 개의 식이 있으니 연립방정식의 풀이 방법으로 풀면 돼.

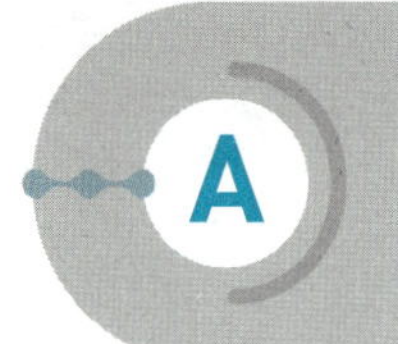

일차함수의 그래프 위의 점

점 (3, -1)이 일차함수 $y=2x-7$의 그래프 위의 점인지 알기 위해서 $x=3$을 $y=2x-7$에 대입하면 $y=2\times3-7=-1$이 돼. 이 값은 주어진 점의 y좌표와 같으므로 점 (3, -1)은 일차함수 $y=2x-7$ 의 그래프 위의 점이야. 아하! 그렇구나~

■ 다음 중 일차함수 $y=\frac{1}{2}x-5$의 그래프 위의 점인 것은 ○를, 그래프 위의 점이 <u>아닌</u> 것은 ×를 하시오.

1. $(-2,\ -7)$ ________

Help $y=\frac{1}{2}x-5$의 x에 -2를 대입하여 y의 값이 -7이 되면 이 점은 이 그래프 위의 점이다.

2. $(4,\ -4)$ ________

3. $\left(5,\ -\frac{5}{2}\right)$ ________

4. $\left(\frac{14}{3},\ -\frac{8}{3}\right)$ ________

5. $\left(7,\ \frac{3}{2}\right)$ ________

■ 다음 중 일차함수 $y=-\frac{2}{3}x+4$의 그래프 위의 점인 것은 ○를, 그래프 위의 점이 <u>아닌</u> 것은 ×를 하시오.

6. $(3,\ 2)$ ________

7. $\left(1,\ \frac{4}{3}\right)$ ________

8. $\left(\frac{1}{2},\ \frac{10}{3}\right)$ ________

9. $\left(\frac{9}{2},\ 1\right)$ ________

10. $(12,\ -4)$ ________

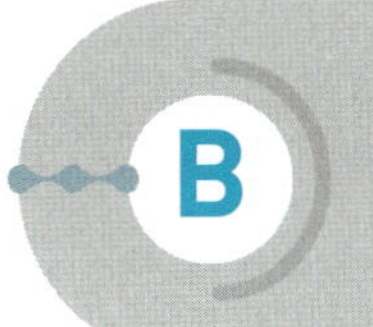

일차함수의 그래프 위의 점의 미지수 구하기 1

일차함수 $y=3x+2$의 그래프가 점 $(-2k+1,\ -k)$를 지난다고 하면
$x=-2k+1$, $y=-k$를 $y=3x+2$에 대입하면 돼.
$-k=3(-2k+1)+2$이므로 $k=1$
아하! 그렇구나~

■ 일차함수 $y=\frac{1}{4}x-3$의 그래프가 다음 점을 지날 때, k의 값을 구하시오.

1. $(k,\ -1)$

______

Help 점 $(k,\ -1)$을 $y=\frac{1}{4}x-3$에 대입하면
$-1=\frac{1}{4}k-3$

2. $(4k,\ 2)$

______

3. $(8k,\ -5)$

______

4. $(2,\ 2k)$

______

5. $\left(6,\ \frac{1}{2}k\right)$

______

■ 일차함수 $y=-5x+2$의 그래프가 다음 점을 지날 때, k의 값을 구하시오.

6. $(k,\ -3k)$

______

Help 점 $(k,\ -3k)$를 $y=-5x+2$에 대입하면
$-3k=-5k+2$

7. $(2k,\ -6k+1)$

______

8. $(-k+1,\ 4k)$

______

9. $\left(\frac{1}{5}k,\ k+3\right)$

______

10. $\left(\frac{1}{10}k,\ \frac{3}{2}k\right)$

______

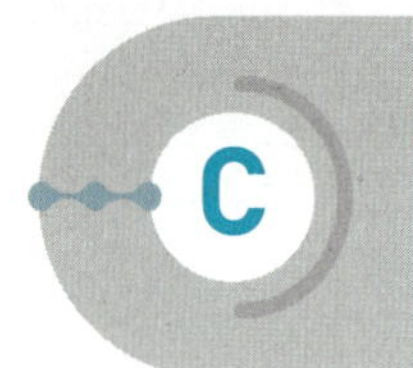

일차함수의 그래프 위의 점의 미지수 구하기 2

일차함수 $y=-4x+1$의 그래프가 점 $(p,\ 3q)$, $(-2p,\ q)$를 지날 때,
점 $(p,\ 3q)$를 대입하면 $3q=-4p+1$
점 $(-2p,\ q)$를 대입하면 $q=-4\times(-2p)+1$
이 두 식을 연립하여 풀면 돼. 잊지 말자. 꼬~옥!

■ 일차함수 $y=4x-9$의 그래프가 다음 두 점을 지날 때, p, q의 값을 각각 구하시오.

1. $(1,\ p)$, $(q,\ 3)$

2. $(2,\ p)$, $(q,\ -5)$

3. $(p,\ 3p)$, $(q,\ q)$

4. $(-p+1,\ p)$, $(q,\ q-3)$

Help $y=4x-9$에
점 $(-p+1,\ p)$를 대입하면 $p=4(-p+1)-9$
점 $(q,\ q-3)$을 대입하면 $q-3=4q-9$

5. $(2p,\ p+5)$, $(q-10,\ -3q)$

■ 일차함수 $y=-2x+6$의 그래프가 다음 두 점을 지날 때, p, q의 값을 각각 구하시오.

6. $(p,\ q)$, $(2p,\ -q)$

Help $y=-2x+6$에
점 $(p,\ q)$를 대입하면 $q=-2p+6$
점 $(2p,\ -q)$를 대입하면 $-q=-2\times2p+6$

7. $(-p,\ 3q)$, $(p,\ -2q)$

8. $(4p,\ 2q)$, $(-p,\ 7q)$

9. $(p,\ -5q)$, $(-p,\ 2q)$

10. $(3p,\ 4q)$, $(-p,\ -q)$

D 미지수가 있는 일차함수의 그래프 위의 점

일차함수 $y=-ax+4$(단, a는 상수)의 그래프가 두 점 $(3,\ -5)$, $(3p,\ -p-1)$을 지난다면 먼저 점 $(3,\ -5)$를 대입하여 a의 값을 구한 후 점 $(3p,\ -p-1)$을 대입해야 해.

잊지 말자. 꼬~옥!

■ 일차함수 $y=-ax+3$의 그래프가 다음 두 점을 지날 때, p의 값을 구하시오. (단, a는 상수)

1. $(2,\ 9)$, $(p,\ 4p)$

Help $y=-ax+3$에 점 $(2,\ 9)$를 대입하여 a의 값을 구한 후 점 $(p,\ 4p)$를 대입한다.

2. $(-1,\ 4)$, $(2p,\ -p+2)$

3. $(3,\ 6)$, $(-4p,\ 2p+1)$

4. $(-4,\ 11)$, $(p+1,\ -p)$

5. $\left(\frac{3}{2},\ 6\right)$, $(2p-1,\ 3p)$

■ 두 일차함수 $y=ax-8$, $y=-5x+1$의 그래프가 모두 다음 점을 지날 때, $a+p$의 값을 구하시오. (단, a는 상수)

앗! 실수

6. $(1,\ p)$

Help $y=-5x+1$에 점 $(1,\ p)$를 대입하여 p를 구한 후 점 $(1,\ p)$를 $y=ax-8$에 대입한다.

7. $(3,\ p)$

8. $\left(\frac{1}{5},\ p\right)$

9. $(p,\ -9)$

10. $(p,\ 6)$

거저먹는 시험 문제

시험에 자주 나오는 문제로 마무리

*정답과 해설 24쪽

적중률 90%

[1~2] 일차함수의 그래프 위의 점

1. 다음 중 일차함수 $y=-4x+9$의 그래프 위의 점이 아닌 것은?

① $\left(\frac{1}{2}, 7\right)$ ② $(1, 5)$ ③ $\left(\frac{3}{2}, 3\right)$
④ $(3, 0)$ ⑤ $(4, -7)$

2. 일차함수 $y=\frac{3}{4}x+2$의 그래프가 점 $(k, -1)$을 지날 때, k의 값은?

① -4 ② -2 ③ 3
④ 4 ⑤ 5

[3~4] 일차함수 그래프 위의 점의 미지수 구하기

3. 일차함수 $y=-\frac{3}{2}x+1$의 그래프가 두 점 $(2, p)$, $(q, -5)$를 지날 때, $2p+q$의 값은?

① -4 ② -1 ③ 0
④ 1 ⑤ 4

4. 일차함수 $y=-5x+2$의 그래프가 두 점 (p, q), $(2p, 3q)$를 지날 때, p, q의 값을 각각 구하시오.

적중률 80%

[5~6] 미지수가 있는 일차함수의 그래프 위의 점

앗! 실수

5. 일차함수 $y=-ax+6$의 그래프가 두 점 $(3, -3)$, $(-p, 4p)$를 지날 때, p의 값은? (단, a는 상수)

① -5 ② -2 ③ 3
④ 6 ⑤ 8

6. 두 일차함수 $y=ax+7$, $y=3x-5$의 그래프가 점 $(2, p)$를 지날 때, $a+p$의 값은? (단, a는 상수)

① -3 ② -2 ③ 0
④ 1 ⑤ 5

12 일차함수의 그래프의 평행이동

● **일차함수 $y=ax(a\neq0)$의 그래프**: 원점 $(0, 0)$을 지나는 직선이다.

	$a>0$일 때	$a<0$일 때
그래프	y, a, $(1, a)$, O 1, x	y, 1, O, x, a, $(1, a)$
지나는 사분면	제1사분면과 제3사분면	제2사분면과 제4사분면
그래프의 모양	오른쪽 위로 향하는 직선	오른쪽 아래로 향하는 직선
증가, 감소	x의 값이 증가하면 y의 값도 증가한다.	x의 값이 증가하면 y의 값은 감소한다.
a의 절댓값에 따른 그래프의 모양	a의 절댓값이 클수록 그래프는 y축에 가깝다. a의 절댓값이 작을수록 그래프는 x축에 가깝다.	

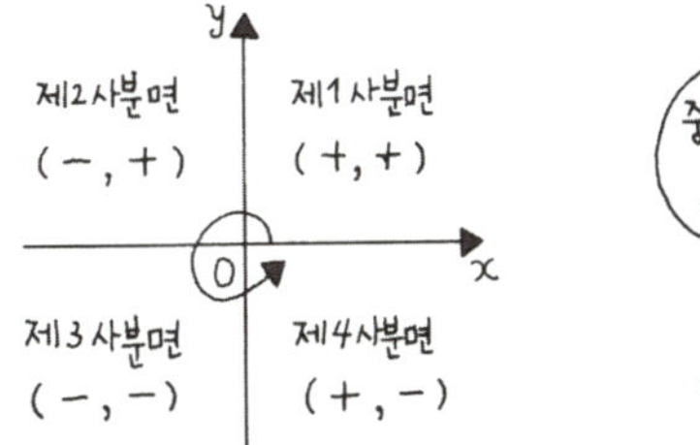

● **평행이동**: **한 도형을 일정한 방향으로 일정한 거리만큼 옮기는 것**

● **일차함수 $y=ax+b(a\neq0)$의 그래프**

일차함수 $y=ax+b$의 그래프는 일차함수 $y=ax$의 그래프를 **y축의 방향으로 b만큼 평행이동**한 직선이다.

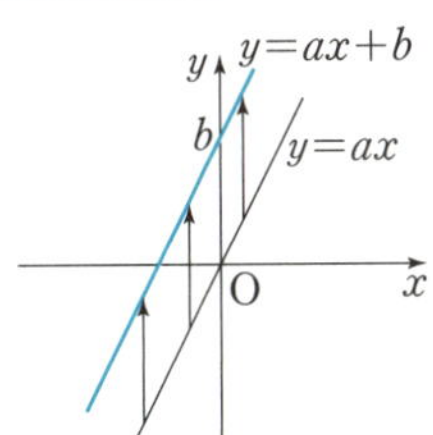

⇨ $y=ax$의 그래프를 y축의 방향으로 위로 b만큼 평행이동 $(b>0)$

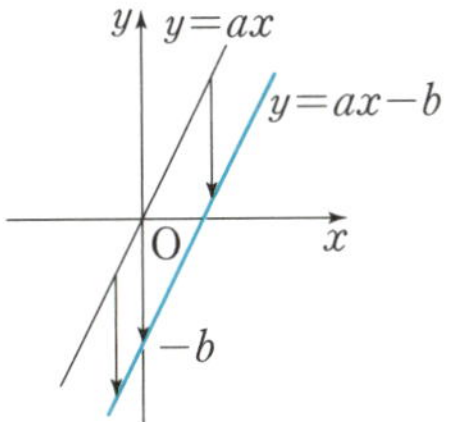

⇨ $y=ax$의 그래프를 y축의 방향으로 아래로 $-b$만큼 평행이동 $(b>0)$

앗! 실수

일차함수 $y=4x$의 그래프를 y축의 방향으로 2만큼 평행이동하면 뒤에 2를 더하면 되니 $y=4x+2$가 돼. 일차함수 $y=4x+3$과 같이 $y=4x$ 뒤에 더해진 수가 있더라도 2만큼 평행이동하면 $y=4x+3$에 2를 더하여 $y=4x+3+2=4x+5$가 돼. x축의 방향으로 평행이동하면 어떻게 되는지 궁금해 하는 학생들도 있지만 안심해도 좋아. 2학년에서는 안 배워.

바빠 꿀팁

평행이동은 위, 아래, 오른쪽, 왼쪽으로 옮기는 것이므로 모양에는 변화가 없어. 있는 모양 그대로 움직이는 거지.

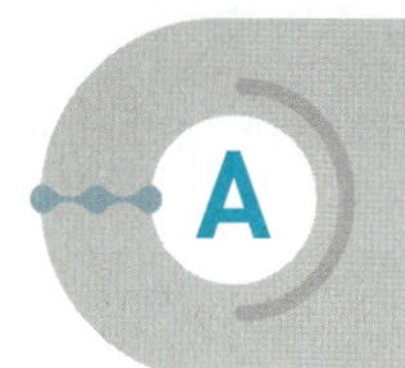

일차함수 $y=ax+b(a\neq0)$의 그래프

$y=3x$의 그래프를 y축의 방향으로 2만큼 평행이동하면 $y=3x+2$
$y=3x$의 그래프를 y축의 방향으로 -2만큼 평행이동하면 $y=3x-2$와 같이 평행이동한 수만큼 일차함수에 더해 주면 돼.
아하! 그렇구나~

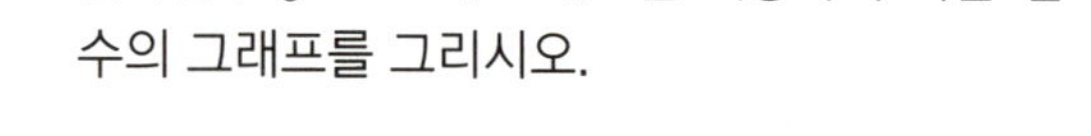

■ 일차함수 $y=2x$의 그래프를 이용하여 다음 일차함수의 그래프를 그리시오.

1. $y=2x+2$

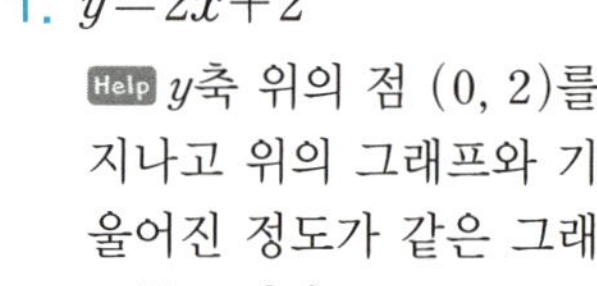

Help y축 위의 점 $(0, 2)$를 지나고 위의 그래프와 기울어진 정도가 같은 그래프를 그린다.

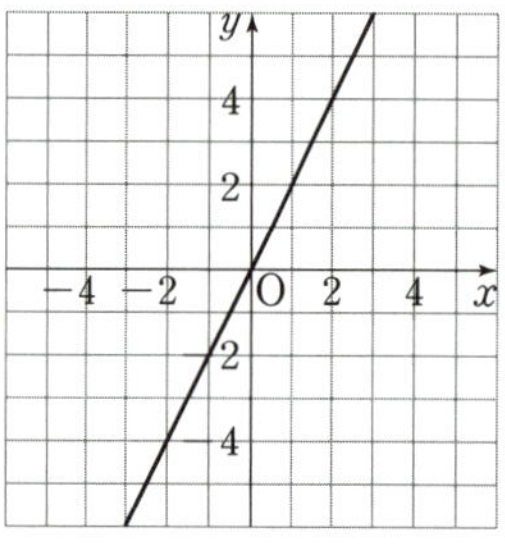

2. $y=2x-4$

■ 일차함수 $y=-x$의 그래프를 이용하여 다음 함수의 그래프를 그리시오.

3. $y=-x+3$

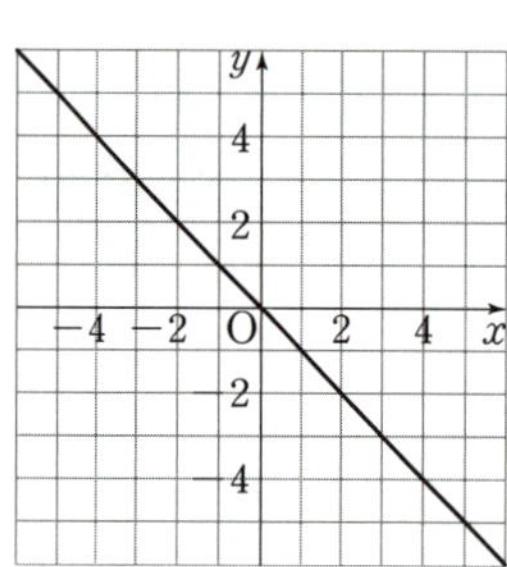

4. $y=-x-5$

■ 다음 일차함수의 그래프를 y축의 방향으로 [ ] 안의 수만큼 평행이동한 그래프의 식을 구하시오.

5. $y=x$ [2]

____

Help $y=x+\square$

6. $y=4x$ [−1]

____

7. $y=-5x$ [10]

____

8. $y=\frac{3}{4}x$ [−2]

____

9. $y=-\frac{1}{8}x$ $\left[\frac{1}{3}\right]$

____

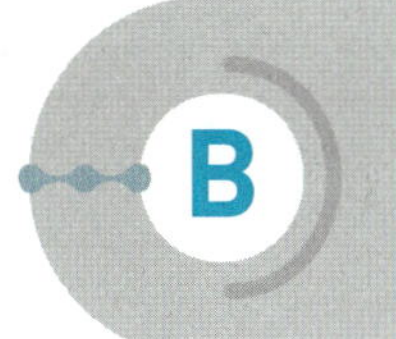

일차함수의 그래프의 평행이동 1

$y=ax+b$의 그래프와 평행이동에 의해 겹쳐지는 일차함수는 b의 값에 상관없이 x의 계수가 a이면 돼.
잊지 말자. 꼬~옥!

■ 다음 일차함수 중 그 그래프가 일차함수 $y=3x$의 그래프를 평행이동했을 때, 겹쳐지는 것은 ○를, 겹쳐지지 않는 것은 ×를 하시오.

1. $y=3x-1$ ________

Help x의 계수가 3이면 평행이동했을 때 겹쳐진다.

2. $y=\frac{1}{3}x+2$ ________

3. $y=3(x+1)-x$ ________

4. $y=\frac{6x-5}{2}$ ________

Help $y=\frac{6x-5}{2}=\frac{6}{2}x-\frac{5}{2}=3x-\frac{5}{2}$

5. $y=x+2(x-3)$ ________

■ 다음 일차함수 중 그 그래프가 일차함수 $y=-\frac{1}{2}x+\frac{2}{3}$의 그래프를 평행이동했을 때, 겹쳐지는 것은 ○를, 겹쳐지지 않는 것은 ×를 하시오.

6. $y=-2x-\frac{1}{2}$ ________

7. $y=-\frac{1}{2}x$ ________

8. $y=\frac{1}{2}(x-2)-x$ ________

9. $y=\frac{1}{2}x+\frac{2}{3}$ ________

10. $y=-\frac{2x+3}{4}$ ________

Help $y=-\frac{2x+3}{4}=-\frac{1}{2}x-\frac{3}{4}$

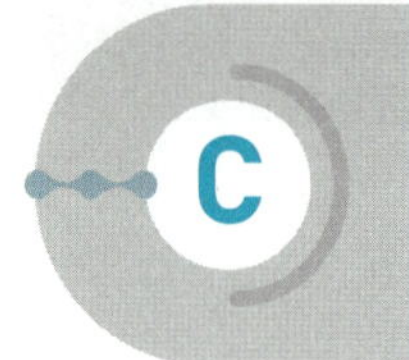

일차함수의 그래프의 평행이동 2

일차함수 $y=-5x+3$의 그래프를 y축의 방향으로 p만큼 평행이동하였더니 일차함수 $y=-5x-6$의 그래프가 되었다면 일차함수 $y=-5x+3+p$가 $y=-5x-6$이 된 것이므로 $3+p=-6$에서 $p=-9$ 아하! 그렇구나~

■ 일차함수 $y=-9x+2$의 그래프를 y축의 방향으로 p만큼 평행이동하였더니, 다음 일차함수의 그래프가 되었다. 이때 p의 값을 구하시오.

1. $y=-9x+3$

______

Help $y=-9x+2$의 그래프를 y축의 방향으로 p만큼 평행이동한 그래프의 식은 $y=-9x+2+p$이고 $y=-9x+3$과 같아지므로 $2+p=3$

2. $y=-9x$

______

3. $y=-9x-1$

______

4. $y=-9x+\frac{1}{2}$

______

5. $y=-9x+\frac{7}{3}$

______

■ 일차함수 $y=7x+p$의 그래프를 y축의 방향으로 -2만큼 평행이동하였더니, 다음 일차함수의 그래프가 되었다. 이때 상수 p의 값을 구하시오.

6. $y=7x+5$

______

Help $y=7x+p$의 그래프를 y축의 방향으로 -2만큼 평행이동한 그래프의 식은 $y=7x+p-2$이다.
$\therefore p-2=5$

7. $y=7x-1$

______

8. $y=7x+6$

______

9. $y=7x-\frac{3}{4}$

______

10. $y=7x-\frac{9}{2}$

______

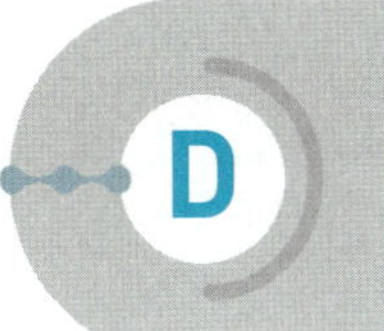

평행이동한 그래프 위의 점 1

일차함수 $y=-3x+1$의 그래프를 y축의 방향으로 p만큼 평행이동한 그래프가 점 $(2,\ -1)$을 지난다면 $y=-3x+1+p$에 점 $(2,\ -1)$을 대입하여 p의 값을 구하면 돼.

잊지 말자. 꼬~옥!

■ 일차함수 $y=4x-2$의 그래프를 y축의 방향으로 p만큼 평행이동한 그래프가 다음 점을 지날 때, p의 값을 구하시오.

1. $(1,\ 1)$

Help 일차함수 $y=4x-2$의 그래프를 y축의 방향으로 p만큼 평행이동한 그래프의 식은 $y=4x-2+p$이므로 점 $(1,\ 1)$을 대입하여 p의 값을 구한다.

2. $(-1,\ -4)$

3. $(3,\ 8)$

4. $\left(\frac{1}{2},\ 5\right)$

5. $\left(\frac{3}{4},\ 2\right)$

■ 일차함수 $y=5x+k$의 그래프를 y축의 방향으로 -4만큼 평행이동한 그래프가 다음 점을 지날 때, 상수 k의 값을 구하시오.

6. $(1,\ -2)$

Help 일차함수 $y=5x+k$의 그래프를 y축의 방향으로 -4만큼 평행이동한 그래프의 식은 $y=5x+k-4$이므로 점 $(1,\ -2)$를 대입하여 k의 값을 구한다.

7. $(2,\ 4)$

8. $(3,\ 7)$

9. $\left(\frac{2}{5},\ -2\right)$

10. $\left(1,\ \frac{3}{2}\right)$

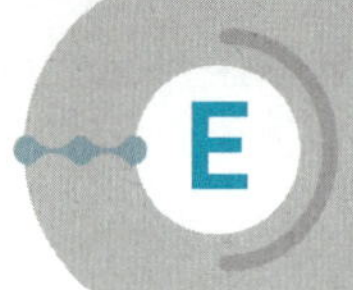

평행이동한 그래프 위의 점 2

일차함수 $y=ax+4$ (단, a는 상수)의 그래프를 y축의 방향으로 -3만큼 평행이동한 그래프가 두 점 $(-1,\ 4)$, $(2,\ q)$를 지날 때, a, q의 값은 일차함수 $y=ax+4-3=ax+1$에 두 점 $(-1,\ 4)$, $(2,\ q)$를 대입하여 구하면 돼. 잊지 말자. 꼬~옥!

■ 일차함수 $y=5x$의 그래프를 y축의 방향으로 p만큼 평행이동한 그래프가 다음 두 점을 지날 때, p, q의 값을 각각 구하시오.

1. $(1,\ 6)$, $(q,\ -4)$

Help 일차함수 $y=5x$의 그래프를 y축의 방향으로 p만큼 평행이동한 그래프의 식은 $y=5x+p$이다.

2. $(-1,\ 2)$, $(q,\ -8)$

3. $(3,\ 9)$, $(q,\ -1)$

4. $(-4,\ -12)$, $(2,\ 2q)$

5. $\left(-\frac{3}{5},\ 6\right)$, $(-3,\ 3q)$

■ 일차함수 $y=ax-3$의 그래프를 y축의 방향으로 -2만큼 평행이동한 그래프가 다음 두 점을 지날 때, a, q의 값을 각각 구하시오. (단, a는 상수)

앗! 실수

6. $(1,\ -8)$, $(-2,\ q)$

7. $(2,\ 5)$, $(3,\ q)$

8. $(-2,\ 3)$, $(-4,\ q)$

9. $(4,\ -1)$, $(-2q,\ -5)$

10. $(-3,\ 4)$, $(4q,\ 7)$

시험 문제

시험에 자주 나오는 문제로 마무리

*정답과 해설 26쪽

[1~2] 일차함수의 그래프의 평행이동

앗! 실수

1. 다음 일차함수의 그래프 중 일차함수 $y=\frac{1}{3}x+2$의 그래프를 평행이동한 그래프와 겹치는 것은?

① $y=-\frac{1}{3}x+2$ ② $y=3x+2$

③ $y=-\frac{2}{3}(x-1)+x$ ④ $y=\frac{2}{3}x-2$

⑤ $y=3x-2$

2. 다음 중 일차함수 $y=2x$의 그래프를 이용하여 일차함수 $y=2x-3$의 그래프를 바르게 그린 것은?

① 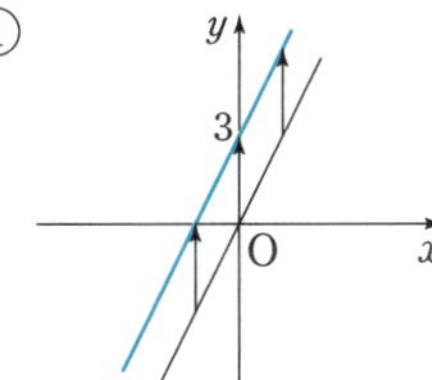

② 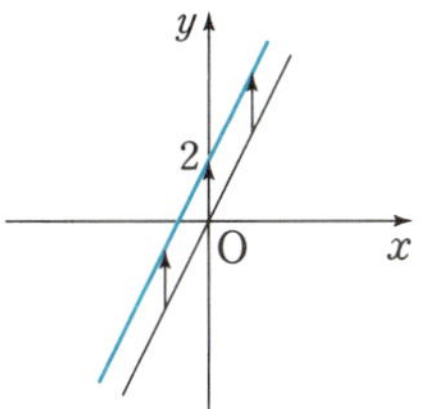

③ 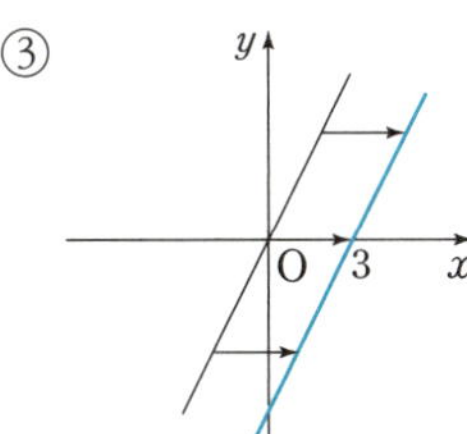

④ 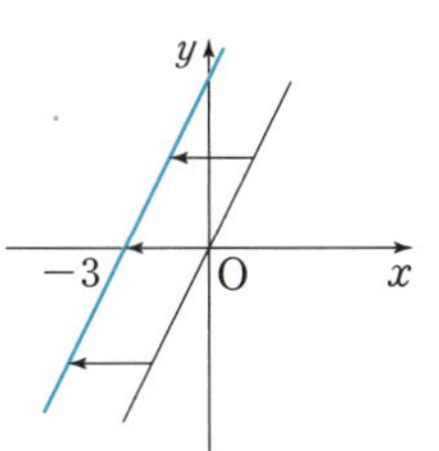

⑤ 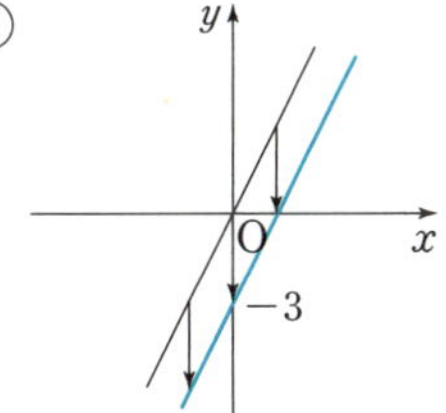

적중률 90%

[3~5] 평행이동한 그래프 위의 점

3. 일차함수 $y=4x+p$의 그래프를 y축의 방향으로 -5만큼 평행이동하였더니 일차함수 $y=4x-9$의 그래프가 되었다. 이때 상수 p의 값을 구하시오.

4. 일차함수 $y=-\frac{3}{8}x+1$의 그래프를 y축의 방향으로 p만큼 평행이동한 그래프가 점 $(-1,\ 2)$를 지난다. 이때 p의 값은?

① $\frac{3}{8}$ ② $\frac{5}{8}$ ③ $\frac{3}{4}$

④ $\frac{7}{4}$ ⑤ $\frac{11}{8}$

5. 일차함수 $y=ax+6$의 그래프를 y축의 방향으로 -4만큼 평행이동한 그래프가 두 점 $(2,\ 4)$, $(1,\ q)$를 지날 때, $a-2q$의 값을 구하시오. (단, a는 상수)

13 일차함수의 그래프의 x절편, y절편

● 일차함수의 그래프의 x절편, y절편

① **x절편**: 일차함수의 그래프가 x축과 만나는 점의 x좌표
　⇨ **$y=0$일 때의 x의 값**

② **y절편**: 일차함수의 그래프가 y축과 만나는 점의 y좌표
　⇨ **$x=0$일 때의 y의 값**

일차함수 $y=-4x+8$의 그래프의 x절편과 y절편을 구해 보자.
x절편은 $y=0$일 때의 x의 값이므로 $0=-4x+8$에서 $x=2$ ⇨ x절편: 2
y절편은 $x=0$일 때의 y의 값이므로 $y=-4\times0+8=8$ ⇨ y절편: 8

바빠 꿀팁

- 절편(切 끊다, 片 조각)은 그래프가 좌표축에 의하여 잘리는 부분, 즉 그래프가 좌표축과 만나는 부분을 말하지.
- $y=ax+b$에서 y절편은 $x=0$을 대입하는 것이므로 언제나 뒤에 더해진 b가 돼. y절편을 구할 때 $x=0$을 넣어서 구해도 되지만 y절편은 무조건 b로 기억하면 편리해.

● 일차함수 $y=ax+b$의 그래프의 x절편과 y절편

① x절편: $-\dfrac{b}{a}$

② y절편: b

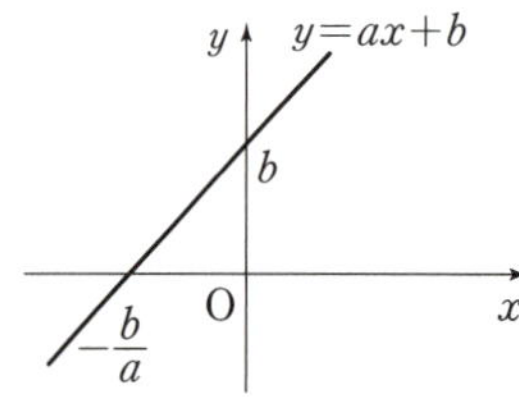

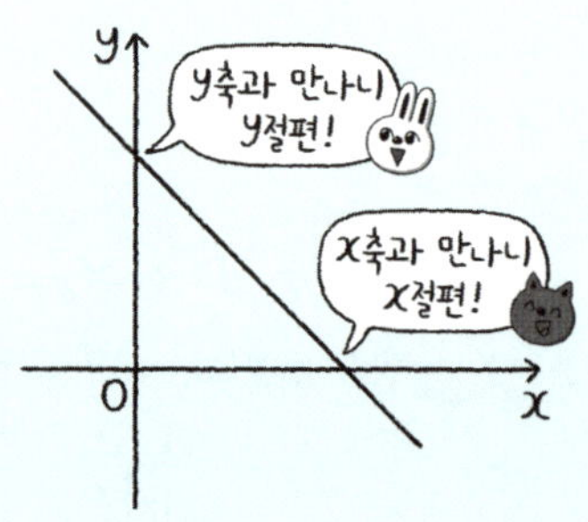

● x절편과 y절편을 이용하여 미지수 구하기

① 일차함수 $y=-3x+a$(단, a는 상수)의 그래프에서 x절편이 2일 때 y절편을 구해 보자.
x절편이 2이므로 점 $(2, 0)$을 $y=-3x+a$에 대입하면 $a=6$
따라서 $y=-3x+6$이므로 $x=0$을 대입하면 y절편은 6이다.

② 두 일차함수 $y=x-2$, $y=x+a$의 그래프의 x절편이 같을 때, 상수 a의 값을 구해 보자.
$y=x-2$에 $y=0$을 대입하면 $x=2$가 되어 x절편이 2이다.
$y=x+a$의 그래프도 x절편이 2이므로 점 $(2, 0)$을 대입하면 $a=-2$이다.

앗! 실수

- x절편이 2이면 그래프가 x축과 만나는 점의 x좌표가 2라는 뜻이므로 y의 값은 0이야. 따라서 x절편을 그래프에 대입할 때는 $x=2$, $y=0$을 대입해야 해.
- y절편이 2이면 그래프가 y축과 만나는 점의 y좌표가 2라는 뜻이므로 x의 값은 0이야. 따라서 y절편을 그래프에 대입할 때는 $x=0$, $y=2$를 대입해야 해.

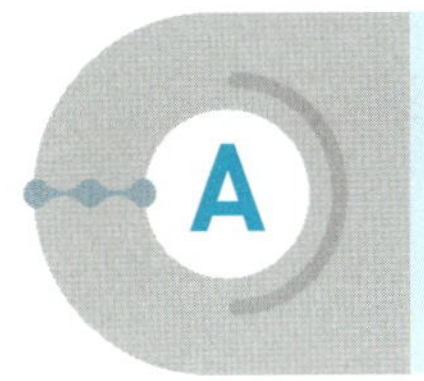

일차함수의 그래프에서 x절편, y절편 구하기

그래프 위에서 x절편과 y절편을 구할 때는
x절편: 그래프가 x축과 만나는 점의 x의 값
y절편: 그래프가 y축과 만나는 점의 y의 값
아하! 그렇구나~

■ 다음 그림과 같은 일차함수의 그래프에서 x절편과 y절편을 각각 구하시오.

1. x절편: ________
y절편: ________

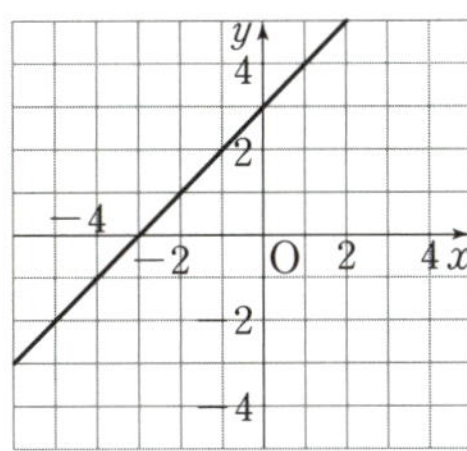

2. x절편: ________
y절편: ________

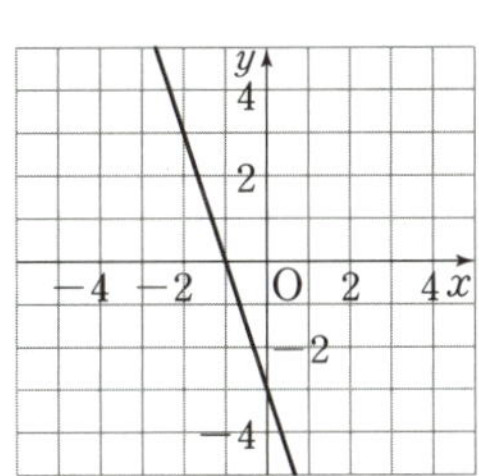

3. x절편: ________
y절편: ________

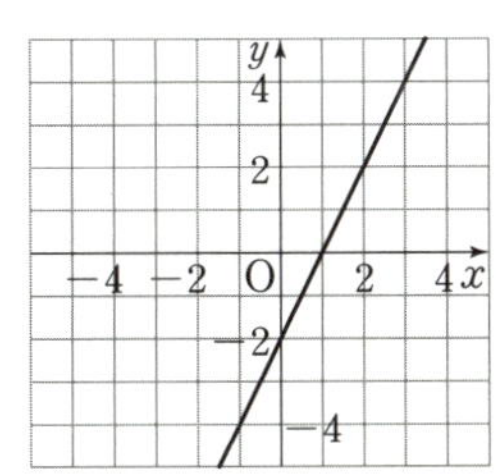

4. x절편: ________
y절편: ________

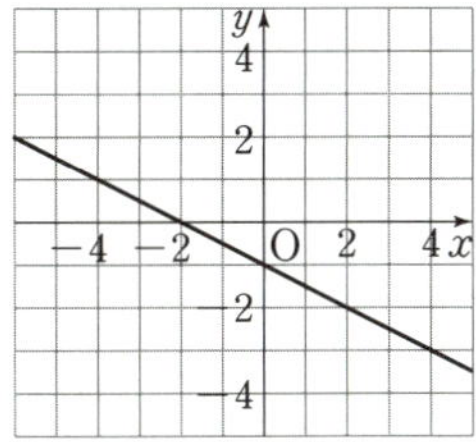

5. x절편: ________
y절편: ________

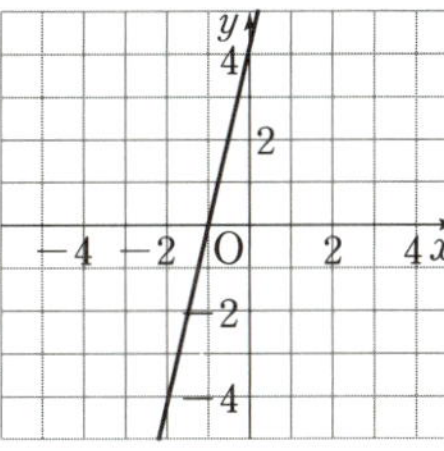

6. x절편: ________
y절편: ________

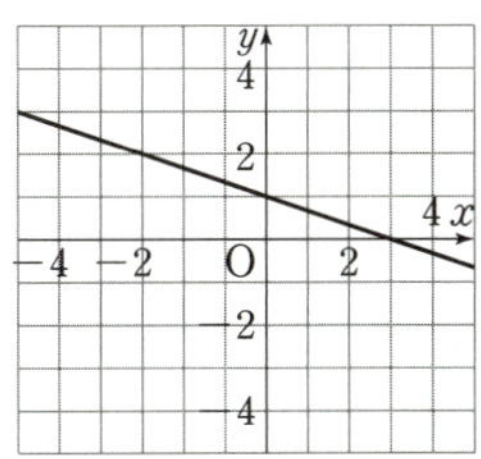

일차함수의 그래프의 x절편

일차함수 $y=3x+5$에서 x절편을 구하려면 $y=0$을 대입하여 x의 값을 구하면 돼.

$0=3x+5$ $\therefore x=-\frac{5}{3}$ 잊지 말자. 꼬~옥!

■ 다음 일차함수의 그래프의 x절편을 구하시오.

1. $y=x-1$

Help $y=0$을 대입하여 x의 값을 구한다.

2. $y=-2x+4$

3. $y=-3x+1$

4. $y=2x-8$

5. $y=4x+10$

앗! 실수

6. $y=\frac{1}{5}x-2$

7. $y=-\frac{1}{3}x+1$

8. $y=-\frac{3}{2}x-3$

9. $y=\frac{3}{4}x+6$

10. $y=-\frac{9}{5}x+3$

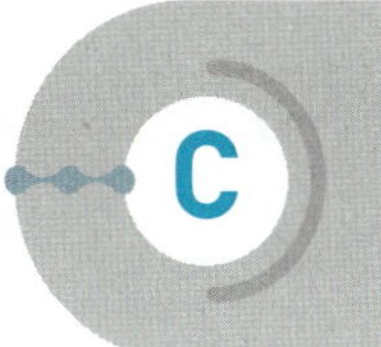

일차함수의 그래프의 y절편

일차함수 $y=-2x+6$에서 y절편을 구하려면 $x=0$을 대입하여 y의 값을 구하면 돼.
$y=-2\times0+6=6$
따라서 y절편은 항상 일차함수의 상수항인 6이야. 아하! 그렇구나~ 

■ 다음 일차함수의 그래프의 y절편을 구하시오.

1. $y=-x+2$

Help y절편은 항상 일차함수의 상수항이다.

2. $y=2x-3$

3. $y=-4x-7$

4. $y=-5x+1$

5. $y=11x-12$

6. $y=\frac{1}{2}x+9$

7. $y=-\frac{5}{4}x+8$

8. $y=\frac{7}{3}x-6$

9. $y=\frac{11}{6}x+\frac{3}{2}$

10. $y=-\frac{9}{4}x-\frac{1}{3}$

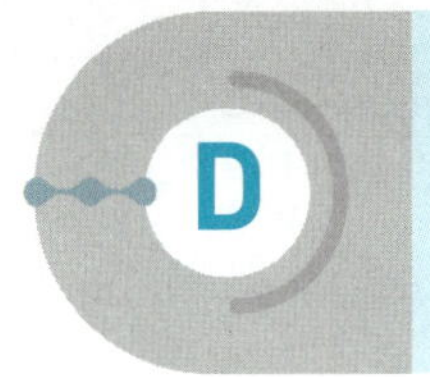

x절편과 y절편을 이용하여 미지수 구하기 1

함수 $y=ax+b$(단, a, b는 상수)의 그래프의 x절편이 3, y절편이 3으로 주어지면 $b=3$
x절편이 3이므로 점 $(3,\ 0)$을 $y=ax+3$에 대입하면
$0=3a+3$ $\quad\therefore a=-1$ 잊지 말자. 꼬~옥! 

■ 일차함수 $y=-5x+b$의 그래프에서 다음에 주어진 x절편을 이용하여 y절편을 구하시오. (단, b는 상수)

앗! 실수

1. x절편: 1

____

Help x절편이 1이므로 점 $(1,\ 0)$을 대입하면 $b=5$

2. x절편: -2

____

3. x절편: 3

____

4. x절편: $\frac{2}{5}$

____

5. x절편: $-\frac{1}{10}$

____

■ 일차함수 $y=ax+b$의 그래프에서 다음에 주어진 x절편과 y절편을 이용하여 상수 a, b의 값을 각각 구하시오.

6. x절편: 2, y절편: 1

____

Help x절편이 2이므로 점 $(2,\ 0)$을 대입하면 $0=2a+b$
y절편이 1이므로 $b=1$

7. x절편: -3, y절편: 3

____

8. x절편: -1, y절편: -4

____

9. x절편: -2, y절편: 6

____

10. x절편: 4, y절편: -10

____

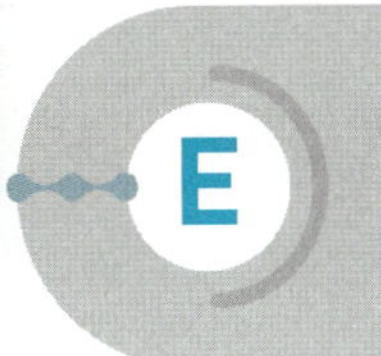

x절편과 y절편을 이용하여 미지수 구하기 2

일차함수 $y=ax-5$(단, a는 상수)의 그래프를 y축의 방향으로 3만큼 평행이동하면 $y=ax-5+3=ax-2$
이 그래프의 x절편이 2이면 점 (2, 0)을 대입하여 a의 값을 구하면 돼.
$0=2a-2$ $\quad\therefore a=1$ 잊지 말자. 꼬~옥!

■ 다음에 주어진 두 일차함수의 그래프의 x절편이 같을 때, 상수 b의 값을 구하시오.

1. $y=x-2$, $y=-x+b$

______

Help $y=x-2$의 그래프의 x절편이 2이므로 $y=-x+b$에 점 (2, 0)을 대입하여 b의 값을 구한다.

앗! 실수

2. $y=-2x-4$, $y=3x+b$

______

3. $y=3x+12$, $y=-4x+b$

______

4. $y=\frac{5}{2}x-10$, $y=2x+b$

______

5. $y=\frac{10}{3}x+5$, $y=x+b$

______

■ 일차함수 $y=ax+3$의 그래프를 다음과 같이 y축의 방향으로 평행이동한 그래프의 x절편과 y절편을 이용하여 a, b의 값을 각각 구하시오. (단, a는 상수)

앗! 실수

6. y축의 방향으로 1만큼 평행이동한 그래프의 x절편이 -2, y절편이 b

______

Help $y=ax+3$의 그래프를 y축의 방향으로 1만큼 평행이동한 그래프의 식은 $y=ax+4$
x절편이 -2이므로 $y=ax+4$에 점 $(-2, 0)$을 대입하여 a의 값을 구한다.

7. y축의 방향으로 5만큼 평행이동한 그래프의 x절편이 4, y절편이 b

______

8. y축의 방향으로 7만큼 평행이동한 그래프의 x절편이 -5, y절편이 b

______

9. y축의 방향으로 -2만큼 평행이동한 그래프의 x절편이 8, y절편이 b

______

10. y축의 방향으로 -10만큼 평행이동한 그래프의 x절편이 -7, y절편이 b

______

거저먹는 시험 문제

* 정답과 해설 28쪽

적중률 100%

[1～3] 일차함수의 그래프의 x절편, y절편

1. 일차함수 $y=3x+9$의 그래프에서 x절편을 a, y절편을 b라 할 때, $a+b$의 값은?

① 3 ② 6 ③ 9
④ 10 ⑤ 12

2. 다음 일차함수의 그래프 중 x절편이 나머지 넷과 다른 하나는?

① $y=-x+2$ ② $y=\frac{1}{5}x-\frac{2}{5}$
③ $y=-3x+6$ ④ $y=2x+2$
⑤ $y=-\frac{5}{4}x+\frac{5}{2}$

3. 일차함수 $y=\frac{1}{3}x+2$의 그래프를 y축의 방향으로 -3만큼 평행이동한 그래프의 x절편과 y절편을 각각 구하시오.

적중률 80%

[4～6] 일차함수의 그래프의 x절편, y절편을 이용하여 상수 구하기

4. 일차함수 $y=ax+b$의 그래프의 x절편은 $-\frac{1}{3}$이고 y절편은 1일 때, 상수 a, b에 대하여 $a+b$의 값은?

① 1 ② 2 ③ 3
④ 4 ⑤ 5

앗! 실수

5. 일차함수 $y=-4x+5$의 그래프의 y절편과 일차함수 $y=-\frac{2}{5}x+b$의 그래프의 x절편이 같을 때, 상수 b의 값은?

① -2 ② -1 ③ 0
④ 1 ⑤ 2

6. 일차함수 $y=ax+7$의 그래프를 y축의 방향으로 -3만큼 평행이동한 그래프의 x절편이 2, y절편이 b일 때, $a+b$의 값을 구하시오. (단, a는 상수)

일차함수의 그래프의 기울기

개념 강의 보기

일차함수의 그래프의 기울기

일차함수 $y=ax+b$에서 x의 값의 증가량에 대한 y의 값의 증가량의 비율은 항상 일정하고, 그 비율은 **x의 계수 a**와 같다. 이때 a를 일차함수 $y=ax+b$의 그래프의 기울기라 한다.

(기울기)$=\dfrac{(y\text{의 값의 증가량})}{(x\text{의 값의 증가량})}=a$

어떤 일차함수의 그래프에서 x의 값이 2에서 5까지 증가할 때, y의 값은 3에서 9까지 증가하면 이 일차함수의 그래프의 기울기는

$\dfrac{(y\text{의 값의 증가량})}{(x\text{의 값의 증가량})}=\dfrac{9-3}{5-2}=2$

바빠 꿀팁

- 기울기란 직선이 기울어진 정도를 말해.
- $y=ax+b$ (a → 기울기, b → y절편)

x 앞에 있는 내 이름은 기울기예요.
y=ax+b
x 앞에 있다고 무조건 x절편이 아니라는 것에 주의해요~

두 점을 지나는 일차함수의 그래프의 기울기

두 점 $(a,\ b)$, $(c,\ d)$를 지나는 일차함수의 그래프에서

(기울기)$=\dfrac{d-b}{c-a}=\dfrac{b-d}{a-c}$

- $\dfrac{b-d}{a-c}$ → 분모, 분자 모두 앞의 수에서 뒤의 수를 뺌
- $\dfrac{d-b}{c-a}$ → 분모, 분자 모두 뒤의 수에서 앞의 수를 뺌

두 점 $(-2,\ -4)$, $(-5,\ 8)$을 지나는 일차함수의 그래프에서

(기울기)$=\dfrac{8-(-4)}{-5-(-2)}=\dfrac{12}{-3}=-4$

세 점이 한 직선 위에 있을 때, 미지수 구하기

세 점 $(-1,\ 3)$, $(-2,\ 6)$, $(k,\ 9)$가 한 직선 위에 있을 때, k의 값을 구해 보자.

세 점이 한 직선 위에 있을 때는 어느 두 점을 선택해서 기울기를 구해도 기울기는 같다.

두 점 $(-1,\ 3)$, $(-2,\ 6)$을 지나는 직선의 기울기는 $\dfrac{6-3}{-2-(-1)}=-3$

두 점 $(-2,\ 6)$, $(k,\ 9)$를 지나는 직선의 기울기는 $\dfrac{9-6}{k-(-2)}$이므로

$\dfrac{9-6}{k-(-2)}=-3$, $3=-3(k+2)$ $\quad\therefore k=-3$

출동! X맨과 O맨

두 점 $(4,\ 1)$, $(-2,\ -5)$를 지나는 직선의 기울기를 구할 때 x의 값이 앞의 수에서 뒤의 수를 뺐으면 y의 값도 앞의 수에서 뒤의 수를 빼고, x의 값이 뒤의 수에서 앞의 수를 뺐다면 y의 값도 뒤의 수에서 앞의 수를 빼야 해.

- $\dfrac{1-(-5)}{-2-4}=\dfrac{6}{-6}=-1$, $\dfrac{-5-1}{4-(-2)}=\dfrac{-6}{6}=-1$ (×)

➡ 분모, 분자 중 하나는 앞의 수에서 뒤의 수를 빼고 다른 하나는 뒤의 수에서 앞의 수를 빼면 안 돼.

- $\dfrac{1-(-5)}{4-(-2)}=\dfrac{6}{6}=1$, $\dfrac{-5-1}{-2-4}=\dfrac{-6}{-6}=1$ (○)

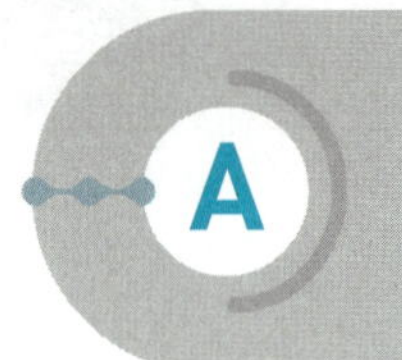

일차함수의 그래프의 기울기 1

그래프에서 기울기를 구할 때는 좌표평면에서 x, y좌표가 모두 정수인 두 점을 잡아서 x의 값의 증가량과 y의 값의 증가량으로 구하면 돼.
아하! 그렇구나~

■ 다음 일차함수의 그래프의 기울기를 구하시오.

1. $y=4x-1$

Help 기울기는 무조건 x의 계수이다.

2. $y=-6x+2$

3. $y=\frac{1}{2}x+3$

4. $y=-\frac{4}{3}x-8$

5. $y=-\frac{11}{4}x+\frac{6}{5}$

■ 다음 □ 안에 알맞은 수를 써넣으시오.

6. ⇨ 기울기: $\frac{2}{\square}$

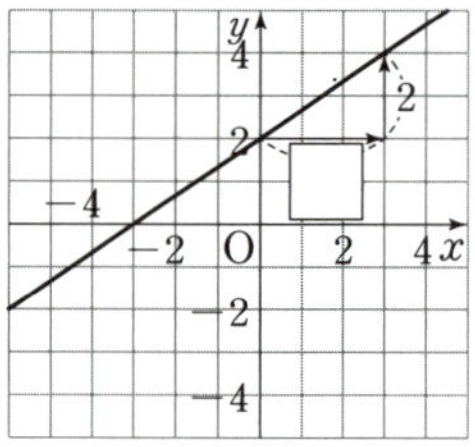

7. ⇨ 기울기: $\frac{\square}{2}=\square$

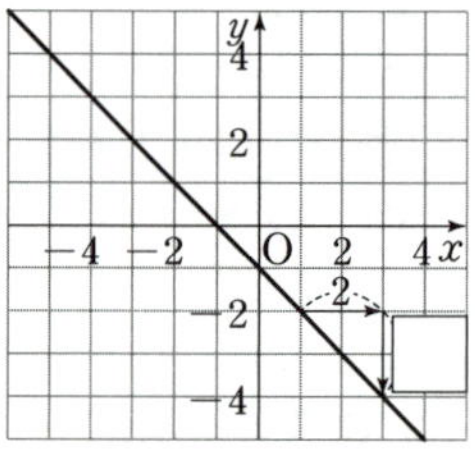

Help 왼쪽이나 아래쪽으로 이동하면 증가량에 −를 붙인다.

8. ⇨ 기울기: $\frac{4}{\square}$

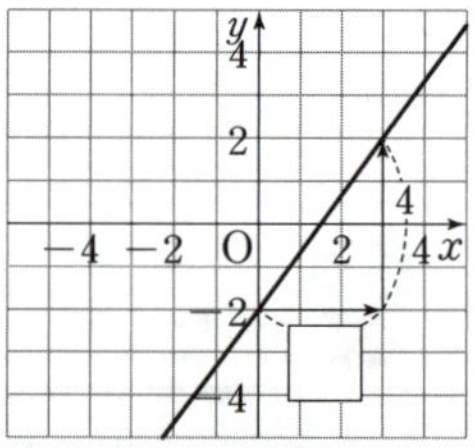

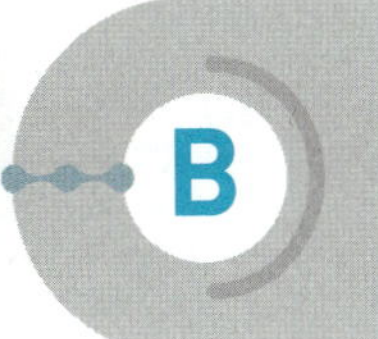

일차함수의 그래프의 기울기 2

일차함수 $y=ax+b$의 그래프에서 기울기는 a이고

$a=\frac{(y\text{의 값의 증가량})}{(x\text{의 값의 증가량})}$으로 구하면 돼.

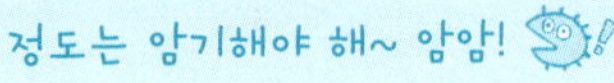

■ 일차함수의 그래프에서 x의 값이 다음과 같이 증가할 때, y의 값의 증가량을 구하시오.

1. $y=x+1$, x의 값이 3만큼 증가

____

Help y의 값의 증가량을 k라 하면

(기울기)$=\frac{(y\text{의 값의 증가량})}{(x\text{의 값의 증가량})}$이므로 $1=\frac{k}{3}$

2. $y=3x-2$, x의 값이 5만큼 증가

____

3. $y=-2x+1$, x의 값이 1에서 5까지 증가

____

4. $y=-\frac{1}{2}x+3$, x의 값이 3에서 7까지 증가

____

5. $y=-\frac{2}{3}x-5$, x의 값이 -3에서 3까지 증가

____

■ 일차함수의 그래프에서 y의 값이 다음과 같이 증가할 때, x의 값의 증가량을 구하시오.

6. $y=-x+1$, y의 값이 -2만큼 증가

____

Help x의 값의 증가량을 k라 하면

(기울기)$=\frac{(y\text{의 값의 증가량})}{(x\text{의 값의 증가량})}$이므로 $-1=\frac{-2}{k}$

7. $y=3x-2$, y의 값이 9만큼 증가

____

8. $y=-4x+2$, y의 값이 2에서 10까지 증가

____

9. $y=-\frac{7}{4}x+3$, y의 값이 -3에서 4까지 증가

____

10. $y=\frac{5}{6}x+\frac{1}{2}$, y의 값이 -8에서 2까지 증가

____

두 점을 지나는 일차함수의 그래프의 기울기

두 점 $(a,\ b)$, $(c,\ d)$를 지나는 일차함수의 그래프에서

$$(\text{기울기})=\frac{(y\text{의 값의 증가량})}{(x\text{의 값의 증가량})}=\frac{b-d}{a-c}=\frac{d-b}{c-a}$$

■ 다음 두 점을 지나는 일차함수의 그래프의 기울기를 구하시오.

1. $(1,\ 4)$, $(3,\ 6)$

Help $(\text{기울기})=\dfrac{6-4}{3-1}=\dfrac{4-6}{1-3}$

2. $(2,\ 4)$, $(4,\ 10)$

3. $(5,\ 1)$, $(1,\ 13)$

4. $(-2,\ 3)$, $(-4,\ -5)$

5. $(-3,\ 0)$, $(-7,\ 2)$

■ 다음 두 점을 지나는 일차함수의 그래프의 기울기가 주어질 때, k의 값을 구하시오.

6. $(1,\ 2)$, $(3,\ k)$, 기울기: 2

Help 기울기가 2이므로 $2=\dfrac{k-2}{3-1}$

7. $(1,\ 5)$, $(2,\ k)$, 기울기: -1

8. $(-1,\ k)$, $(-3,\ 4)$, 기울기: -4

9. $(k,\ 3)$, $(-1,\ 2)$, 기울기: 1

10. $(k,\ 4)$, $(5,\ 1)$, 기울기: 3

세 점이 한 직선 위에 있을 때, 미지수 구하기

세 점 A, B, C가 한 직선 위에 있다면
(두 점 A, B를 지나는 직선의 기울기)
=(두 점 B, C를 지나는 직선의 기울기)
=(두 점 C, A를 지나는 직선의 기울기)

■ 다음 세 점이 한 직선 위에 있을 때, k의 값을 구하시오.

1. $(1,\ 3), (7,\ 6), (k,\ 7)$

______

Help 세 점 중 어느 두 점을 선택해서 구한 기울기는 모두 같다.
$\frac{6-3}{7-1}=\frac{7-6}{k-7}$

2. $(1,\ 2), (-3,\ 0), (k,\ 4)$

______

3. $(-2,\ 5), (0,\ 9), (3,\ k)$

______

4. $(-3,\ 3), (2,\ 4), (k,\ 6)$

______

5. $(4,\ 1), (-2,\ -5), (1,\ k)$

______

앗! 실수

6. $(k,\ k+4), (2,\ -1), (3,\ -7)$

______

Help $\frac{-7-(-1)}{3-2}=\frac{k+4-(-1)}{k-2}$

7. $(-k+2,\ k), (3,\ -4), (1,\ 2)$

______

8. $(-4,\ 0), (2k,\ k+1), (2,\ 6)$

______

9. $(-6,\ 3), (-k,\ k+3), (2,\ -1)$

______

10. $(2,\ -6), (-3,\ 4), (k-7,\ -k)$

______

일차함수의 그래프의 기울기, x절편, y절편

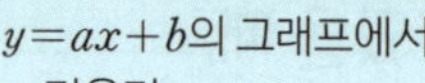
$y=ax+b$의 그래프에서
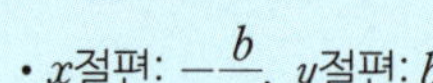
• 기울기: a
• x절편: $-\frac{b}{a}$, y절편: b

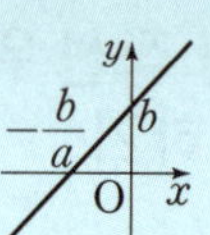

■ 다음 일차함수의 그래프의 기울기, x절편, y절편을 차례로 구하시오.

1. $y=2x-2$

Help 일차함수의 식에서 x의 계수가 기울기, x절편은 $y=0$을 대입하여 구하고 y절편은 상수항이다.

2. $y=-3x+9$

3. $y=\frac{1}{2}x+8$

4. $y=\frac{3}{4}x-6$

5. $y=\frac{2}{3}x+10$

■ 다음 일차함수의 그래프에서 기울기, x절편, y절편을 차례로 구하시오.

앗! 실수

6.

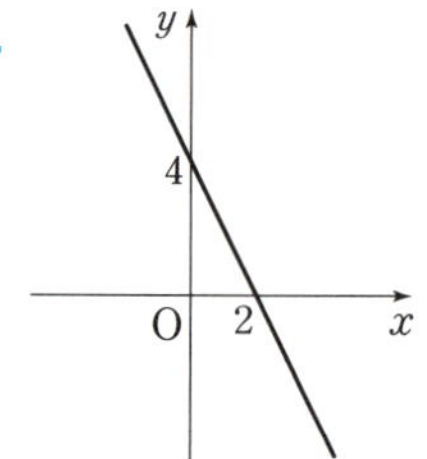

Help 두 점 $(2,\ 0)$, $(0,\ 4)$를 지나므로 기울기는 $\frac{4-0}{0-2}=-2$

7.

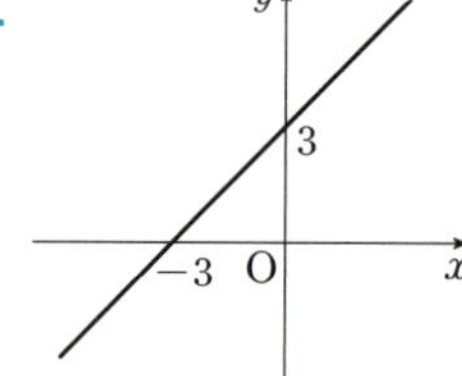

8.

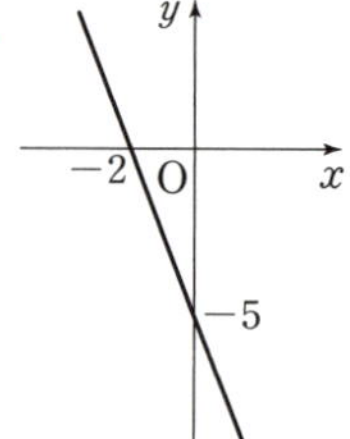

9.

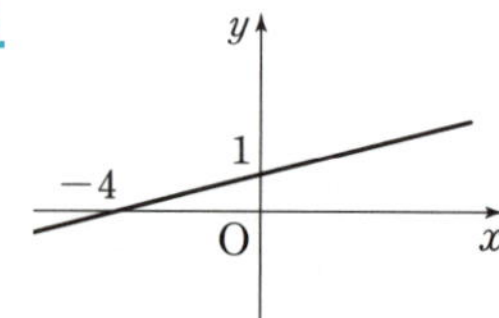

거저먹는 시험 문제

시험에 자주 나오는 문제로 마무리

*정답과 해설 30쪽

적중률 100%

[1~2] 일차함수 그래프의 기울기

앗! 실수

1. 다음 일차함수의 그래프 중 x의 값이 3만큼 감소할 때, y의 값이 12만큼 감소하는 것은?

① $y=4x-1$　② $y=-4x+2$

③ $y=\frac{1}{4}x+4$　④ $y=-\frac{1}{4}x-\frac{1}{2}$

⑤ $y=\frac{1}{2}x-5$

2. 일차함수 $y=\frac{a}{6}x+2$의 그래프에서 x의 값이 2만큼 증가할 때, y의 값은 1만큼 감소할 때, 상수 a의 값은?

① -3　② -1　③ 1

④ 2　⑤ 3

적중률 90%

[3~4] 두 점을 지나는 일차함수의 그래프의 기울기

3. 두 점 $(-2,\ 8)$, $(1,\ k)$를 지나는 일차함수의 그래프의 기울기가 $-\frac{1}{3}$일 때, k의 값은?

① -5　② -1　③ 3

④ 5　⑤ 7

4. 다음 일차함수의 그래프에서 기울기를 구하시오.

(1)

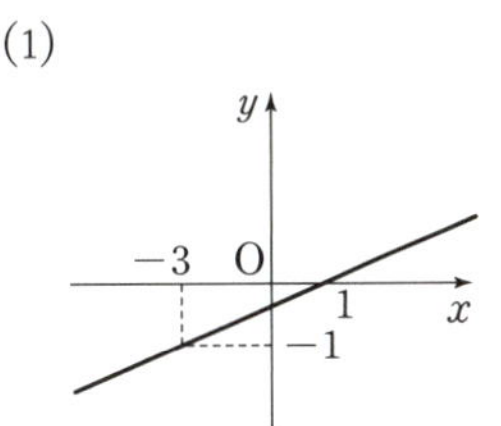

(2)

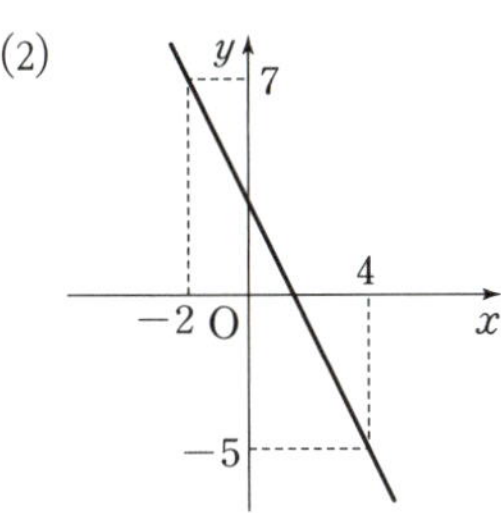

적중률 80%

[5~6] 세 점이 한 직선 위에 있을 때, 미지수 구하기

5. 세 점 $(2,\ -3)$, $(-1,\ 9)$, $(k,\ 4)$가 한 직선 위에 있을 때, k의 값은?

① -2　② $-\frac{1}{2}$　③ $\frac{1}{4}$

④ $\frac{3}{2}$　⑤ 2

6. 두 점 $(-5,\ -8)$, $(1,\ -2)$를 지나는 직선 위에 점 $(k,\ 2k+1)$이 있을 때, k의 값을 구하시오.

15 일차함수의 그래프 그리기

개념 강의 보기

● 두 점을 이용하여 그래프 그리기

① 일차함수의 식을 만족하는 두 점을 구한다.

② 좌표평면 위에 **두 점을 나타내고 직선으로 연결**한다.

● x절편과 y절편을 이용하여 그래프 그리기

① 일차함수의 식을 이용하여 x절편과 y절편을 구한다.

② 좌표평면 위에 두 점 **(x절편, 0), (0, y절편)**을 나타내고 직선으로 연결한다.

일차함수 $y=x+3$의 그래프를 x절편, y절편을 이용하여 그려 보자.

$y=0$일 때 $x=-3$ ⇨ x절편은 -3

$x=0$일 때 $y=3$ ⇨ y절편은 3

좌표평면 위에 두 점 $(-3, 0)$, $(0, 3)$을 나타내고 직선으로 연결한다.

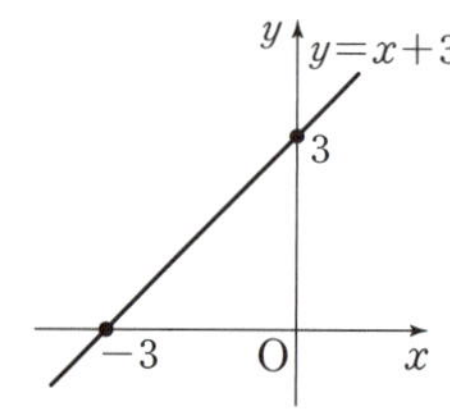

● 기울기와 y절편을 이용하여 그래프 그리기

① 좌표평면 위에 점 (0, y절편)을 나타낸다.

② **기울기를 이용하여 다른 한 점을 찾아 두 점을 직선으로 연결**한다.

일차함수 $y=-\frac{2}{3}x-2$의 그래프를 y절편과 기울기를 이용하여 그려 보자.

y절편은 -2이므로 점 $(0, -2)$를 지나고 기울기는 $-\frac{2}{3}$이므로 점 $(0, -2)$에서 x축의 방향으로 3만큼 증가하고, y축의 방향으로 2만큼 감소한 점 $(0+3, -2-2)$, 즉 점 $(3, -4)$를 지난다.

따라서 두 점 $(0, -2)$, $(3, -4)$를 직선으로 연결하면 된다.

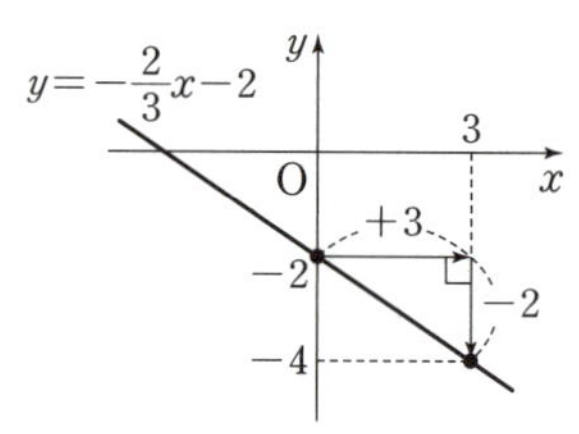

바빠 꿀팁

- 두 점을 이용하여 그래프를 그릴 때는 그래프를 지나는 어떤 점을 선택해도 되지만 x, y의 값이 모두 정수가 되는 점을 선택해야 쉽게 그릴 수 있어.
- x절편이 3, y절편이 2일 때, 그래프에 점 (3, 2)를 찍는 학생이 많은데 x절편과 y절편은 다른 점이야. 한 점으로 만들면 안 돼.

앗! 실수

위의 문제와 같이 기울기가 $-\frac{2}{3}$일 때, x축의 방향으로 3만큼 증가하고, y축의 방향으로 2만큼 감소한다고 하지 않고 x축의 방향으로 3만큼 감소하고, y축의 방향으로 2만큼 증가한다고 하면 어떻게 될까?

점 $(0, -2)$는 $(0-3, -2+2)$, 즉 $(-3, 0)$이 되어 위의 점과 달라지지만 $(0, -2)$와 $(-3, 0)$을 연결하면 그래프는 같게 되니 '−'를 분자 또는 분모 어느 쪽에 곱해도 그래프의 모양은 같아져.

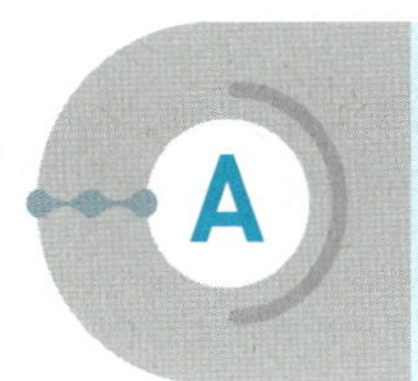

두 점을 이용하여 일차함수의 그래프 그리기

두 점을 이용하여 일차함수의 그래프를 그릴 때는 되도록 점의 좌표가 정수가 되는 두 점을 선택해서 직선으로 연결해야 정확한 그래프의 모양이 돼.

아하! 그렇구나~

■ 다음은 주어진 일차함수의 그래프가 지나는 두 점을 나타낸 것이다. □ 안에 알맞은 수를 써넣고, 이것을 이용하여 그래프를 그리시오.

1. $y=3x-1$

⇨ 두 점 $(-1, \square)$, $(\square, 2)$를 지난다.

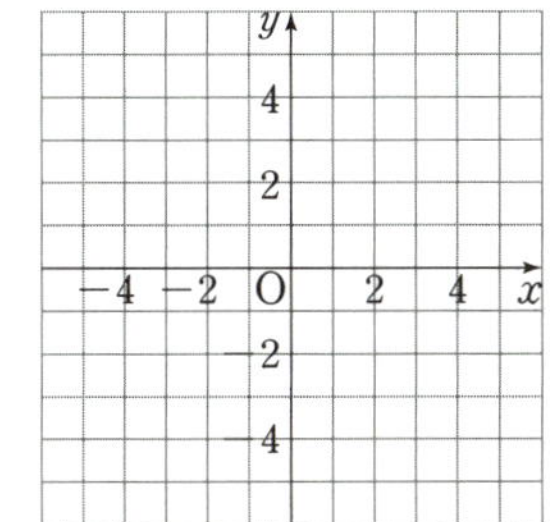

2. $y=-\frac{1}{2}x+3$

⇨ 두 점 $(2, \square)$, $(\square, 1)$을 지난다.

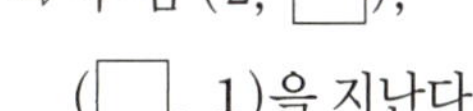

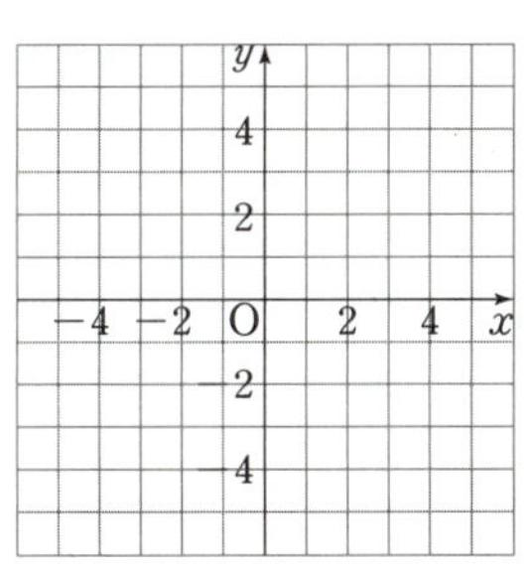

3. $y=-\frac{4}{5}x+1$

⇨ 두 점 $(\square, 5)$, $(5, \square)$을 지난다.

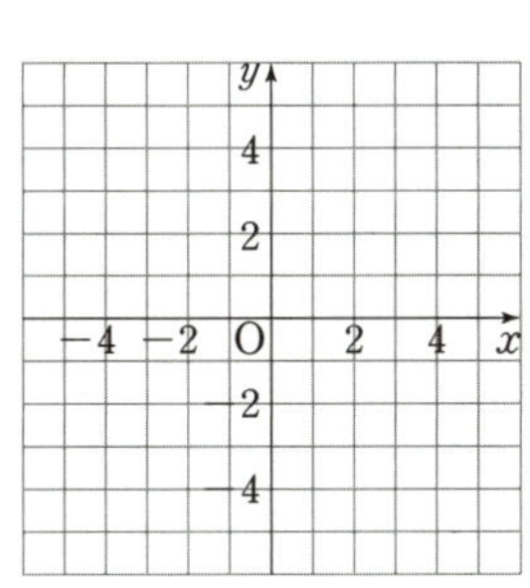

■ 일차함수의 그래프가 지나는 두 점을 이용하여 그래프를 그리시오.

4. $y=-x+2$

Help 어떤 점이라도 두 점을 선택해도 되지만 x의 값에 1이나 2나 -1 등 간단한 수를 대입하여 두 점을 구하는 것이 좋다.

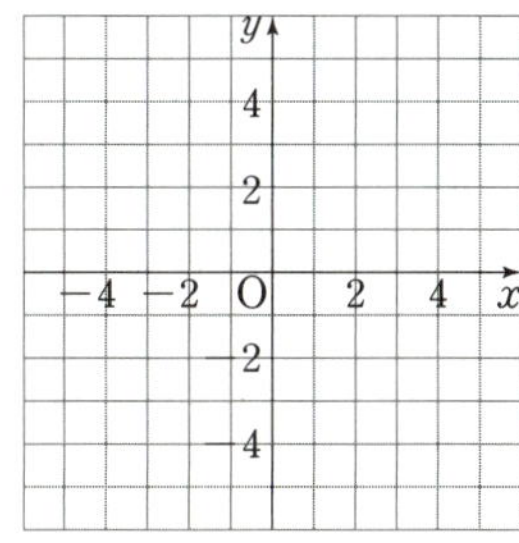

5. $y=\frac{2}{3}x+1$

Help 되도록 좌표가 정수가 되도록 점을 구한다.

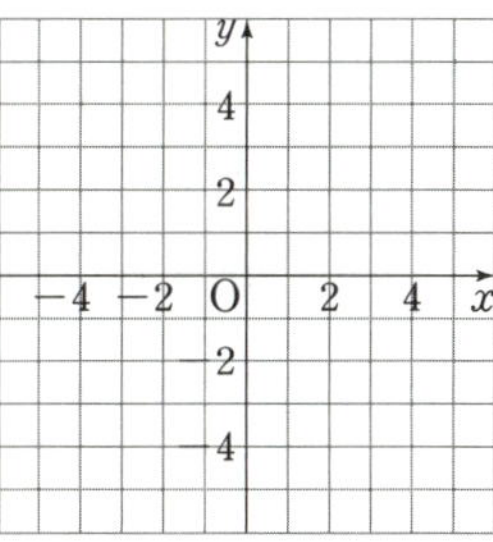

6. $y=-\frac{1}{4}x-2$

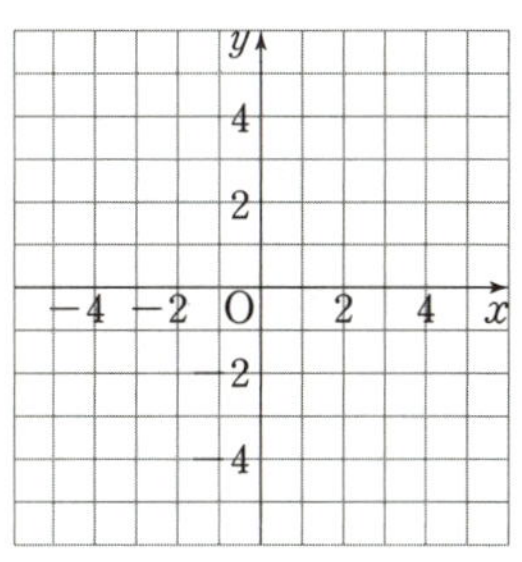

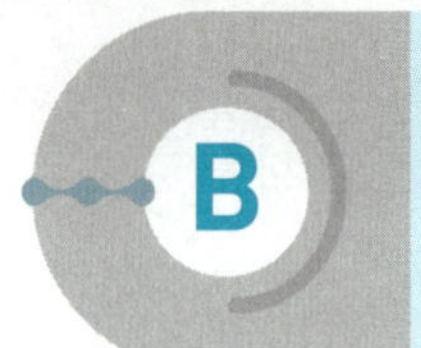

x절편과 y절편을 이용하여 그래프 그리기

x절편과 y절편을 구해서 그래프를 그리는 방법이 가장 많이 사용하는 방법이니 잘 익혀 두자.

아하! 그렇구나~

■ 다음 일차함수의 그래프의 x절편과 y절편을 각각 구하고, 이를 이용하여 그래프를 그리시오.

1. $y=x-2$

⇨ x절편: ________

y절편: ________

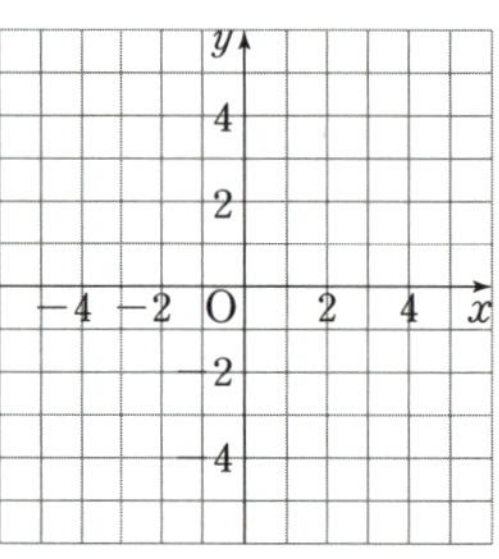

2. $y=-3x+3$

⇨ x절편: ________

y절편: ________

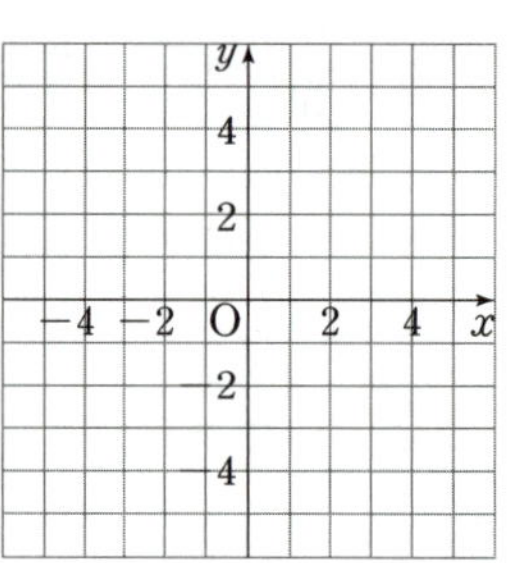

3. $y=\frac{1}{2}x+1$

⇨ x절편: ________

y절편: ________

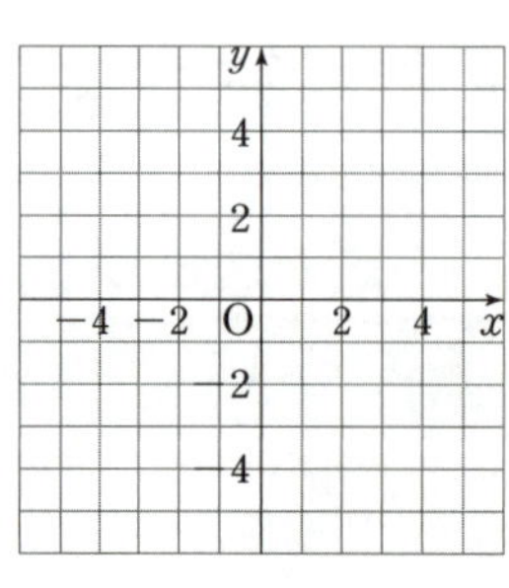

■ 다음 일차함수의 그래프를 x절편과 y절편을 이용하여 그리시오.

4. $y=-\frac{1}{5}x-1$

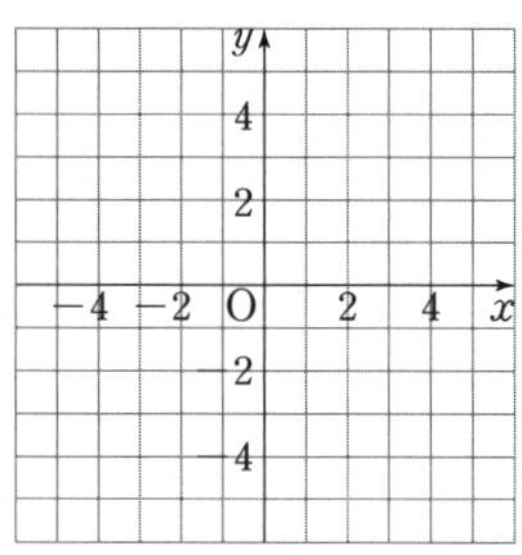

5. $y=2x+4$

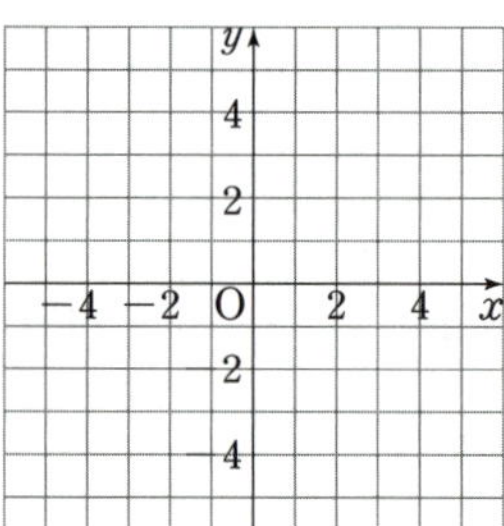

6. $y=-\frac{4}{3}x-4$

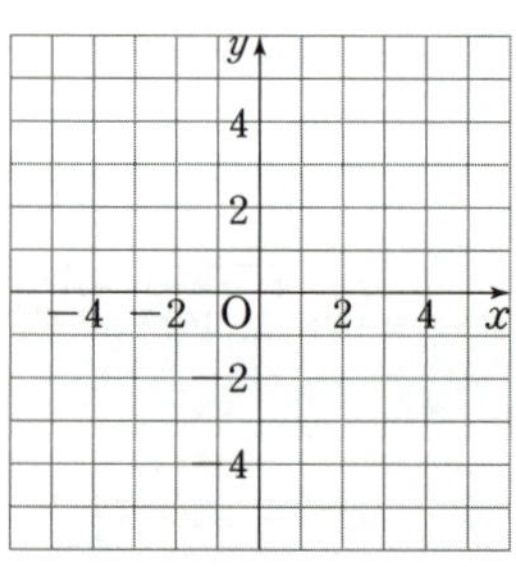

기울기와 y절편을 이용하여 그래프 그리기

함수 $y=-2x+1$의 그래프를 기울기와 y절편을 이용하여 그리는 방법은 y절편에서 시작해서 x의 값을 1만큼 증가시키고 y의 값을 2만큼 감소시킨 점을 그리고 y절편과 연결하면 돼.

아하! 그렇구나~

■ 다음 일차함수의 그래프의 기울기와 y절편을 각각 구하고, 이를 이용하여 그래프를 그리시오.

앗! 실수

1. $y=4x+1$

⇨ 기울기: ________

y절편: ________

Help y절편에서 시작해서 x의 값을 1만큼 증가시키고 y의 값을 4만큼 증가시킨 점을 그리고 y절편과 연결한다.

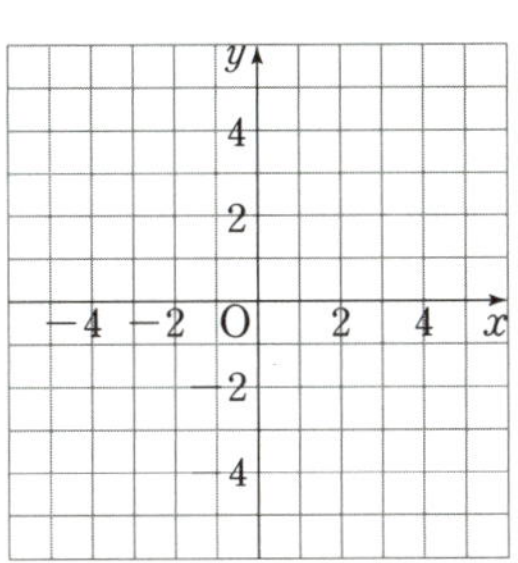

2. $y=-2x+3$

⇨ 기울기: ________

y절편: ________

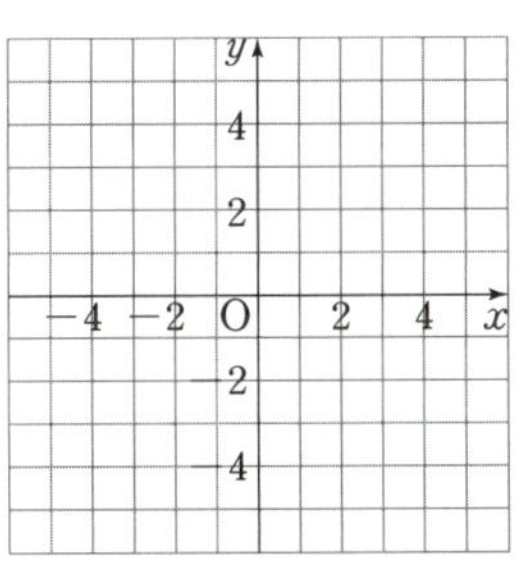

3. $y=\frac{2}{3}x+2$

⇨ 기울기: ________

y절편: ________

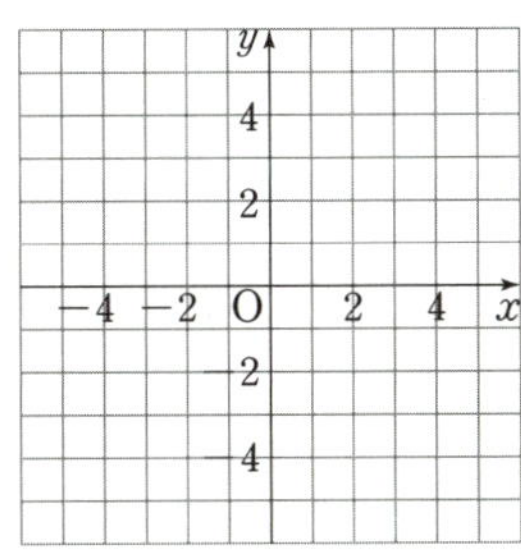

■ 다음 일차함수의 그래프를 기울기와 y절편을 이용하여 그리시오.

4. $y=-\frac{3}{4}x-1$

Help 기울기가 $-\frac{3}{4}$이므로 y절편에서 시작해서 x의 값을 4만큼 증가시키고 y의 값을 3만큼 감소시킨 점을 그리고 y절편과 연결한다.

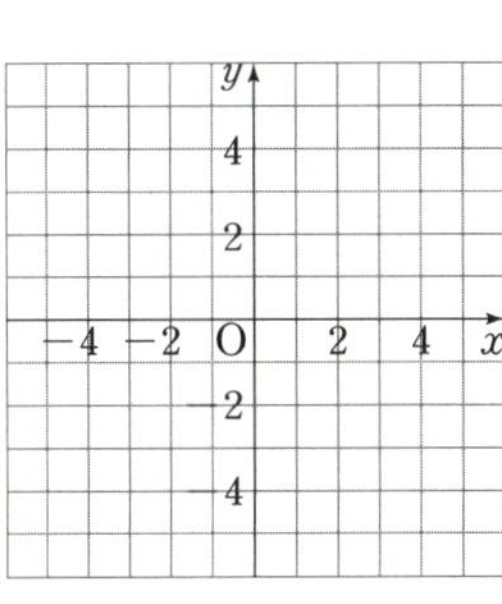

5. $y=3x-2$

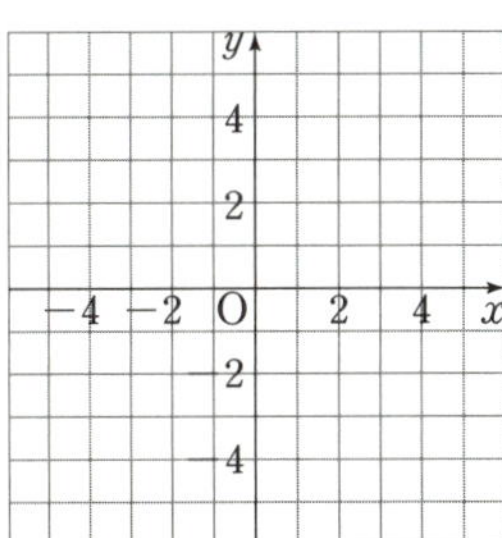

6. $y=-\frac{1}{3}x+4$

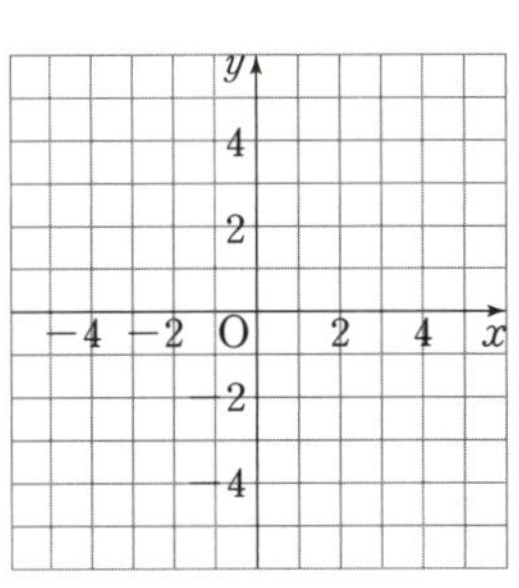

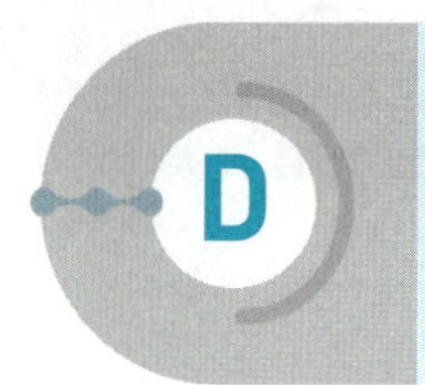

일차함수의 그래프와 x축, y축으로 둘러싸인 도형의 넓이

일차함수의 그래프와 x축, y축으로 둘러싸인 도형의 넓이는 x절편과 y절편을 이용하여 구하면 돼.
이때 주의할 것은 x절편 또는 y절편이 음수가 나와도 넓이를 구하는 것이므로 절댓값으로 곱해야 해. 잊지 말자. 꼬~옥!

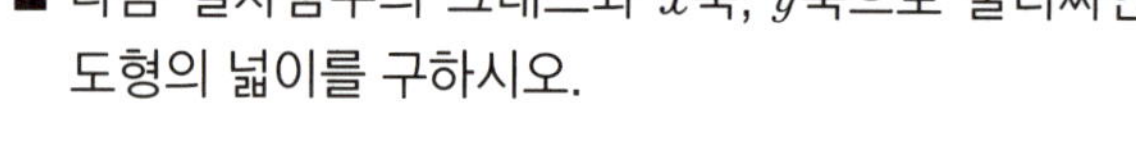

■ 다음 일차함수의 그래프와 x축, y축으로 둘러싸인 도형의 넓이를 구하시오.

1. $y=x+4$

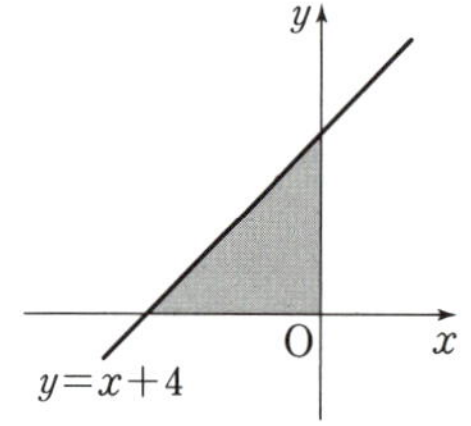

Help x절편과 y절편을 이용하여 넓이를 구하는데 x절편 또는 y절편이 음수이더라도 절댓값으로 곱해야 돼.

2. $y=-2x+5$

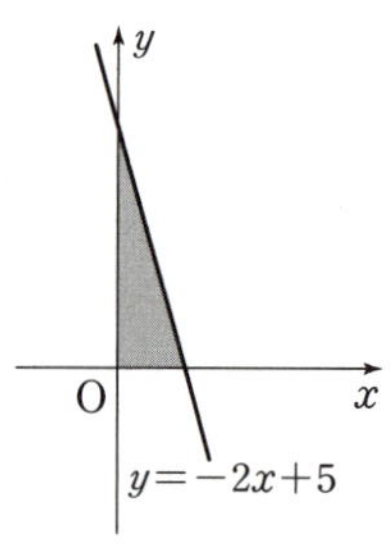

3. $y=\frac{1}{3}x+2$

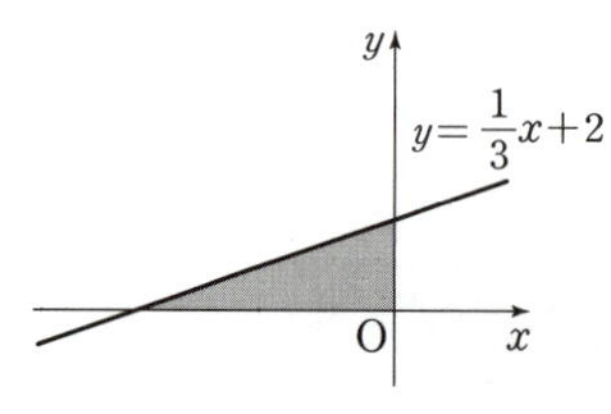

4. $y=-3x-6$

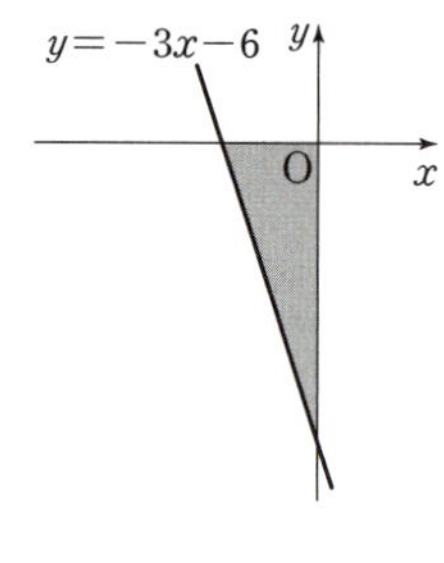

5. $y=4x-3$

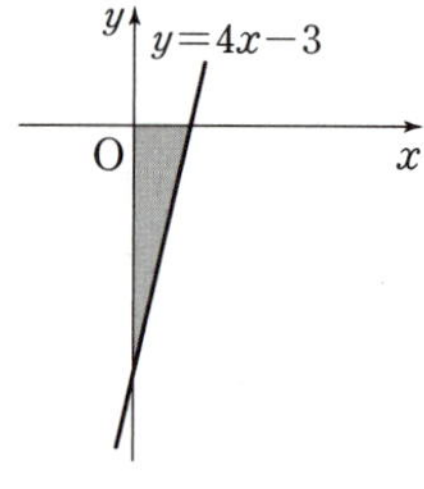

6. $y=-\frac{4}{5}x-4$

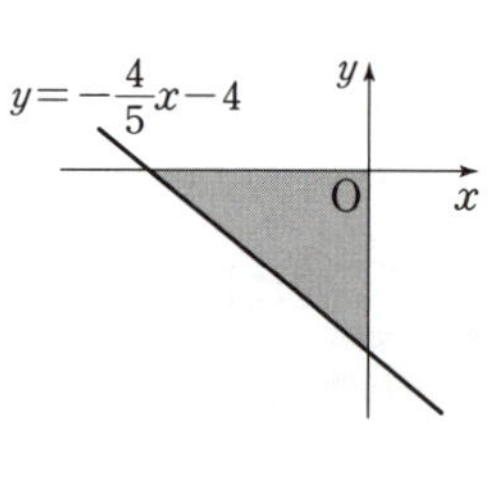

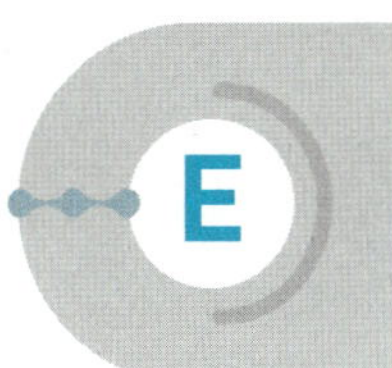

두 일차함수의 그래프와 x축 또는 y축으로 둘러싸인 도형의 넓이

y축 위에서 만나는 두 일차함수의 그래프와 x축으로 둘러싸인 도형의 넓이는 두 일차함수의 그래프의 x절편을 구해서 삼각형의 밑변을 구하고 y절편의 절댓값을 높이로 해서 구하면 돼.

아하! 그렇구나~

■ 다음 두 일차함수의 그래프와 x축으로 둘러싸인 도형의 넓이를 구하시오.

앗! 실수

1. $y=-x+3$

   $y=x+3$

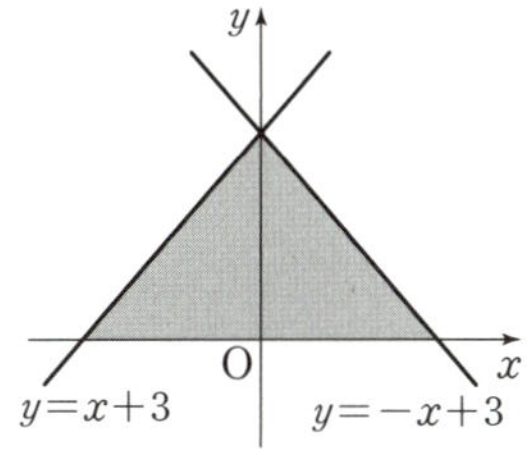

2. $y=3x-6$

   $y=-\frac{3}{2}x-6$

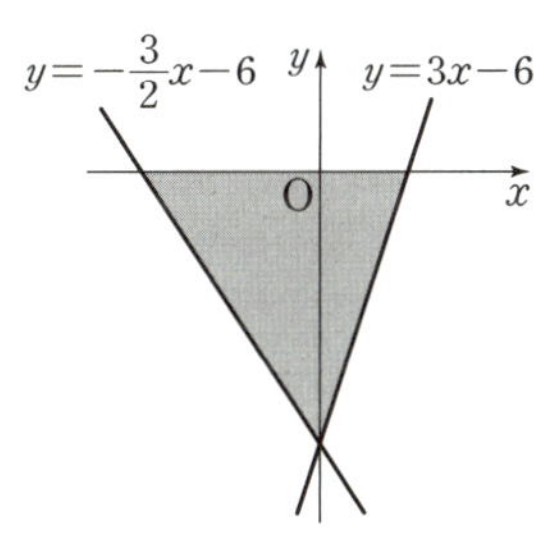

3. $y=-\frac{1}{2}x+2$

   $y=\frac{2}{5}x+2$

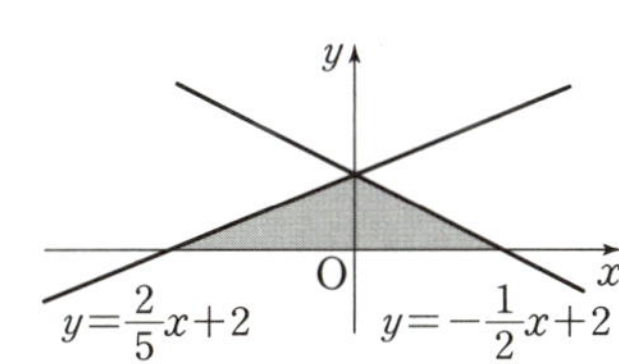

■ 다음 두 일차함수의 그래프와 y축으로 둘러싸인 도형의 넓이를 구하시오.

4. $y=-x+2$

   $y=2x-4$

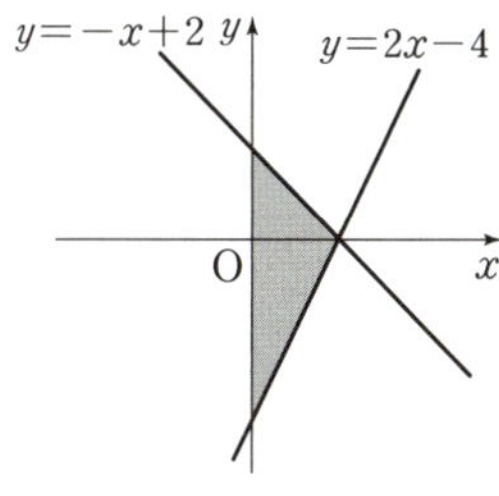

5. $y=x+4$

   $y=-\frac{1}{4}x-1$

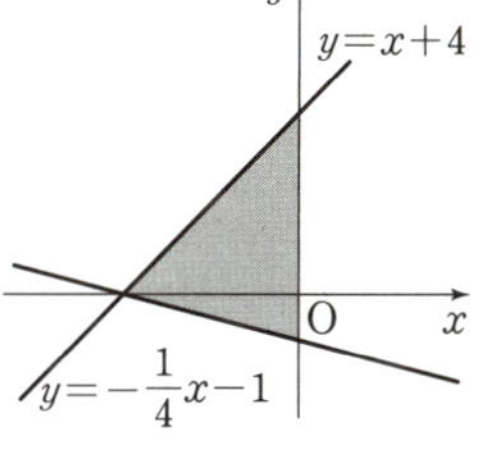

6. $y=2x-6$

   $y=-\frac{5}{3}x+5$

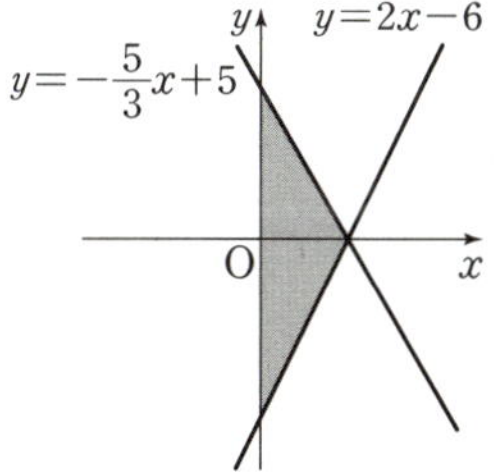

거저먹는

시험 문제

시험에 자주 나오는 문제로 마무리

*정답과 해설 33쪽

적중률 90%

[1~2] 일차함수의 그래프 그리기

1. 다음 중 일차함수 $y=\frac{5}{3}x+10$의 그래프는?

① 
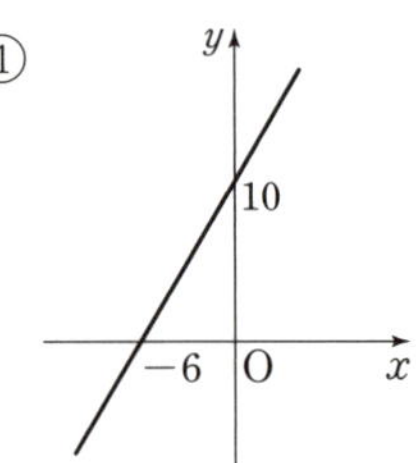

② 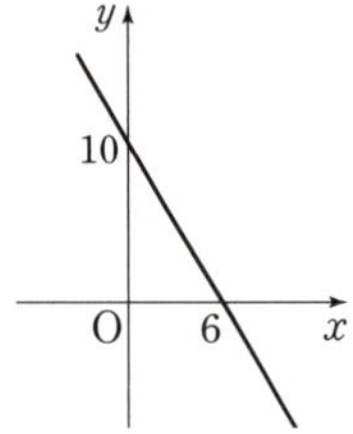

③ 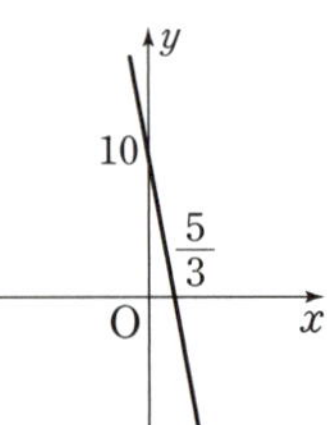

④ 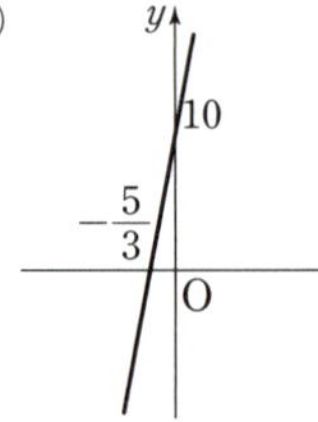

⑤ 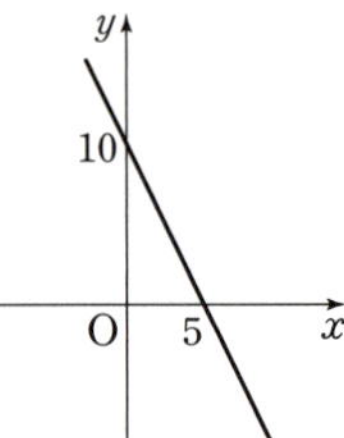

2. 다음 일차함수 중 그 그래프가 제1사분면을 지나지 않는 것은?

① $y=x-5$　② $y=\frac{3}{4}x+1$

③ $y=-x-4$　④ $y=-\frac{1}{3}x+8$

⑤ $y=x-10$

적중률 80%

[3~5] 일차함수의 그래프와 x축, y축으로 둘러싸인 도형의 넓이

3. 일차함수 $y=-4x-8$의 그래프가 오른쪽 그림과 같을 때, 색칠한 부분의 넓이는?

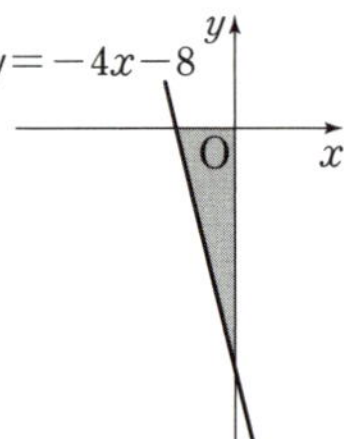

① 4　② 8

③ 12　④ 16

⑤ 32

4. 일차함수 $y=-\frac{2}{3}x+6$의 그래프와 x축, y축으로 둘러싸인 도형의 넓이는?

① 14　② 18　③ 23

④ 25　⑤ 27

5. 오른쪽 그림과 같이 두 일차함수 $y=x+5$, $y=-\frac{5}{4}x+5$의 그래프가 y축 위에서 만날 때, 두 일차함수의 그래프와 x축으로 둘러싸인 도형의 넓이를 구하시오.

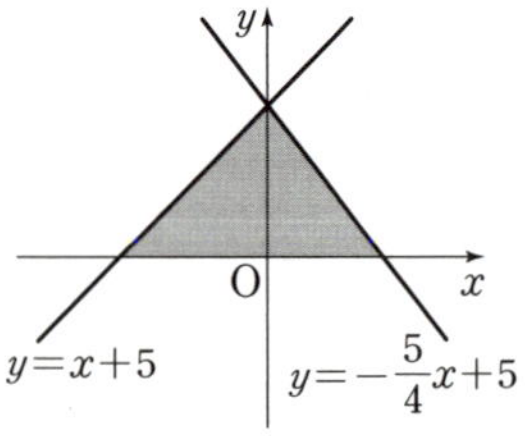

일차함수 $y=ax+b$의 그래프

일차함수 $y=ax+b$의 그래프의 성질

① **기울기 a의 부호**: 그래프의 모양 결정

- $a>0$일 때: **x의 값이 증가하면 y의 값도 증가** ⇨ **오른쪽 위로 향하는 직선**
- $a<0$일 때: **x의 값이 증가하면 y의 값은 감소** ⇨ **오른쪽 아래로 향하는 직선**

② **y절편 b의 부호**: 그래프가 y축과 만나는 부분 결정

- $b>0$일 때: y축과 양의 부분에서 만난다. (y절편이 양수)
- $b<0$일 때: y축과 음의 부분에서 만난다. (y절편이 음수)

$a>0, b>0$	$a>0, b<0$	$a<0, b>0$	$a<0, b<0$
증가 / 증가	증가 / 증가	증가 / 감소	증가 / 감소
제4사분면을 지나지 않는다.	제2사분면을 지나지 않는다.	제3사분면을 지나지 않는다.	제1사분면을 지나지 않는다.

일차함수의 그래프의 평행, 일치

① 기울기가 같은 두 일차함수의 그래프는 서로 평행하거나 일치한다.

두 일차함수 $y=ax+b$와 $y=cx+d$에 대하여

- 기울기는 같지만 y절편이 다를 때, 두 그래프는 평행

 ⇨ $a=c, b\neq d$

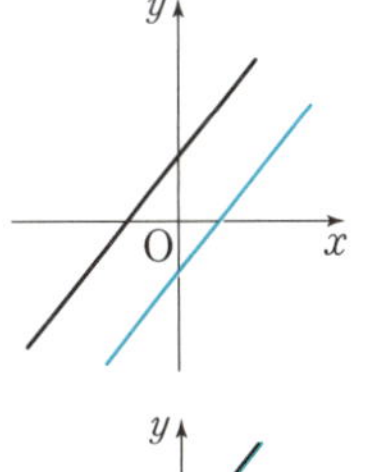

- 기울기가 같고 y절편도 같을 때, 두 그래프는 일치

 ⇨ $a=c, b=d$

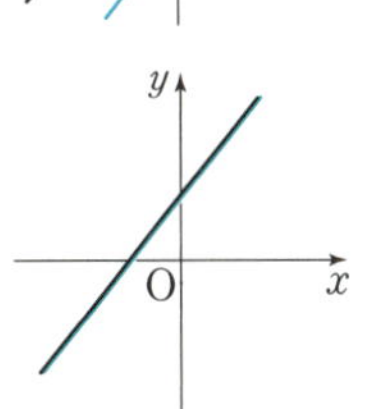

② 서로 평행한 두 일차함수의 그래프의 기울기는 서로 같다.

바빠 꿀팁

- 일차함수 $y=ax+b$의 그래프에서 a의 절댓값이 클수록 그래프는 y축에 가깝고, a의 절댓값이 작을수록 그래프는 x축에 가까워.
- 기울기가 같은 두 일차함수의 그래프는 평행하거나 일치하지만 기울기가 다른 두 일차함수의 그래프는 y절편에 상관없이 한 점에서 만나게 돼.

기울기가 양수면 하늘로 신나게~
기울기가 음수면 땅으로 아슬아슬~

출동! X맨과 O맨

일차함수 $y=-ax-b$의 그래프가 아래와 같을 때,

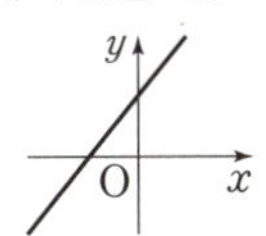

- 기울기가 양수이고 y절편도 양수이므로 $a>0, b>0$이다. (×)
 ➡ 기울기는 $-a$이고 y절편은 $-b$야.

- 기울기가 양수이고 y절편도 양수이므로 $-a>0, -b>0$
 따라서 $a<0, b<0$이야. (○)

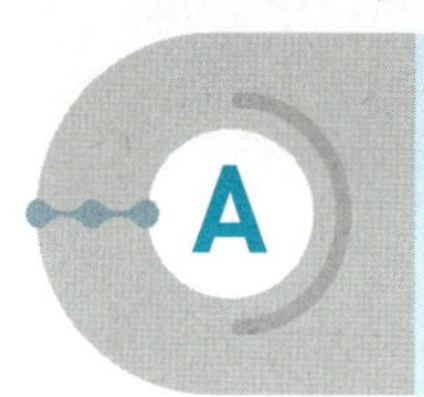

일차함수 $y=ax+b$의 그래프의 성질

일차함수 $y=ax+b$의 그래프의 성질
- $a>0$: x의 값이 증가하면 y의 값도 증가 ⇨ 오른쪽 위로 향하는 직선
- $a<0$: x의 값이 증가하면 y의 값은 감소 ⇨ 오른쪽 아래로 향하는 직선
- a의 절댓값이 클수록 그래프는 y축에 가까워져.

■ 다음 조건을 만족시키는 일차함수를 보기에서 모두 고르시오.

보 기

ㄱ. $y=2x+4$　　ㄴ. $y=\frac{1}{3}x-2$

ㄷ. $y=-x+\frac{3}{4}$　　ㄹ. $y=-5x-1$

ㅁ. $y=\frac{2}{5}x+4$

1. x의 값이 증가할 때, y의 값도 증가하는 일차함수 ________

Help (기울기)>0

2. 그래프가 오른쪽 위로 향하는 일차함수 ________

3. x의 값이 증가할 때, y의 값은 감소하는 일차함수 ________

Help (기울기)<0

4. y축에 가장 가까운 그래프 ________

Help 기울기의 절댓값이 가장 큰 그래프

앗! 실수

5. 그래프가 제3사분면을 지나지 않는 일차함수 ________

Help

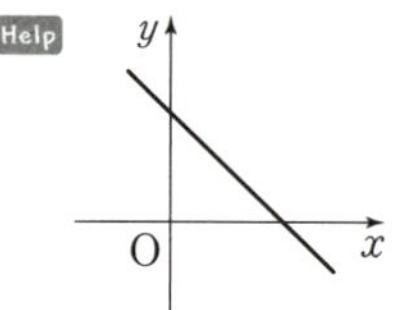

6. x의 값이 1만큼 증가할 때, y의 값은 1만큼 감소하는 일차함수 ________

Help (기울기)$=\frac{-1}{1}$

7. 그래프가 오른쪽 아래로 향하는 일차함수 ________

8. x축에 가장 가까운 그래프 ________

9. 제4사분면을 지나지 않는 그래프 ________

Help

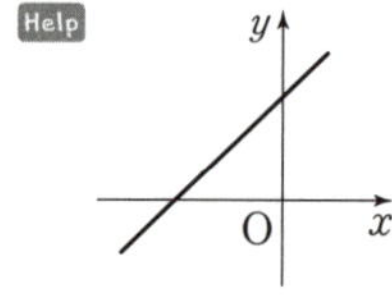

10. y축과 만나는 점의 좌표가 $(0,\ 4)$인 그래프 ________

일차함수 $y=ax+b$의 그래프에서 a, b의 부호 구하기

일차함수 $y=ax+b$의 그래프에서
- 오른쪽 위로 향하는 직선 ⇨ $a>0$
  오른쪽 아래로 향하는 직선 ⇨ $a<0$
- y축과 양의 부분에서 만나면 $b>0$, 음의 부분에서 만나면 $b<0$

■ 일차함수 $y=ax+b$의 그래프가 다음과 같을 때, □ 안에 알맞은 부등호를 써넣으시오. (단, a, b는 상수)

1. a □ 0, b □ 0

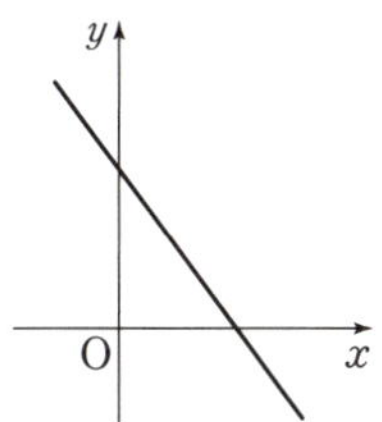

2. a □ 0, b □ 0

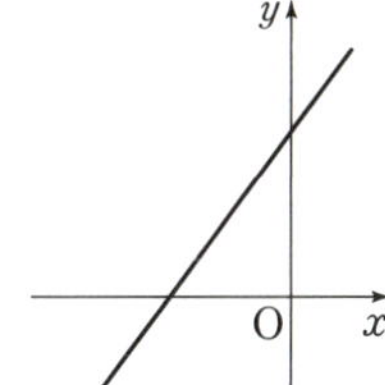

3. a □ 0, b □ 0

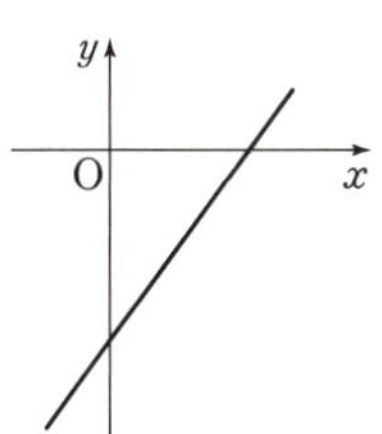

4. a □ 0, b □ 0

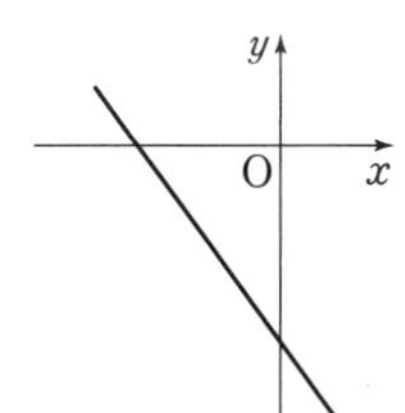

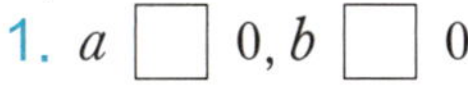

앗! 실수

■ 일차함수 $y=-ax+b$의 그래프가 다음과 같을 때, □ 안에 알맞은 부등호를 써넣으시오. (단, a, b는 상수)

5. a □ 0, b □ 0

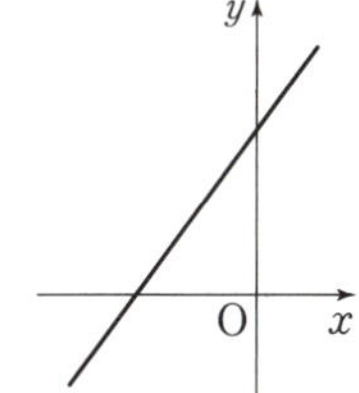

6. a □ 0, b □ 0

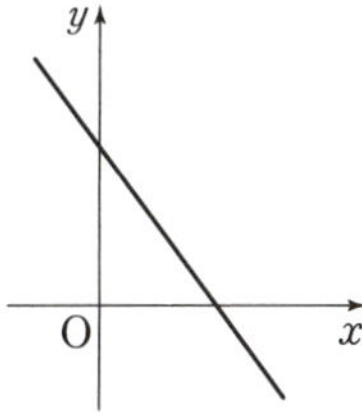

7. a □ 0, b □ 0

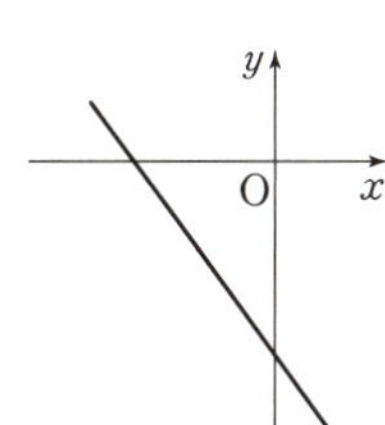

8. a □ 0, b □ 0

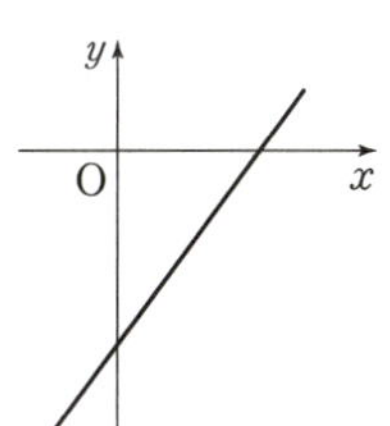

일차함수 $y=ax+b$의 그래프에서 a, b의 부호로 그래프 모양 알기

$a>0,\ b>0 \Rightarrow a+b>0,\ ab>0$
$a<0,\ b<0 \Rightarrow a+b<0,\ ab>0$
$a>0,\ b<0 \Rightarrow a-b>0,\ ab<0$
$a<0,\ b>0 \Rightarrow a-b<0,\ ab<0$ 아하! 그렇구나~ 

■ 다음과 같이 a, b의 조건이 주어질 때, 일차함수 $y=ax+b$의 그래프가 지나지 않는 사분면을 구하시오. (단, a, b는 상수)

1. $a<0,\ b>0$ ________

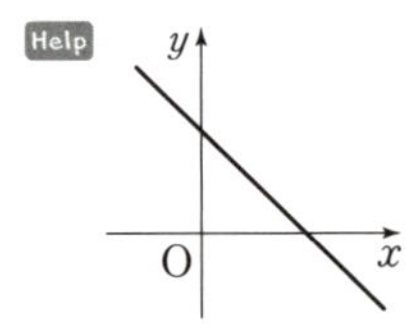

2. $a>0,\ b>0$ ________

3. $a>0,\ b<0$ ________

4. $a<0,\ b<0$ ________

■ 일차함수 $y=ax+b$의 그래프에 대한 a, b의 조건이 보기와 같이 주어질 때, 다음 그래프의 모양에 알맞은 것을 보기에서 고르시오. (단, a, b는 상수)

보 기	
ㄱ. $a+b<0,\ ab>0$	ㄴ. $a+b>0,\ ab>0$
ㄷ. $a-b>0,\ ab<0$	ㄹ. $a-b<0,\ ab<0$

5. 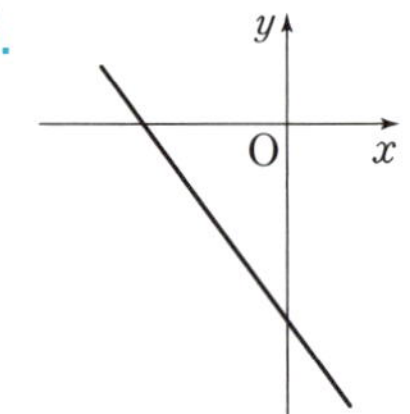

____

Help $a<0,\ b<0 \Rightarrow a+b \ \square\ 0,\ ab \ \square\ 0$

6. 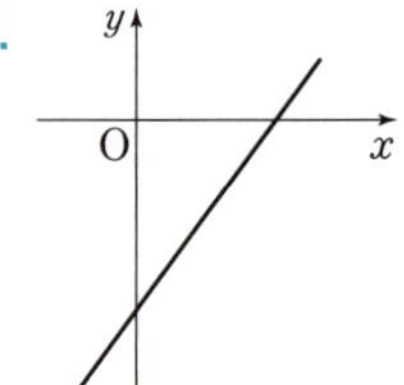

____

Help $a>0,\ b<0 \Rightarrow a-b \ \square\ 0,\ ab \ \square\ 0$

7. 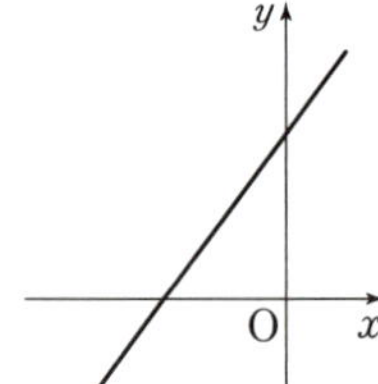

____

8. 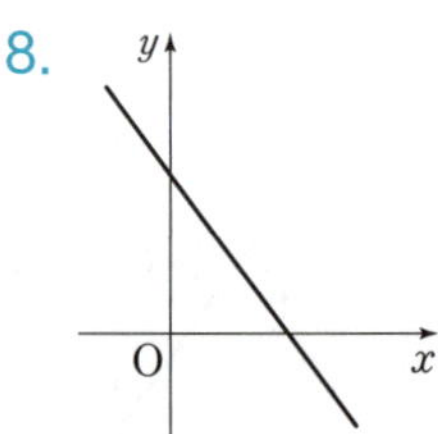

____

D 일차함수의 그래프의 평행

두 일차함수 $y=ax+b$와 $y=cx+d$의 그래프에서
두 그래프가 평행하면 ⇨ $a=c$, $b\neq d$
잊지 말자. 꼬~옥!

■ 다음 두 일차함수의 그래프가 평행하기 위한 상수 a의 값을 구하시오.

1. $y=x+4$, $y=ax+7$

Help 기울기가 같게 되는 a의 값을 구한다.

2. $y=-2x+5$, $y=ax-11$

3. $y=ax-4$, $y=\frac{1}{5}x+1$

4. $y=3ax+\frac{1}{2}$, $y=6x+\frac{3}{4}$

5. $y=-5x+3$, $y=\frac{a}{2}x-5$

■ 그래프가 다음 일차함수의 그래프와 그 그래프가 평행한 일차함수를 보기에서 고르시오.

보기

ㄱ. $y=-5x+4$　　ㄴ. $y=3x-2$

ㄷ. $y=-\frac{1}{3}x+\frac{3}{4}$　　ㄹ. $y=4x+\frac{3}{2}$

ㅁ. $y=\frac{5}{6}x-1$

6. $y=4x-1$

7. $y=3x-7$

8. $y=\frac{5}{6}x+\frac{3}{2}$

9. $y=-5x+\frac{3}{4}$

10. $y=-\frac{1}{3}x+2$

E 일차함수의 그래프의 일치

두 일차함수 $y=ax+b$와 $y=cx+d$의 그래프에서
두 그래프가 일치하면 ⇨ $a=c$, $b=d$
잊지 말자. 꼬~옥!

■ 다음 두 일차함수의 그래프가 일치하기 위한 상수 a, b의 값을 각각 구하시오.

1. $y=-x+b$, $y=ax+5$

2. $y=-4x+b$, $y=ax-8$

3. $y=ax+b$, $y=-7x-12$

4. $y=ax-\frac{1}{2}$, $y=-\frac{2}{3}x+b$

5. $y=-\frac{5}{7}x+b$, $y=ax+\frac{7}{10}$

6. $y=2ax+b$, $y=6x+\frac{3}{5}$

7. $y=-3ax-15$, $y=12x+5b$

8. $y=4ax+3b$, $y=\frac{1}{2}x-12$

9. $y=\frac{a}{2}x+\frac{b}{3}$, $y=-6x+1$

10. $y=\frac{7}{8}x+4b$, $y=\frac{a}{4}x-6$

시험 문제

시험에 자주 나오는 문제로 마무리

*정답과 해설 34쪽

적중률 90%

[1] 일차함수 $y=ax+b$의 그래프의 성질

앗! 실수

1. 다음 중 일차함수 $y=-2x+\frac{2}{3}$의 그래프에 대한 설명으로 옳지 않은 것은?

① x의 값이 2만큼 증가하면 y의 값은 4만큼 감소한다.

② 오른쪽 아래로 향하는 직선이다.

③ 제3사분면을 지나지 않는다.

④ x절편은 3, y절편은 $\frac{2}{3}$이다.

⑤ 점 $\left(1, -\frac{4}{3}\right)$를 지난다.

적중률 90%

[2~3] 일차함수 $y=ax+b$의 그래프의 모양

2. 일차함수 $y=-ax-b$의 그래프가 오른쪽 그림과 같을 때, 상수 a, b의 부호는?

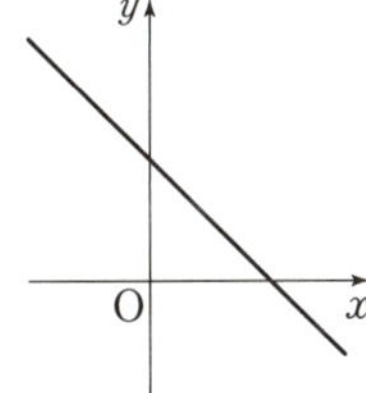

① $a>0$, $b>0$

② $a>0$, $b<0$

③ $a<0$, $b>0$

④ $a<0$, $b<0$

⑤ $a>0$, $b=0$

3. 다음 일차함수 중 그 그래프가 y축에 가장 가까운 것은?

① $y=-2x+3$　② $y=\frac{2}{3}x-2$

③ $y=3x+\frac{1}{2}$　④ $y=-\frac{10}{3}x+8$

⑤ $y=-4x+7$

적중률 80%

[4~6] 일차함수의 그래프의 평행, 일치

4. 다음 일차함수 중 그 그래프가 일차함수 $y=-4x+6$의 그래프와 평행한 것은?

① $y=4x+1$　② $y=-4x+6$

③ $y=-4x+\frac{1}{4}$　④ $y=-\frac{1}{4}x+6$

⑤ $y=-4\left(x-\frac{3}{2}\right)$

5. 일차함수 $y=ax+2$의 그래프는 일차함수 $y=-\frac{3}{4}x+1$의 그래프와 평행하고, 점 $(1, b)$를 지난다. 이때 $a+b$의 값을 구하시오. (단, a는 상수)

6. 일차함수 $y=ax+3$의 그래프를 y축의 방향으로 -4만큼 평행이동하면 일차함수 $y=-5x+b$의 그래프와 일치할 때, $a+b$의 값은? (단, a, b는 상수)

① -6　② -4　③ -1

④ 1　⑤ 2

17 일차함수의 식 구하기

개념 강의 보기

일차함수의 식은 무조건 기울기와 y절편만 알면 돼!

● 기울기와 y절편이 주어질 때, 일차함수의 식 구하기

기울기가 a이고, y절편이 b인 직선을 그래프로 하는 일차함수의 식은 $\boldsymbol{y=ax+b}$이다.

● 기울기와 한 점이 주어질 때, 일차함수의 식 구하기

기울기가 a이고, 한 점 $(x_1,\ y_1)$을 지나는 직선을 그래프로 하는 일차함수의 식은 다음과 같이 구한다.

① 기울기가 a이므로 $y=ax+b$로 놓는다.

② $y=ax+b$에 $x=x_1$, $y=y_1$을 대입하여 b의 값을 구한다.

● 서로 다른 두 점이 주어질 때, 일차함수의 식 구하기

서로 다른 두 점 $(x_1,\ y_1)$, $(x_2,\ y_2)$를 지나는 직선을 그래프로 하는 일차함수의 식은 다음과 같이 구한다.

① 두 점을 지나는 기울기 a를 구한다. ⇨ $\boldsymbol{a=\frac{y_2-y_1}{x_2-x_1}=\frac{y_1-y_2}{x_1-x_2}}$

② $y=ax+b$로 놓고, 두 점 중 계산이 쉬운 한 점의 좌표를 대입하여 b의 값을 구한다.

두 점 $(2,\ 5)$, $(4,\ 11)$을 지나는 직선을 그래프로 하는 일차함수의 식을 구해 보자.

두 점을 지나는 직선의 기울기가 $\frac{11-5}{4-2}=3$이므로 구하는 식을 $y=3x+b$로 놓으면 점 $(2,\ 5)$를 지나므로 $5=3\times2+b$ $\quad\therefore b=-1$

따라서 구하는 일차함수의 식은 $y=3x-1$

외워 외워!

x절편이 m, y절편이 n으로 주어질 때, 좌표를 이용하여 기울기를 구해도 되지만 $-\frac{n}{m}$으로 외우면 문제 푸는 속도가 훨씬 빨라져.

● x절편과 y절편이 주어질 때, 일차함수의 식 구하기

x절편이 m, y절편이 n인 직선을 그래프로 하는 일차함수의 식은 다음과 같이 구한다.

① 두 점 $(m,\ 0)$, $(0,\ n)$을 지나는 직선의 기울기를 구한다. ⇨ $\frac{n-0}{0-m}=-\frac{n}{m}$

② y절편은 n이므로 구하는 일차함수의 식은 $y=-\frac{n}{m}x+n$

x절편이 4이고, y절편이 5인 직선을 그래프로 하는 일차함수의 식은 두 점 $(4,\ 0)$, $(0,\ 5)$를 지나므로 직선의 기울기가 $\frac{5-0}{0-4}=-\frac{5}{4}$

따라서 y절편은 5이므로 구하는 일차함수의 식은 $y=-\frac{5}{4}x+5$

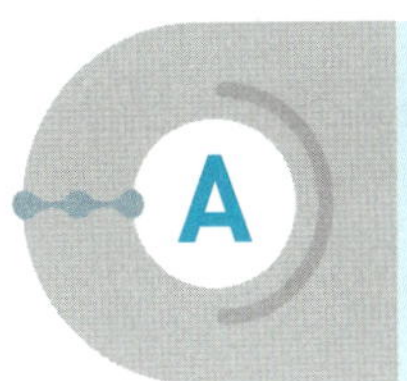

기울기와 y절편이 주어질 때, 일차함수의 식 구하기

x의 값이 3만큼 증가할 때 y의 값이 2만큼 감소하고, y절편이 1인 일차함수의 식은 (기울기) $=\frac{-2}{3}$이므로

$y=-\frac{2}{3}x+1$

■ 기울기와 y절편이 다음과 같은 직선을 그래프로 하는 일차함수의 식을 구하시오.

1. 기울기: 2, y절편: -1

____

Help $y=ax+b$ (a: 기울기, b: y절편)

2. 기울기: -3, y절편: 2

____

3. 기울기: 5, y절편: $-\frac{1}{2}$

____

4. 기울기: $\frac{3}{4}$, y절편: -5

____

5. 기울기: $-\frac{5}{2}$, y절편: -3

____

앗! 실수

■ 다음과 같은 직선을 그래프로 하는 일차함수의 식을 구하시오.

6. x의 값이 1만큼 증가할 때 y의 값이 3만큼 감소하고 ,y절편이 2인 직선

____

Help (기울기) $=\frac{-3}{1}=-3$

7. x의 값이 4만큼 증가할 때 y의 값이 1만큼 증가하고, y절편이 -1인 직선

____

8. x의 값이 3만큼 감소할 때 y의 값이 6만큼 증가하고, y절편이 5인 직선

____

9. x의 값이 5만큼 감소할 때 y의 값이 3만큼 감소하고, y절편이 -4인 직선

____

10. x의 값이 7만큼 증가할 때 y의 값이 2만큼 감소하고, y절편이 6인 직선

____

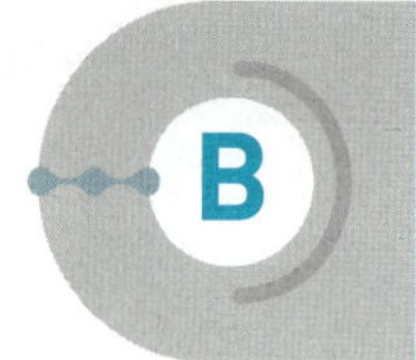

기울기와 한 점이 주어질 때, 일차함수의 식 구하기

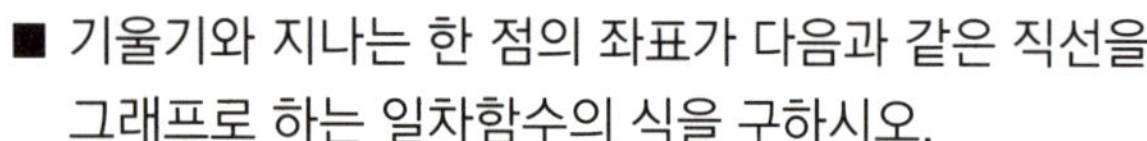

기울기가 2이고 점 (3, 1)을 지나는 직선을 그래프로 하는 일차함수의 식은
① 기울기가 2이므로 $y=2x+b$로 놓고
② $y=2x+b$에 $x=3$, $y=1$을 대입하면 $b=-5$이므로 $y=2x-5$

■ 기울기와 지나는 한 점의 좌표가 다음과 같은 직선을 그래프로 하는 일차함수의 식을 구하시오.

1. 기울기: -4, 점 $(1,\ 2)$

______

Help $y=-4x+b$로 놓고 점 $(1,\ 2)$를 대입한다.

2. 기울기: 6, 점 $(2,\ 4)$

______

3. 기울기: -3, 점 $(-1,\ 5)$

______

4. 기울기: $-\frac{3}{2}$, 점 $(4,\ -5)$

______

5. 기울기: $\frac{4}{3}$, 점 $(4,\ 3)$

______

■ 다음과 같은 직선을 그래프로 하는 일차함수의 식을 구하시오.

6. 일차함수 $y=-2x+1$의 그래프와 평행하고, 점 $(1,\ 1)$을 지나는 직선

______

Help 기울기가 -2이다.

7. 일차함수 $y=4x-3$의 그래프와 평행하고, 점 $(2,\ -2)$를 지나는 직선

______

8. 일차함수 $y=-5x+3$의 그래프와 평행하고, 점 $(-3,\ 4)$를 지나는 직선

______

9. 일차함수 $y=-\frac{1}{2}x+1$의 그래프와 평행하고, 점 $(3,\ -6)$을 지나는 직선

______

10. 일차함수 $y=\frac{5}{3}x+1$의 그래프와 평행하고, 점 $(6,\ 2)$를 지나는 직선

______

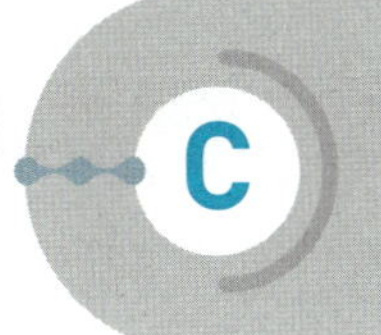

서로 다른 두 점이 주어질 때, 일차함수의 식 구하기

두 점 $(3, 2)$, $(5, -4)$를 지나는 직선을 그래프로 하는 일차함수의 식은
① 기울기를 구하면 $\frac{-4-2}{5-3}=-3$이므로 $y=-3x+b$로 놓고
② $x=3$, $y=2$를 대입하면 $b=11$이므로 $y=-3x+11$

앗! 실수

■ 다음 두 점을 지나는 직선을 그래프로 하는 일차함수의 식을 구하시오.

1. 두 점 $(1, 2)$, $(3, 6)$

____

Help (기울기)$=\frac{6-2}{3-1}=2$이므로 $y=2x+b$로 놓고 두 점 중 계산이 쉬운 중 한 점을 대입한다.

2. 두 점 $(-1, 3)$, $(-3, 7)$

____

3. 두 점 $(-2, 5)$, $(1, -4)$

____

4. 두 점 $(-5, 1)$, $(-1, 13)$

____

5. 두 점 $(-2, -3)$, $(-4, 5)$

____

6. 두 점 $(-7, 0)$, $(1, 4)$

____

7. 두 점 $(-3, 2)$, $(3, 4)$

____

8. 두 점 $(2, -8)$, $(3, -5)$

____

9. 두 점 $(-10, 5)$, $(-6, -1)$

____

10. 두 점 $(1, 2)$, $(-2, 17)$

____

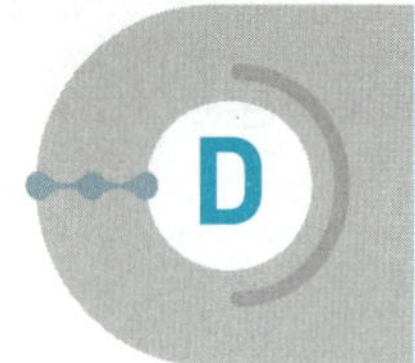

한 점과 x절편 또는 y절편이 주어질 때, 일차함수의 식 구하기

• 점 $(1,\ 4)$를 지나고, x절편이 3으로 주어진 경우
⇨ 두 점 $(1,\ 4)$, $(3,\ 0)$을 이용하여 일차함수의 식을 구해.
• 점 $(-1,\ 3)$을 지나고, y절편이 2로 주어진 경우
⇨ 절편은 주어졌으므로 두 점 $(0,\ 2)$, $(-1,\ 3)$을 이용하여 기울기만 구하면 일차함수의 식을 구할 수 있어.

■ 지나는 한 점의 좌표와 x절편이 다음과 같은 직선을 그래프로 하는 일차함수의 식을 구하시오.

1. 점 $(-1,\ 3)$, x절편: 2

______

Help 두 점 $(-1, 3)$, $(2, 0)$을 지나는 직선을 그래프로 하는 일차함수의 식을 구한다.

2. 점 $(2,\ 10)$, x절편: -3

______

3. 점 $(-5,\ 3)$, x절편: 4

______

4. 점 $(-3,\ 8)$, x절편: 1

______

5. 점 $(7,\ 9)$, x절편: -2

______

■ 지나는 한 점의 좌표와 y절편이 다음과 같은 직선을 그래프로 하는 일차함수의 식을 구하시오.

6. 점 $(2,\ -4)$, y절편: 10

______

Help 두 점 $(2, -4)$, $(0, 10)$을 지나는 직선의 기울기를 구하고 y절편을 이용하여 일차함수의 식을 구한다.

7. 점 $(1,\ 5)$, y절편: -8

______

8. 점 $(-6,\ 2)$, y절편: -4

______

9. 점 $(-8,\ 1)$, y절편: 2

______

10. 점 $(4,\ 5)$, y절편: -7

______

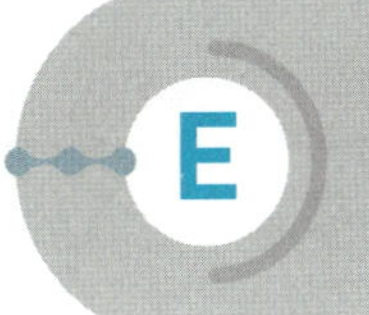

x절편과 y절편이 주어질 때, 일차함수의 식 구하기

x절편이 3, y절편이 6인 직선을 그래프로 하는 일차함수의 식을 구해 보자. 두 점 (3, 0), (0, 6)을 지나는 직선의 기울기는 $\frac{6-0}{0-3}=-2$
따라서 기울기가 -2이고 y절편이 6이므로 $y=-2x+6$

■ x절편과 y절편이 다음과 같은 직선을 그래프로 하는 일차함수의 식을 구하시오.

1. x절편: -1, y절편: 4

______

Help 두 점 $(-1,\ 0)$, $(0,\ 4)$를 지나는 직선의 기울기를 구하고 y절편을 이용하여 일차함수의 식을 구한다.

2. x절편: 3, y절편: -2

______

3. x절편: 4, y절편: 8

______

4. x절편: -5, y절편: 2

______

5. x절편: 2, y절편: -10

______

6. x절편: -6, y절편: -3

______

7. x절편: 4, y절편: -4

______

8. x절편: -2, y절편: 8

______

9. x절편: 1, y절편: -7

______

10. x절편: 9, y절편: -3

______

*정답과 해설 37쪽

[1～6] 일차함수의 식 구하기

1. 두 점 $(-3,\ -6)$, $(2,\ 4)$를 지나는 직선과 평행하고 y절편이 6인 직선을 그래프로 하는 일차함수의 식을 구하시오.

앗! 실수 적중률 80%

2. 일차함수 $y=-3x+7$의 그래프와 평행하고 일차함수 $y=\frac{1}{8}x-4$의 그래프와 y축 위에서 만나는 직선을 그래프로 하는 일차함수의 식은?

① $y=-3x-4$　② $y=\frac{1}{8}x+7$

③ $y=-3x+\frac{1}{8}$　④ $y=3x-4$

⑤ $y=-\frac{1}{8}x-4$

3. 기울기가 $\frac{1}{3}$이고, y절편이 5인 직선이 점 $(k,\ k+3)$을 지날 때, k의 값은?

① -5　② -4　③ -2

④ 2　⑤ 3

적중률 90%

4. 일차함수 $y=9x-1$의 그래프와 평행하고 점 $(-1,\ -4)$를 지나는 직선을 그래프로 하는 일차함수의 식은?

① $y=-9x-1$　② $y=9x+5$

③ $y=\frac{1}{9}x-1$　④ $y=-\frac{1}{9}x-1$

⑤ $y=9x-4$

적중률 90%

5. 두 점 $(-4,\ 1)$, $(-2,\ 13)$을 지나는 직선을 그래프로 하는 일차함수의 식을 $y=ax+b$라 할 때, 상수 a, b에 대하여 $b-4a$의 값을 구하시오.

6. 오른쪽 그림과 같은 직선을 그래프로 하는 일차함수의 식은?

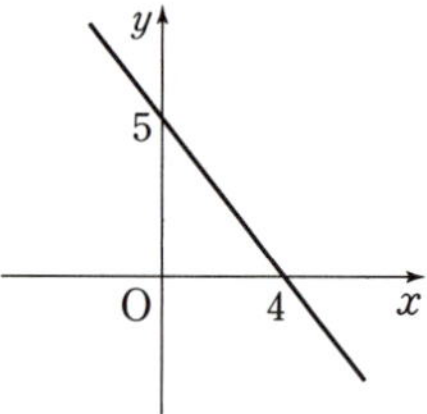

① $y=-4x+5$

② $y=-5x+4$

③ $y=-\frac{5}{4}x+5$

④ $y=-\frac{4}{5}x+5$

⑤ $y=-\frac{4}{5}x+4$

일차함수의 활용

개념 강의 보기

일차함수를 활용하여 문제를 해결하는 순서

① 변하는 두 양을 x, y로 놓는다.

② x와 y 사이의 관계를 일차함수 $y=ax+b$로 나타낸다.

③ 함숫값이나 그래프를 이용하여 주어진 조건에 맞는 값을 구한다.

④ 구한 값이 문제의 뜻에 맞는지 확인한다.

바빠 꿀팁

처음에 주어진 값이 y절편이 되는 경우가 많아. 처음에 주어진 양초의 길이, 용수철의 길이, 물의 양 등은 모두 일차함수 식의 y절편이야. 변화하는 양은 기울기의 값을 구하는 조건이야.

여러 가지 일차함수의 활용

① **온도에 대한 일차함수의 활용**: 처음 온도가 a ℃, 1분 동안의 온도 변화가 b ℃일 때, x분 후의 온도를 y ℃라 하면 $y=a+bx$

② **물의 양에 대한 일차함수의 활용**: 처음 물의 양이 a L, 1분 동안의 물의 양의 변화가 b L일 때, x분 후의 물의 양을 y L라 하면 $y=a+bx$

길이에 대한 일차함수의 활용

길이가 20 cm인 양초에 불을 붙이면 1시간에 2 cm씩 길이가 짧아진다고 한다. x시간 후에 남은 양초의 길이를 y cm라 할 때, y를 x의 식으로 나타내 보자.

나 20 cm였는데, 1시간에 2 cm씩 타니 10시간이면 다 타서 없어져요. 제발 구해줘요~ㅠㅠ

① y절편 정하기	처음 양초의 길이 20 cm가 y절편이다.
② 기울기 구하기	1시간에 2 cm씩 짧아지므로 x시간 후에는 $2x$ cm 짧아진다.
③ x와 y 사이의 관계식 구하기	$y=20-2x$

도형에서의 일차함수의 활용

오른쪽 그림과 같은 직사각형 ABCD에서 점 P가 점 B를 출발하여 $\overline{BC}$를 따라 점 C까지 매초 3 cm의 속력으로 움직이고 있다. 점 P가 점 B를 출발한 지 x초 후의 삼각형 ABP의 넓이를 y cm²라 할 때, y를 x의 식으로 나타내 보자.

A, D, B, P, C, 15 cm, 10 cm

① 높이 구하기	10 cm
② 밑변의 길이 구하기	1초에 3 cm씩 움직이므로 x초 후에는 $3x$ cm 움직인다.
③ x와 y 사이의 관계식 구하기	$y=\frac{1}{2}\times 3x\times 10=15x$

출동! X맨과 O맨

절대 아니야

- 10 g 증가할 때마다 2 cm씩 늘어난다면 x g에는 $2x$ cm 늘어난다. (×)
  ➡ 1 g 증가할 때마다 몇 cm씩 늘어났는지 알아내야 해.
- 3분마다 12 L씩 줄어든다면 x분에는 $12x$ L 줄어든다. (×)
  ➡ 1분마다 몇 L씩 줄어들었는지 알아내야 해.

이게 정답이야

- 10 g 증가할 때마다 2 cm씩 늘어난다면 1 g마다 0.2 cm씩 늘어나기 때문에 x g 증가할 때에는 $0.2x$ cm 늘어난다. (○)
- 3분마다 12 L씩 줄어든다면 1분마다 4 L씩 줄어들기 때문에 x분에는 $4x$ L 줄어든다. (○)

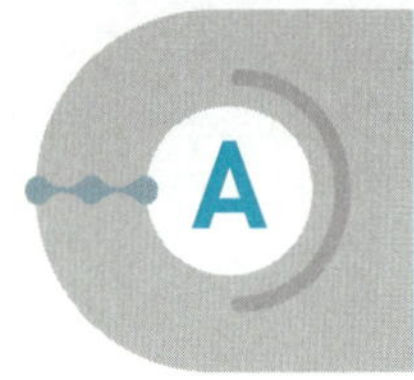

온도에 대한 일차함수의 활용

처음 온도는 a ℃이고 1분이 지날 때마다 b ℃의 온도 변화가 있을 때, x분 후의 온도를 y ℃라 하면
$y=a+bx$
└ 온도가 올라가면 $b>0$, 내려가면 $b<0$

■ 지면으로부터 10 km까지는 1 km 높아질 때마다 기온이 6 ℃씩 내려간다고 한다. 지면의 기온이 20 ℃이고 지면으로부터의 높이가 x km인 지점의 기온을 y ℃라 할 때, 다음 물음에 답하시오.

1. 1 km 높아질 때마다 기온이 6 ℃씩 내려가므로 x km 높아질 때 내려가는 기온을 구하시오.

2. 문제에 주어진 지면의 기온을 말하시오.

3. y를 x의 식으로 나타내시오.

4. 높이가 5 km인 지점에서의 기온을 구하시오.

Help y를 x의 식으로 나타낸 것에 $x=5$를 대입한다.

5. 기온이 8 ℃인 지점에서의 높이를 구하시오.

■ 공기 중에서 소리의 속력은 기온이 0 ℃일 때 초속 331 m이고 기온이 1 ℃씩 올라갈 때마다 초속 0.6 m씩 증가한다고 한다. 기온이 x ℃일 때의 소리의 속력을 초속 y m라 할 때, 다음 물음에 답하시오.

6. 기온이 1 ℃ 올라갈 때마다 초속 0.6 m씩 증가하므로 x ℃ 올라갈 때 증가하는 소리의 속력을 구하시오.

7. 문제에 주어진 기온이 0 ℃일 때의 소리의 속력을 말하시오.

8. y를 x의 식으로 나타내시오.

9. 기온이 15 ℃일 때의 소리의 속력을 구하시오.

Help y를 x의 식으로 나타낸 것에 $x=15$를 대입한다.

10. 소리의 속력이 초속 337 m일 때의 기온을 구하시오.

B 길이에 대한 일차함수의 활용

처음 길이는 a cm이고, 1분이 지날 때마다 b cm의 길이 변화가 있을 때, x분 후의 길이를 y cm라 하면

$y=a+bx$

└ 길이가 늘어나면 $b>0$, 줄어들면 $b<0$

앗! 실수

■ 길이가 8 cm인 용수철은 매단 추의 무게가 10 g 증가할 때마다 길이가 2 cm씩 늘어난다고 한다. 무게가 x g인 추를 매달았을 때의 용수철의 길이를 y cm라 할 때, 다음 물음에 답하시오.

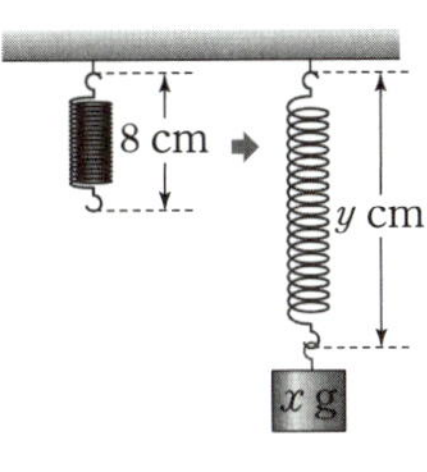

1. 추의 무게가 10 g 증가할 때마다 용수철의 길이가 2 cm씩 늘어나므로 1 g 증가할 때는 몇 cm 늘어나는가?

______

Help 2 cm의 $\frac{1}{10}$을 구한다.

2. 추의 무게가 x g 증가했을 때는 용수철의 길이가 몇 cm 늘어나는가?

______

3. y를 x의 식으로 나타내시오.

______

4. 추의 무게가 15 g일 때, 용수철의 길이는 몇 cm가 되는가?

______

5. 용수철의 길이가 20 cm일 때, 추의 무게를 구하시오.

______

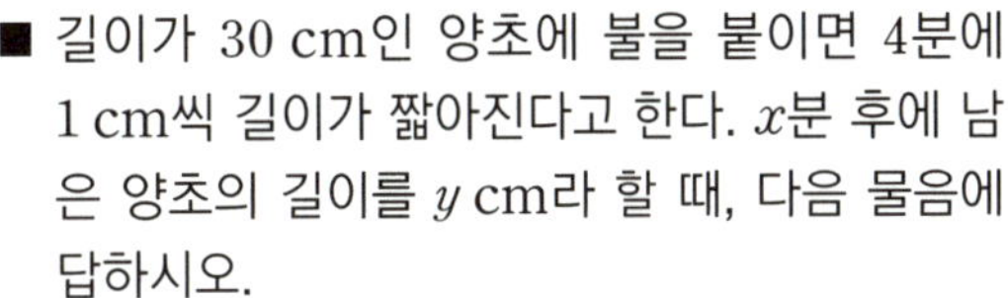

■ 길이가 30 cm인 양초에 불을 붙이면 4분에 1 cm씩 길이가 짧아진다고 한다. x분 후에 남은 양초의 길이를 y cm라 할 때, 다음 물음에 답하시오.

6. 양초의 길이가 4분에 1 cm씩 길이가 짧아지면 1분에는 몇 cm 짧아지는가?

______

Help 1 cm의 $\frac{1}{4}$을 구한다.

7. 양초의 길이가 x분에는 몇 cm 짧아지는지 구하시오.

______

8. y를 x의 식으로 나타내시오.

______

9. 불을 붙인 지 16분 후의 양초의 길이를 구하시오.

______

10. 양초의 길이가 5 cm일 때는 양초에 불을 붙인 지 몇 분 후인지 구하시오.

______

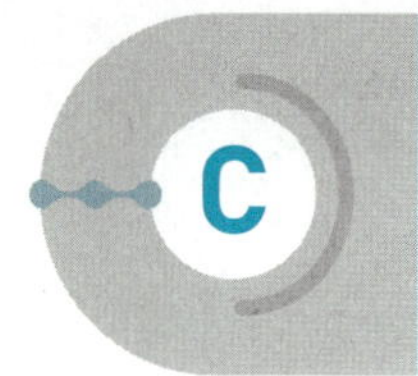

액체에 대한 일차함수의 활용

처음 물의 양은 a L이고, 1분이 지날 때마다 b L의 물의 양의 변화가 있을 때, x분 후의 물의 양을 y L라 하면
$y=a+bx$
└ 물의 양이 늘어나면 $b>0$, 줄어들면 $b<0$

■ 100 L의 물이 들어 있는 원기둥 모양의 물통에서 3분에 12 L의 일정한 물을 내보낸다. 물을 내보내기 시작한 지 x분 후에 물통에 남은 물의 양을 y L라 할 때, 다음 물음에 답하시오.

1. 3분에 12 L의 일정한 물을 내보내므로 1분에는 몇 L의 물을 내보내는지 구하시오.

____

2. x분 후에는 몇 L의 물을 내보내는지 구하시오.

____

3. y를 x의 식으로 나타내시오.

____

4. 20분 후에 물통에 남은 물의 양을 구하시오.

____

5. 물통에 남은 물의 양이 60 L일 때는 물을 내보내기 시작한 지 몇 분 후인지 구하시오.

____

■ 1 L의 휘발유로 9 km를 달릴 수 있는 자동차가 있다. 이 자동차에 45 L의 휘발유를 넣고 x km를 달린 후에 남은 휘발유의 양을 y L라 할 때, 다음 물음에 답하시오.

6. 1 km를 달릴 때, 몇 L의 휘발유를 사용하는지 구하시오.

____

7. x km를 달릴 때, 몇 L의 휘발유를 사용하는지 구하시오.

____

8. y를 x의 식으로 나타내시오.

____

9. 108 km를 달린 후에 남은 휘발유의 양을 구하시오.

____

10. 남은 휘발유의 양이 37 L일 때, 몇 km를 달린 것인지 구하시오.

____

D 속력에 대한 일차함수의 활용

(거리)=(속력)×(시간)임을 이용하여 y를 x의 식으로 나타내면 돼.
아하! 그렇구나~

■ 용환이는 집에서 거리가 300 km 떨어진 할머니 댁을 향해 자동차를 타고 분속 $\frac{3}{2}$ km로 달리고 있다. 집에서 출발한 지 x분 후에 할머니 댁까지 남은 거리를 y km라 할 때, 다음 물음에 답하시오.

1. x분에는 몇 km를 달리는지 구하시오.

______

2. y를 x의 식으로 나타내시오.

______

Help 처음 거리가 300 km이고 거리는 점점 줄어들기 때문에 기울기의 값은 음수이다.

3. 출발한 지 40분 후에 할머니 댁까지 남은 거리를 구하시오.

______

4. 할머니 댁까지 120 km 남았을 때, 몇 분 동안 달렸는지 구하시오.

______

5. 할머니 댁에 도착했을 때 달린 시간을 구하시오.

______

Help $y=0$일 때의 x의 값이다.

■ 서울에서 630 km 떨어진 제주도 남쪽 해상에 있는 태풍이 계속해서 시속 30 km의 속력으로 서해 상을 따라 서울 쪽으로 북상하고 있다. x시간 후 태풍과 서울 사이의 거리를 y km라 할 때, 다음 물음에 답하시오.(단, 태풍의 이동 경로는 직선이다.)

6. x시간에 태풍이 몇 km를 북상하는지 구하시오.

______

7. y를 x의 식으로 나타내시오.

______

8. 9시간 후에 태풍과 서울 사이의 거리를 구하시오.

______

9. 태풍과 서울 사이의 거리가 210 km 남았을 때는 태풍이 북상한 지 몇 시간 후인지 구하시오.

______

10. 태풍이 서울에 도착하는 것은 몇 시간 후인지 구하시오.

______

Help $y=0$일 때의 x의 값이다.

도형에서의 일차함수의 활용

점 P가 매초 4 cm의 속력으로 $\overline{BC}$ 위를 움직인다면 x초 후에는 $4x$ cm만큼 움직이므로
$\triangle ABP=\frac{1}{2}\times 4x\times 5=10x(cm^2)$

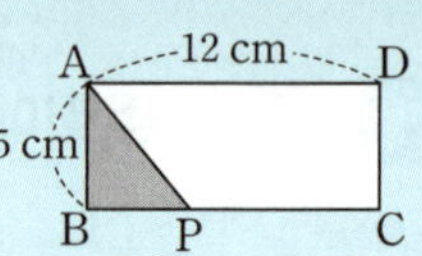

앗! 실수

■ 오른쪽 그림과 같은 직사각형 ABCD에서 점 P가 점 B를 출발하여 $\overline{BC}$를 따라 점 C까지 매초 2 cm의 속력으로 움직이고 있다. 점 P가 점 B를 출발한 지 x초 후의 삼각형 ABP의 넓이를 y cm^{2}라 할 때, 다음 물음에 답하시오.

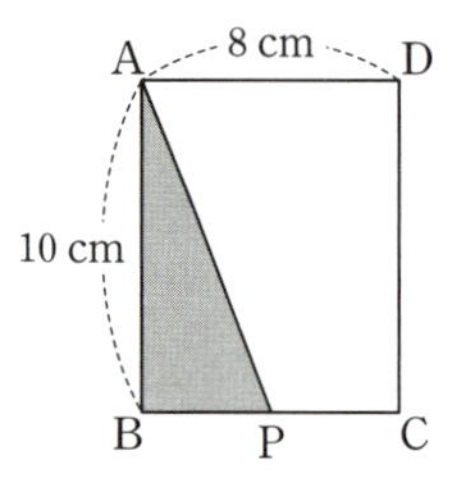

1. 점 P가 매초 2 cm의 속력으로 움직이고 있으므로 x초 후에는 몇 cm를 움직였는지 구하시오.

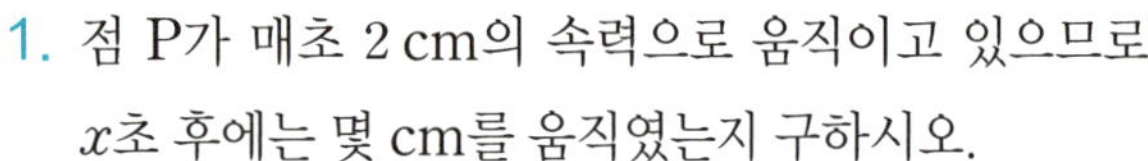

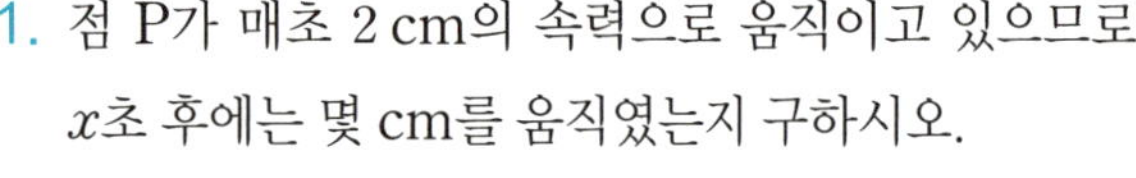

2. 점 P가 점 B를 출발한 지 x초 후의 $\overline{BP}$의 길이를 구하시오.

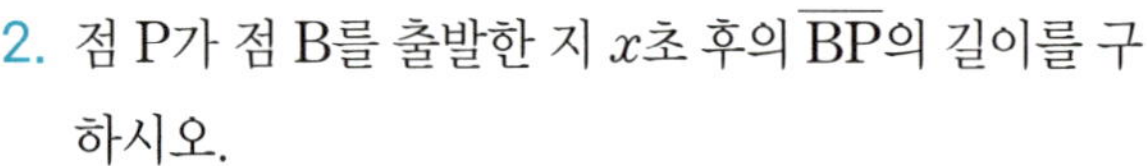

3. y를 x의 식으로 나타내시오.

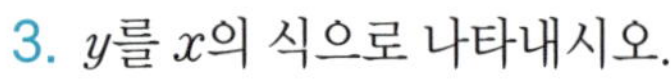

4. 점 P가 점 B를 출발한 지 4초 후의 삼각형 ABP의 넓이를 구하시오.

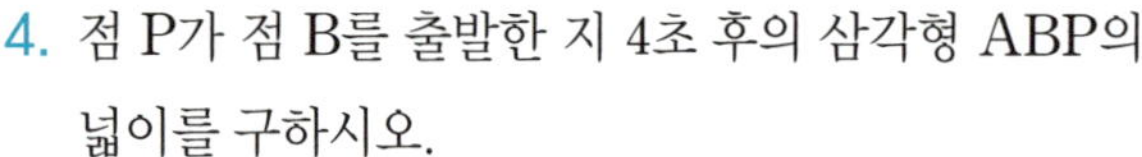

5. 삼각형 ABP의 넓이가 20 cm^{2}일 때는 점 P가 점 B를 출발한 지 몇 초 후인지 구하시오.

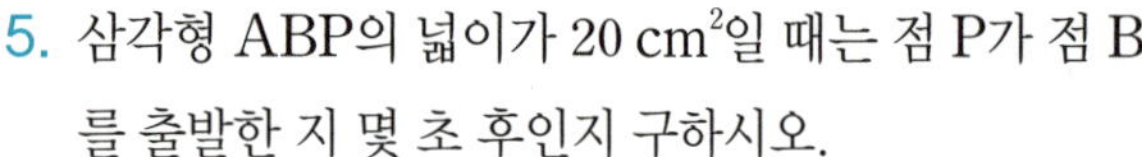

■ 오른쪽 그림과 같은 직사각형 ABCD에서 점 P가 점 B를 출발하여 $\overline{BC}$를 따라 점 C까지 매초 3 cm의 속력으로 움직이고 있다. 점 P가 점 B를 출발한지 x초 후의 사다리꼴 APCD의 넓이를 y cm^{2}라 할 때, 다음 물음에 답하시오.

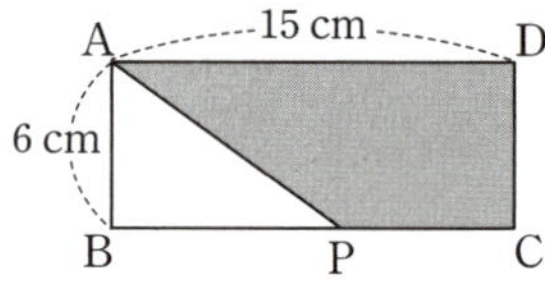

6. 점 P가 매초 3 cm의 속력으로 움직이고 있으므로 x초 후에는 몇 cm를 움직였는지 구하시오.

7. 점 P가 점 B를 출발한 지 x초 후의 $\overline{PC}$의 길이를 구하시오.

Help $\overline{PC}=15-\overline{BP}$

8. y를 x의 식으로 나타내시오.

9. 3초 후의 넓이를 구하시오.

10. 사다리꼴 APCD의 넓이가 54 cm^{2}일 때는 점 P가 점 B를 출발한 지 몇 초 후인지 구하시오.

시험 문제

시험에 자주 나오는 문제로 마무리

*정답과 해설 39쪽

[1～6] 일차함수의 활용

적중률 90%

1. 길이가 20 cm인 양초에 불을 붙이면 4분에 2 cm씩 짧아진다고 한다. 이 양초의 길이가 14 cm가 되는 것은 불을 붙인 지 몇 분 후인가?

① 12분 ② 19분 ③ 20분
④ 24분 ⑤ 28분

적중률 80%

2. 길이가 12 cm인 용수철은 무게가 10 g인 물건을 매달 때마다 길이가 4 cm씩 늘어난다. 이 용수철의 길이가 36 cm가 되었을 때, 물건의 무게를 구하시오.

3. 컵에 100 ℃의 물이 들어 있다. 이 컵을 실온에 두면 물의 온도가 5분에 10 ℃ 내려간다. 물의 온도가 64 ℃이면 실온에 둔 지 몇 분 후인가?

① 8분 ② 10분 ③ 12분
④ 18분 ⑤ 20분

앗! 실수 적중률 90%

4. 1 L의 휘발유로 10 km를 달릴 수 있는 자동차가 있다. 이 자동차에 40 L의 휘발유를 넣고 x km를 달린 후에 남은 휘발유의 양을 y L라 할 때, 180 km를 달린 후에 남은 휘발유의 양을 구하시오.

5. 지윤이는 10 km 단축마라톤 대회에 참가하여 분속 240 m로 달리고 있다. 출발한 지 x분 후에 지윤이의 위치에서 결승점까지의 거리를 y m라 할 때, y를 x의 식으로 나타낸 것은?

① $y=10x-240$ ② $y=10-240x$
③ $y=240x$ ④ $y=10000+240x$
⑤ $y=10000-240x$

앗! 실수

6. 오른쪽 그림과 같은 직사각형 ABCD에서 점 P가 점 A를 출발하여 $\overline{AD}$를 따라 점 D까지 매초 $\frac{1}{2}$ cm의 속력으로 움직이고 있다. 점 P가 점 A를 출발한 지 x초 후의 삼각형 ABP의 넓이를 y cm^{2}라 할 때, 삼각형 ABP의 넓이가 16 cm^{2}가 되는 것은 점 P가 점 A를 출발한 지 몇 초 후인가?

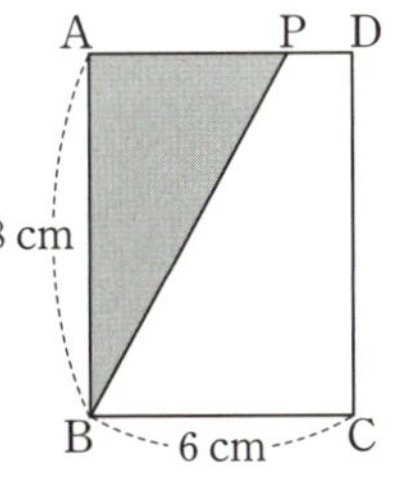

① 5초 ② 7초 ③ 8초
④ 10초 ⑤ 12초

19 일차함수와 일차방정식

개념 강의 보기

● 미지수가 2개인 일차방정식의 그래프

미지수가 2개인 일차방정식의 해의 순서쌍 $(x,\ y)$를 좌표평면 위에 나타낸 것

① x, y의 값이 자연수 또는 정수일 때, 점으로 나타난다.

② x, y의 값의 범위가 수 전체일 때, 직선이 된다.

일차방정식 $x+y=4$의 그래프는

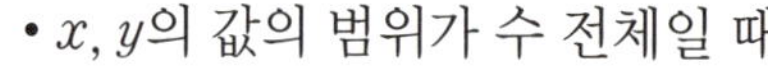

- x, y의 값이 자연수일 때
- x, y의 값의 범위가 수 전체일 때

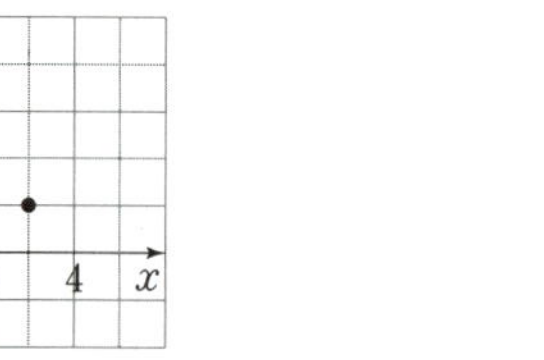

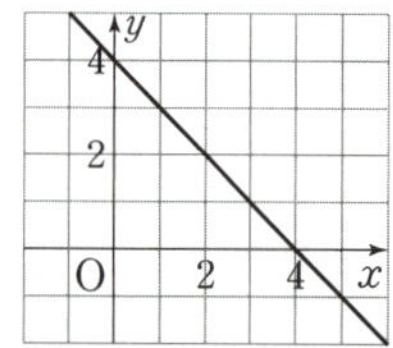

● 직선의 방정식

x, y의 값의 범위가 수 전체일 때, 일차방정식

$ax+by+c=0$(a, b, c는 상수, $a\neq0$ 또는 $b\neq0$)의 해는 무수히 많고, 이 해 $(x,\ y)$를 좌표로 하는 점을 좌표평면 위에 나타내면 직선이 된다. 이때 $ax+by+c=0$을 **직선의 방정식**이라 한다.

● 일차방정식과 일차함수의 그래프

미지수가 2개인 일차방정식 $ax+by+c=0$(a, b, c는 상수, $a\neq0$, $b\neq0$)의 그래프는 일차함수 **$y=-\frac{a}{b}x-\frac{c}{b}$ (a, b, c는 상수, $a\neq0$, $b\neq0$)**의 그래프와 같은 직선이다.

$$ax+by+c=0\,(a\neq0,\ b\neq0) \underset{\text{일차방정식}}{\overset{\text{일차함수}}{\rightleftarrows}} y=-\frac{a}{b}x-\frac{c}{b}$$

일차방정식 $4x+y-5=0$의 그래프는 일차함수 $y=-4x+5$의 그래프와 같은 직선이다.

바빠 꿀팁

일차방정식을 일차함수의 식으로 나타낼 때는

- 좌변에 y항만 남기고 모두 우변으로 이항하고
- y의 계수로 양변을 나누어 '$y=\sim$' 꼴로 나타내면 돼.

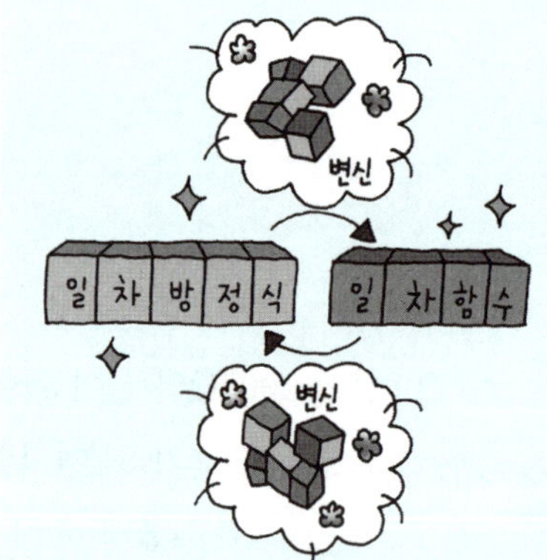

앗! 실수

일차방정식 $ax+by-3=0$의 그래프가 오른쪽 그림과 같을 때, a, b의 부호를 구해 보자. 먼저 일차방정식을 일차함수로 나타내면 $y=-\frac{a}{b}x+\frac{3}{b}$

오른쪽 그림에서 y절편이 양수이므로 $\frac{3}{b}>0$ $\quad\therefore b>0$

기울기가 음수이므로 $-\frac{a}{b}<0$, 즉 $\frac{a}{b}>0$인데 $b>0$이므로 $a>0$

이와 같이 그래프의 모양을 보고 부호를 정할 때는 일차방정식을 일차함수의 모양으로 바꾸고 그래프의 모양으로 기울기와 y절편의 부호를 결정해야 해.

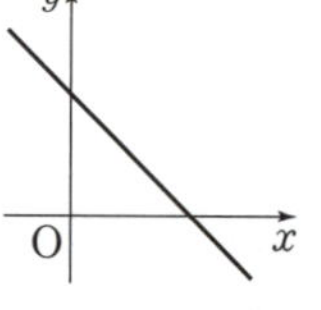

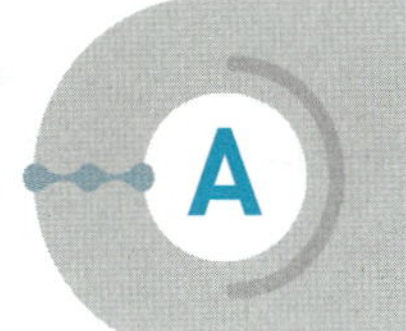

일차방정식을 $y=ax+b$로 나타내기

일차방정식을 $y=ax+b$의 모양으로 나타낼 때는
① 좌변에는 y항만 남기고 다른 항은 모두 우변으로 옮기고
② y의 계수로 모든 항을 나누면 돼.
아하! 그렇구나~

■ 다음 일차방정식을 $y=ax+b$의 꼴로 나타내시오.

1. $2x+y-1=0$

2. $-3x+y+5=0$

3. $5x-y+6=0$

4. $4x-y+3=0$

5. $7x-y+9=0$

6. $4x+2y+8=0$

7. $-3x+3y+9=0$

8. $5x-4y-12=0$

9. $-8x-5y+20=0$

10. $21x-3y-7=0$

일차함수와 일차방정식의 관계

일차방정식 $4x+2y-3=0$을 $y=ax+b$의 꼴로 나타내면 $y=-2x+\frac{3}{2}$이므로 기울기가 -2이고 y절편이 $\frac{3}{2}$인 일차함수의 식이 돼. 아하! 그렇구나~

■ 다음 중 일차방정식 $-8x-2y+10=0$의 그래프에 대한 설명으로 옳은 것은 ○를, 옳지 <u>않은</u> 것은 ×를 하시오.

1. x절편은 $\frac{5}{4}$이고, y절편은 5이다.

2. 오른쪽 위로 향하는 직선이다.

3. x의 값이 1만큼 증가할 때, y의 값은 4만큼 감소한다.

4. 기울기는 4이다.

5. 제1, 2, 4사분면을 지난다.

■ 다음 중 일차방정식 $5x-6y+18=0$의 그래프에 대한 설명으로 옳은 것은 ○를, 옳지 <u>않은</u> 것은 ×를 하시오.

6. 일차함수 $y=-\frac{5}{6}x+1$의 그래프와 평행하다.

7. x의 값이 6만큼 증가할 때, y의 값도 5만큼 증가한다.

8. 오른쪽 위로 향하는 직선이다.

9. x절편은 $\frac{5}{6}$이고, y절편은 3이다.

앗! 실수

10. 제4사분면을 지나지 않는다.

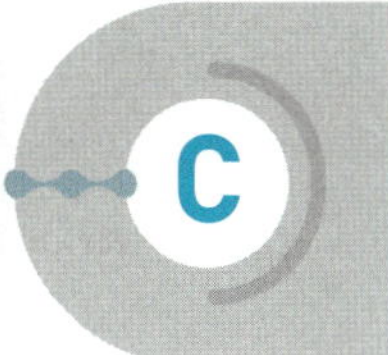

일차방정식의 그래프 위의 한 점

점 $(-a,\ a+1)$이 일차방정식 $2x-y+4=0$의 그래프 위의 점일 때, a의 값을 구하려면 이 점을 일차방정식에 대입하여 $-2a-(a+1)+4=0$을 만족하는 a의 값을 구하면 돼.

아하! 그렇구나~

■ 다음 점이 주어진 일차방정식의 그래프 위의 점이면 ○를, 그래프 위의 점이 아니면 ×를 하시오.

1. 점 $(1,\ 1)$, $x-4y+2=0$

Help $x-4y+2=0$에 점 $(1,\ 1)$을 대입하여 식이 성립하는지 본다.

2. 점 $(2,\ -3)$, $2x+5y+2=0$

3. 점 $(-4,\ 2)$, $-x-3y+2=0$

4. 점 $(-2,\ -5)$, $\frac{1}{2}x-y+8=0$

5. 점 $\left(\frac{1}{4},\ \frac{1}{5}\right)$, $8x-5y-1=0$

■ 다음 점이 주어진 일차방정식의 그래프 위의 점일 때, a의 값을 구하시오.

6. 점 $(a,\ a+1)$, $3x-y+3=0$

7. 점 $(2a,\ 3a)$, $-4x+2y+3=0$

8. 점 $(2a,\ a-1)$, $2x-5y+1=0$

9. 점 $(-a,\ 4a-1)$, $4x+\frac{1}{3}y-5=0$

10. 점 $(3a,\ -a+4)$, $-\frac{1}{5}x-\frac{1}{2}y+3=0$

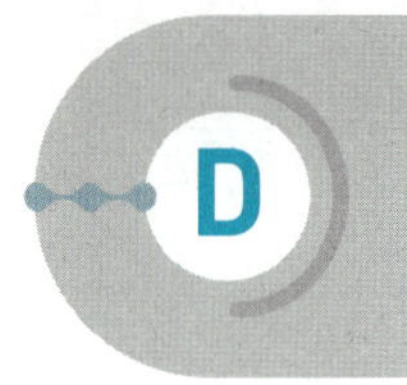

일차방정식의 미지수의 값 구하기

일차방정식 $ax+by+c=0$의 그래프가 주어졌을 때
① 그래프가 지나는 점을 좌표로 나타내고
② 그 점을 일차방정식에 대입하여 상수 a, b, c의 값을 구하면 돼.
아하! 그렇구나~

앗! 실수

■ 일차방정식과 그 그래프가 다음과 같을 때, 상수 a, b의 값을 각각 구하시오.

1. $ax+by+2=0$

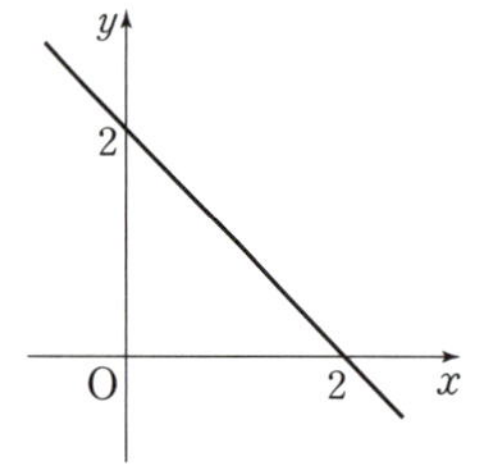

Help 두 점 $(2,\ 0)$, $(0,\ 2)$를 지나므로 $ax+by+2=0$에 대입하면
$2a+2=0$, $2b+2=0$

2. $-x+2ay-b=0$

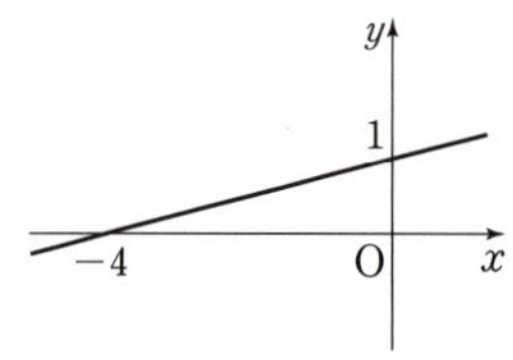

3. $-ax+3by+9=0$

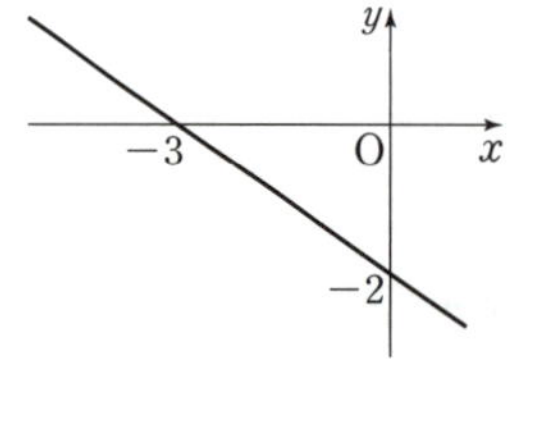

4. $ax+y-4b=0$

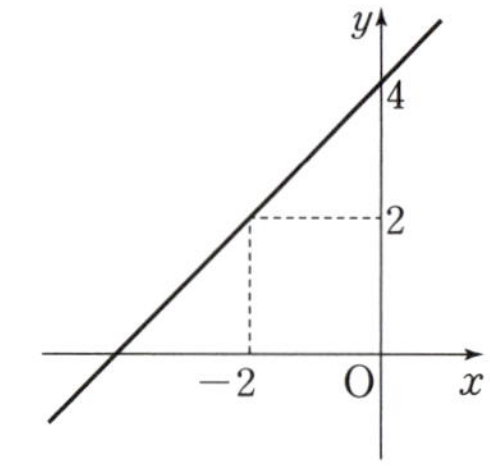

Help 두 점 $(-2,\ 2)$, $(0,\ 4)$를 지나므로 일차방정식에 대입하면 되는데
점 $(0,\ 4)$를 먼저 대입하여 b의 값을 구한 후 점 $(-2,\ 2)$를 대입한다.

5. $-x-4ay+6b=0$

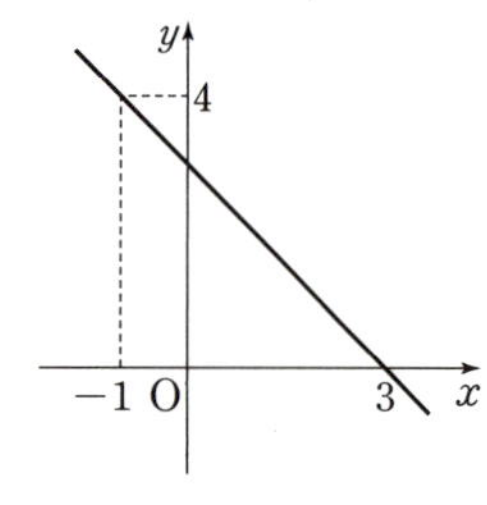

6. $-ax-4by+5=0$

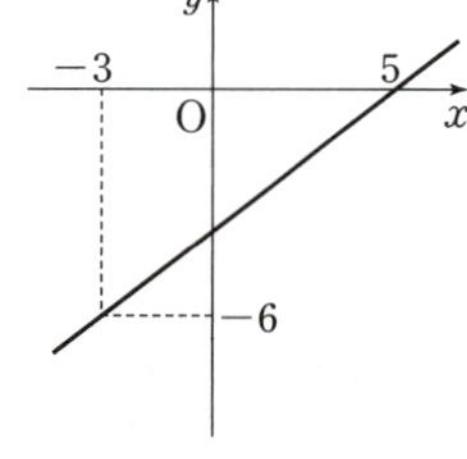

E 일차방정식의 그래프의 모양

일차방정식 $ax+by-1=0$의 그래프가 오른쪽 그림과 같으면 기울기가 음수, y절편이 양수야.
$y=-\frac{a}{b}x+\frac{1}{b}$에서 $-\frac{a}{b}<0$, $\frac{1}{b}>0$ $\quad \therefore b>0,\ a>0$

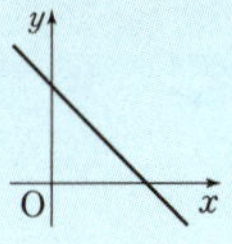

앗! 실수

■ 일차방정식과 그 그래프가 다음과 같을 때, □ 안에 알맞은 부등호를 써넣으시오. (단, $a\neq 0$, $b\neq 0$인 상수)

1. $-ax-2y+b=0$

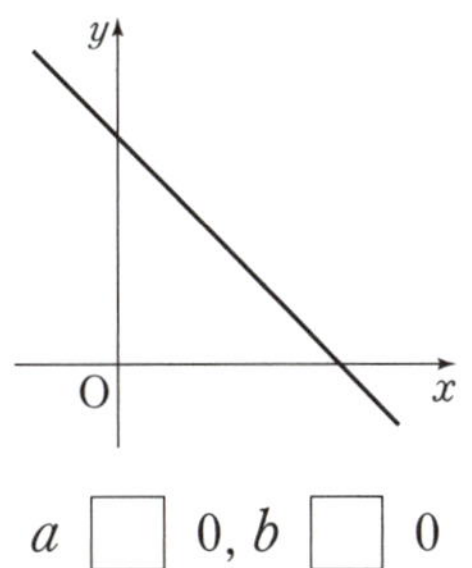

a □ 0, b □ 0

Help $y=-\frac{a}{2}x+\frac{b}{2}$이고 이 그래프의 기울기는 음수이므로 $-\frac{a}{2}<0$, y절편은 양수이므로 $\frac{b}{2}>0$

2. $ax+3y-b=0$

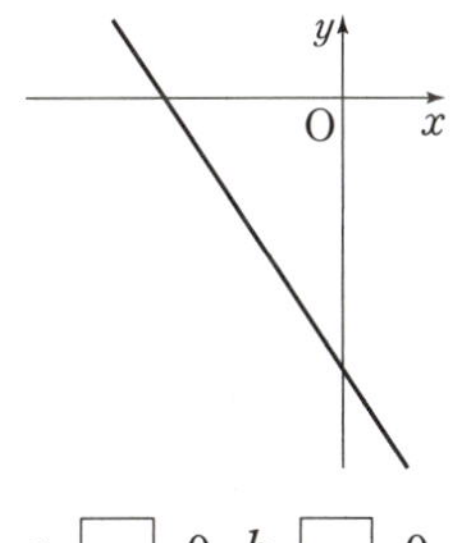

a □ 0, b □ 0

3. $-ax-4y+b=0$

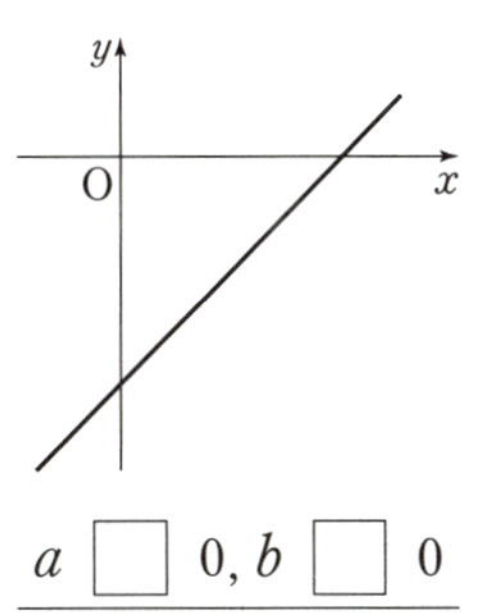

a □ 0, b □ 0

4. $-x+ay-5b=0$

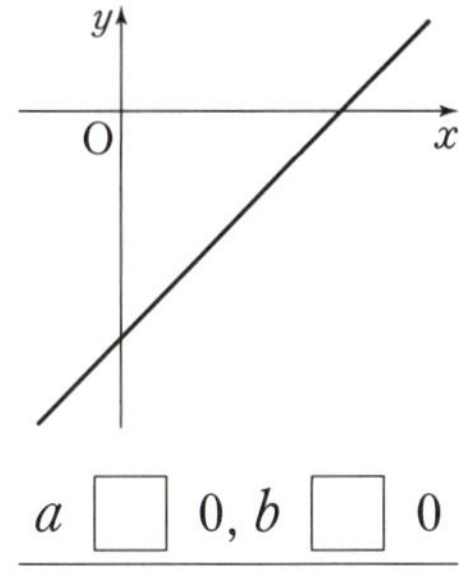

a □ 0, b □ 0

5. $4x-5ay+b=0$

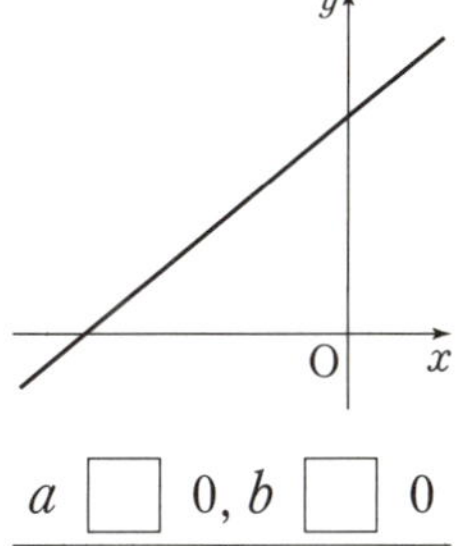

a □ 0, b □ 0

6. $2ax-by-4=0$

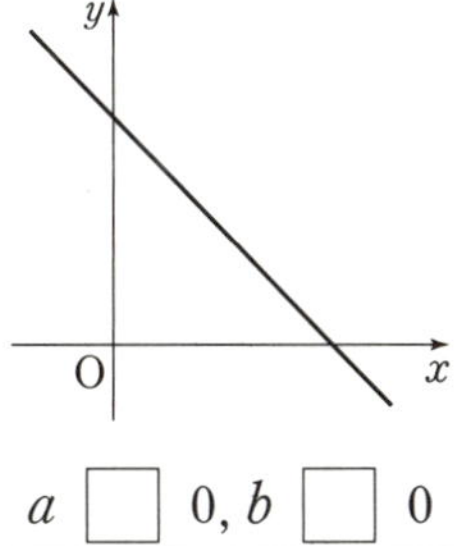

a □ 0, b □ 0

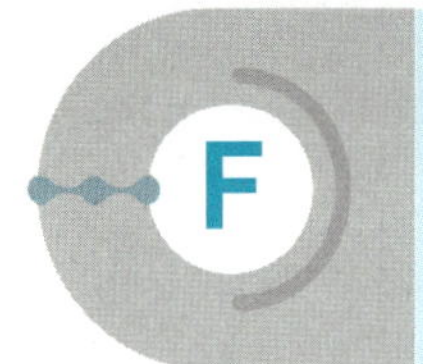

직선의 방정식

주어진 조건을 만족시키는 직선의 방정식은 먼저 기울기와 y절편을 구해서 $y=mx+n$으로 나타낸 후 $ax+by+c=0$으로 변형하면 돼.
아하! 그렇구나~

■ 다음을 만족하는 직선의 방정식을 구할 때, 상수 a, b의 값을 각각 구하시오.

1. 두 점 $(3,\ 2)$, $(-1,\ 1)$을 지나는 직선과 평행하고 점 $(4,\ -2)$를 지나는 직선의 방정식은 $ax+by-12=0$이다.

____

2. 두 점 $(-2,\ 6)$, $(1,\ 2)$를 지나는 직선과 평행하고 점 $(-3,\ 6)$을 지나는 직선의 방정식은 $ax+by-6=0$이다.

____

3. 일차방정식 $-4x+2y+1=0$의 그래프와 평행하고 점 $(1,\ 5)$를 지나는 직선의 방정식이 $ax+by+3=0$이다.

____

4. 일차방정식 $-9x-3y+2=0$의 그래프와 평행하고 점 $(1,\ -7)$을 지나는 직선의 방정식이 $ax+by+4=0$이다.

____

5. 일차방정식 $2x+4y-1=0$의 그래프와 평행하고 일차방정식 $x-y-3=0$의 그래프와 y축에서 만나는 직선의 방정식이 $ax+by+6=0$이다.

____

6. 일차방정식 $5x+2y+6=0$의 그래프와 평행하고 일차방정식 $x+5y-10=0$의 그래프와 y축에서 만나는 직선의 방정식이 $ax+by-4=0$이다.

____

7. 일차방정식 $4x-y+1=0$의 그래프와 평행하고 일차방정식 $3x-2y-6=0$의 그래프와 x축에서 만나는 직선의 방정식이 $ax+by-8=0$이다.

____

8. 일차방정식 $-6x+2y-1=0$의 그래프와 평행하고 일차방정식 $2x+y-8=0$의 그래프와 x축에서 만나는 직선의 방정식이 $ax+by+12=0$이다.

____

시험 문제

*정답과 해설 42쪽

적중률 90%

[1~2] 일차방정식과 일차함수의 그래프

1. 다음 중 일차방정식 $-3x+4y-8=0$의 그래프에 대한 설명으로 옳은 것은?

① x절편은 $\frac{3}{4}$, y절편은 2이다.

② 제4사분면을 지나지 않는다.

③ $y=-\frac{3}{4}x-8$의 그래프와 평행하다.

④ x의 값이 4만큼 증가할 때, y의 값은 3만큼 감소한다.

⑤ 오른쪽 아래로 향하는 직선이다.

2. 다음 중 일차방정식 $3x-2y-6=0$의 그래프는?

①
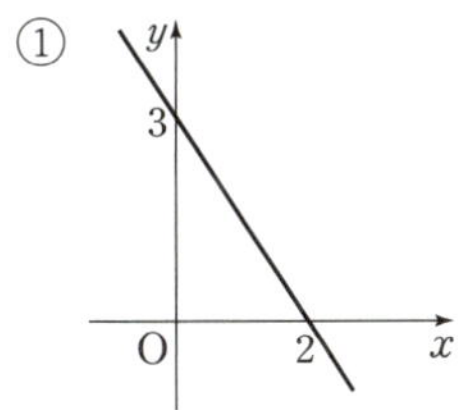

②
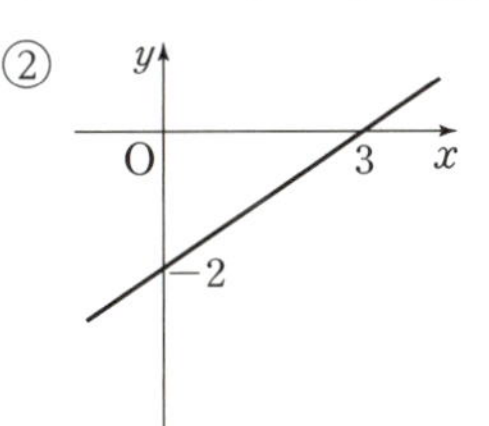

③
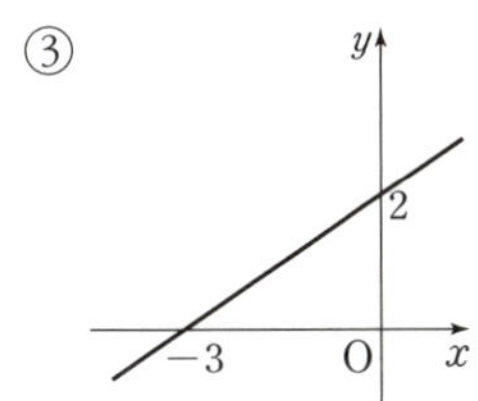

④
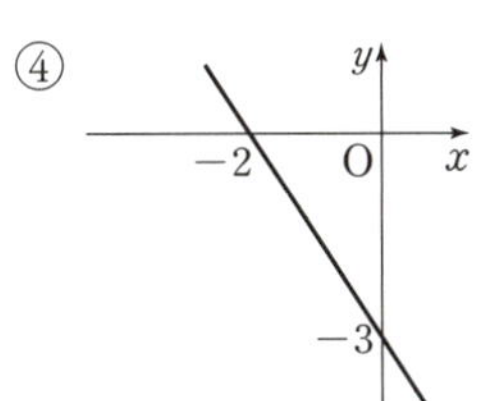

⑤
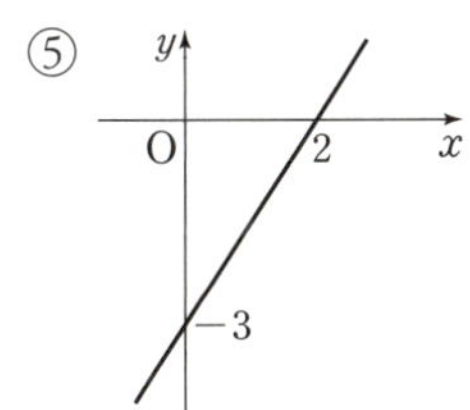

적중률 80%

[3~4] 일차방정식의 미지수의 값 구하기

3. 두 점 $(3,\ 1)$, $(-6,\ a)$가 일차방정식 $3x-by=18$의 그래프 위에 있을 때, $a+b$의 값을 구하시오. (단, b는 상수)

4. 일차방정식 $-2x+ay-8=0$의 그래프가 오른쪽 그림과 같을 때, $a-b$의 값은? (단, a는 상수)

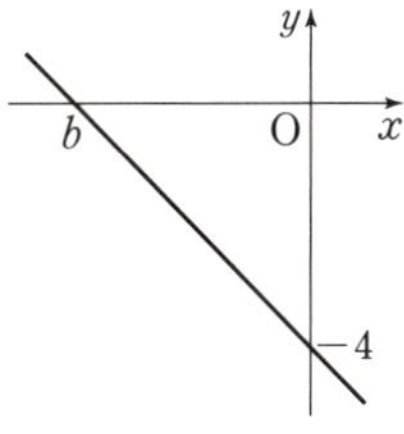

① -2　② -1　③ 0　④ 1　⑤ 2

적중률 80%

[5] 일차방정식의 그래프의 모양

5. 일차방정식 $ax-by-2=0$의 그래프가 오른쪽 그림과 같을 때, 상수 a, b의 부호는?

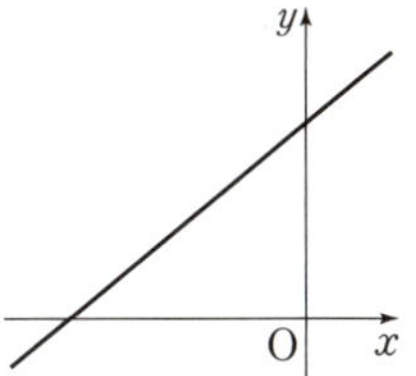

① $a>0,\ b>0$

② $a>0,\ b<0$

③ $a<0,\ b>0$

④ $a<0,\ b<0$

⑤ $a>0,\ b=0$

20 좌표축에 평행한 직선의 방정식

개념 강의 보기

● 일차방정식 $x=m$(m은 상수, $m\neq0$)의 그래프

① 점 $(m,\ 0)$을 지나고 **y축에 평행한 직선**이다.
② 점 $(m,\ 0)$을 지나고 **x축에 수직인 직선**이다.

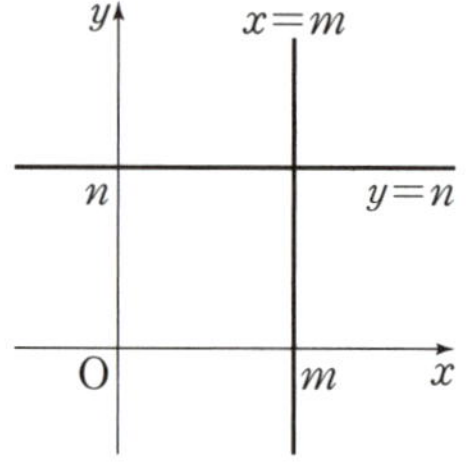

● 일차방정식 $y=n$(n은 상수, $n\neq0$)의 그래프

① 점 $(0,\ n)$을 지나고 **x축에 평행한 직선**이다.
② 점 $(0,\ n)$을 지나고 **y축에 수직인 직선**이다.

바빠 꿀팁

- $x=m$(m은 상수)은 x의 값이 m 하나로 정해질 때 y의 값이 무수히 많으므로 함수가 아니야.
- $y=n$(n은 상수)은 x의 값이 하나로 정해질 때 y의 값이 항상 n 하나로 정해지므로 함수이지만 일차함수는 아니야.

오~ 놀라워라!
기울어지지 않는 직선의 방정식도 구할 수 있다능.

● 좌표축에 평행한 네 직선으로 둘러싸인 도형의 넓이

오른쪽 그림과 같이 네 직선 $x=-2$, $x=2$, $y=3$, $y=-3$으로 둘러싸인 부분의 넓이를 구해 보자.
네 직선으로 둘러싸인 도형의 넓이는
$\{2-(-2)\}\times\{3-(-3)\}=4\times6=24$

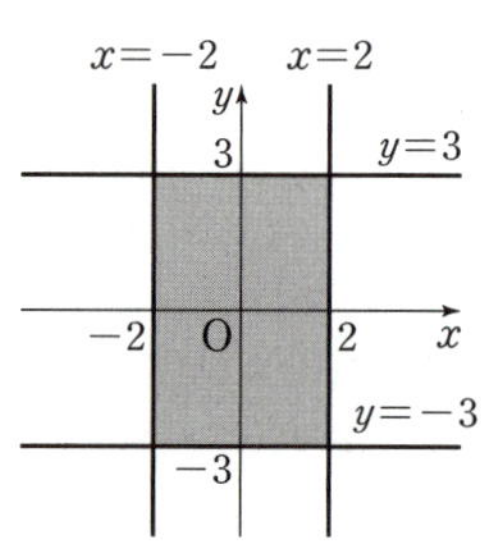

● 세 직선으로 둘러싸인 도형의 넓이

오른쪽 그림과 같이 세 직선 $y=x$, $y=0$, $x=6$으로 둘러싸인 부분의 넓이를 구해 보자.
두 직선 $y=x$와 $x=6$이 만나는 점의 좌표는 $(6,\ 6)$이므로 세 직선으로 둘러싸인 도형의 넓이는
$\frac{1}{2}\times6\times6=18$

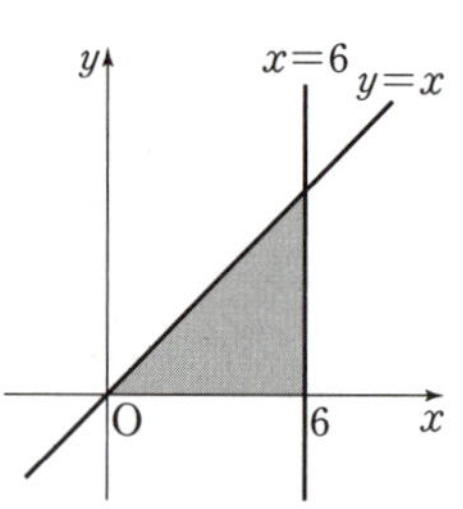

앗! 실수

오른쪽 그림과 같이 같은 직선을 다르게 표현할 수 있어서 많이 헷갈리니 그래프 모양을 따져 보아야 실수를 줄일 수 있어.
또 일차방정식 $x=0$의 그래프는 y축, $y=0$의 그래프는 x축임을 기억해 두자.

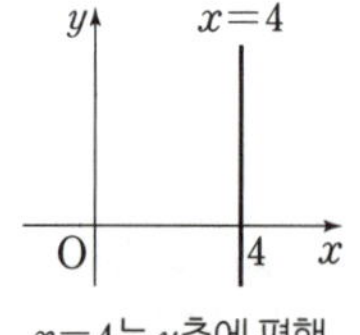

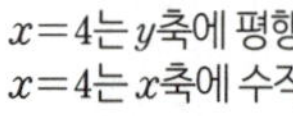
$x=4$는 y축에 평행
$x=4$는 x축에 수직

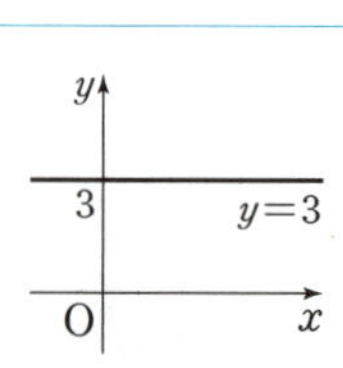

$y=3$은 x축에 평행
$y=3$은 y축에 수직

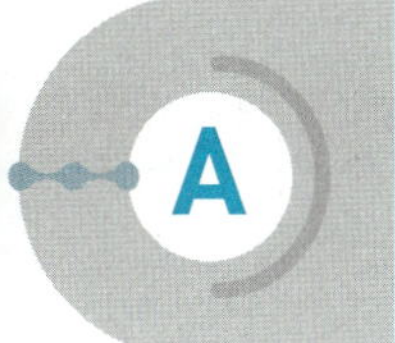

x축에 평행, y축에 수직인 직선의 방정식

오른쪽 그림과 같이 x축에 평행하면 x좌표에 상관없이 y좌표는 2이기 때문에 그래프의 식이 $y=2$인 거야. 물론 이 그래프는 y축에 수직이야.

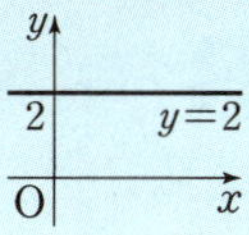

y, 2, $y=2$, O, x

■ 다음 일차방정식의 그래프를 좌표평면 위에 그리시오.

1. $y=2$

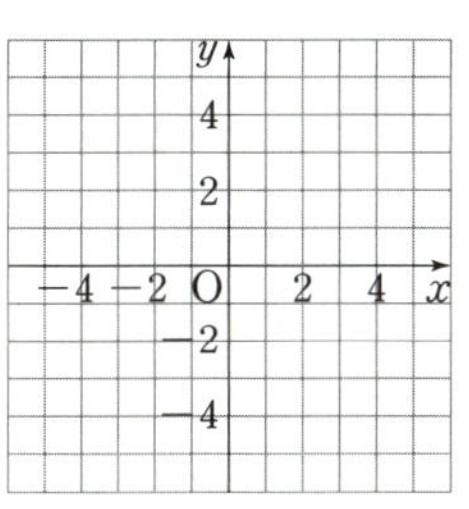

2. $y=-3$

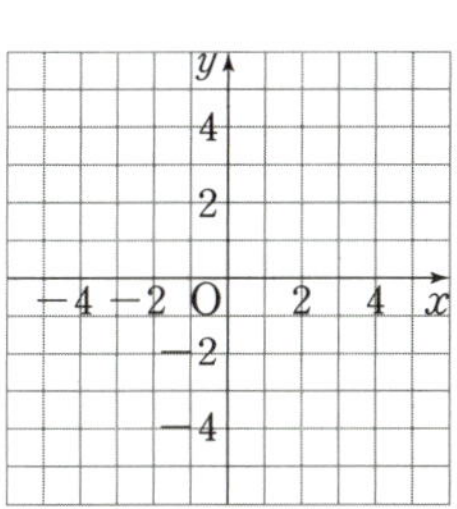

■ 다음 그래프를 보고 직선의 방정식을 구하시오.

3. ______________

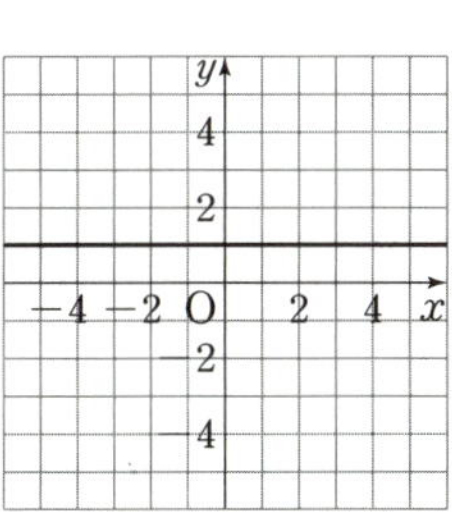

4. ______________

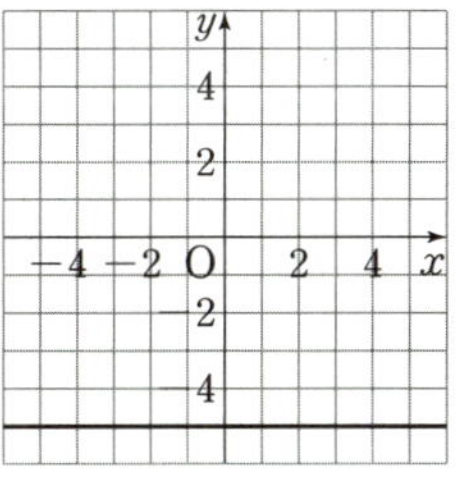

■ 다음을 만족하는 직선의 방정식을 구하시오.

5. 점 $(-1,\ 2)$를 지나고 x축에 평행한 직선의 방정식

____

Help x축에 평행한 직선은 '$y=\sim$'로 표현되므로 점의 좌표 중 y좌표를 이용한다.

6. 점 $(5,\ 3)$을 지나고 x축에 평행한 직선의 방정식

____

7. 점 $(-7,\ 5)$를 지나고 y축에 수직인 직선의 방정식

____

Help y축에 수직인 직선은 '$y=\sim$'로 표현되므로 점의 좌표 중 y좌표를 이용한다.

8. 점 $\left(\frac{3}{2},\ \frac{1}{4}\right)$을 지나고 x축에 평행한 직선의 방정식

____

9. 점 $\left(-\frac{4}{7},\ \frac{5}{8}\right)$를 지나고 y축에 수직인 직선의 방정식

____

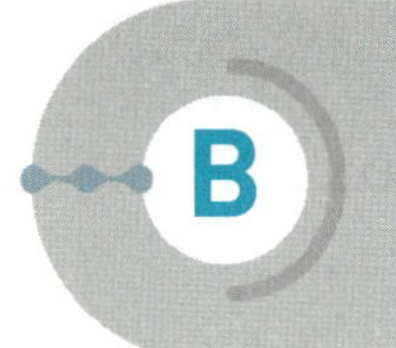

y축에 평행, x축에 수직인 직선의 방정식

오른쪽 그림과 같이 y축에 평행하면 y좌표에 상관없이 x좌표는 3이기 때문에 그래프의 식이 $x=3$인 거야. 물론 이 그래프는 x축에는 수직이야.

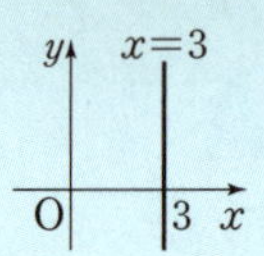

■ 다음 일차방정식의 그래프를 좌표평면 위에 그리시오.

1. $x=4$

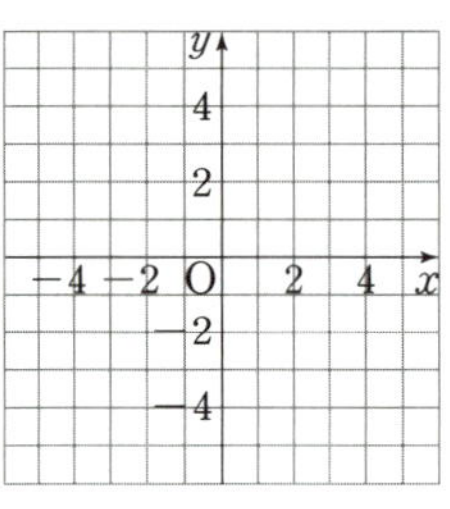

2. $x=-2$

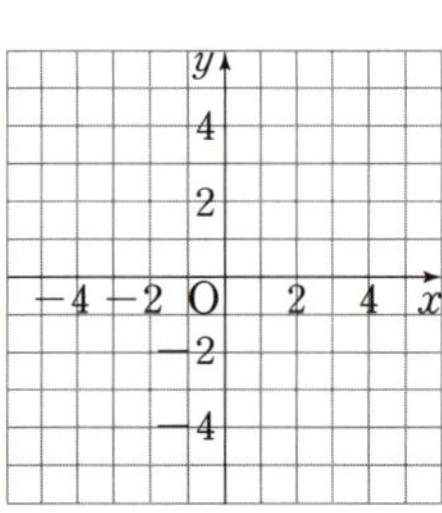

■ 다음 그래프를 보고 직선의 방정식을 구하시오.

3. ______

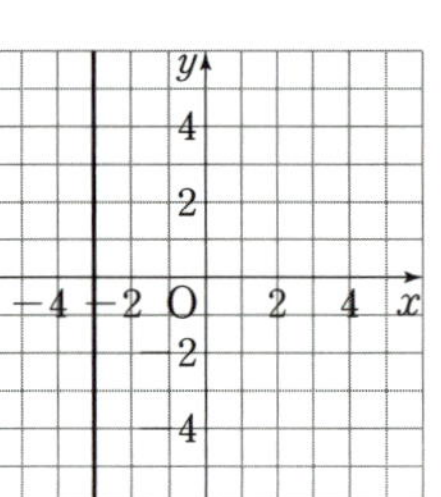

4. ______

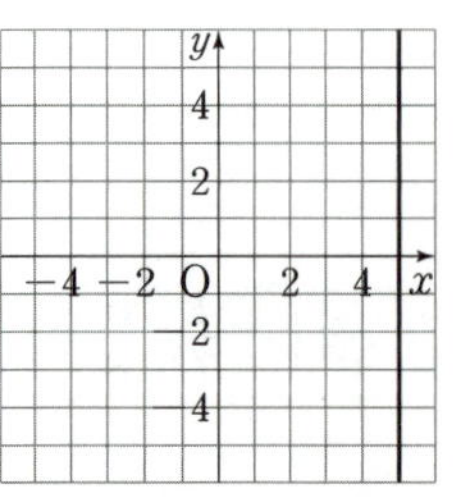

■ 다음을 만족하는 직선의 방정식을 구하시오.

5. 점 $(3,\ -3)$을 지나고 y축에 평행한 직선의 방정식

______

Help y축에 평행한 직선은 '$x=\sim$'로 표현되므로 점의 좌표 중 x좌표를 이용한다.

6. 점 $(-4,\ 1)$을 지나고 y축에 평행한 직선의 방정식

______

7. 점 $(-10,\ -7)$을 지나고 x축에 수직인 직선의 방정식

______

Help x축에 수직인 직선은 '$x=\sim$'로 표현되므로 점의 좌표 중 x좌표를 이용한다.

8. 점 $\left(\frac{1}{6},\ \frac{3}{7}\right)$을 지나고 y축에 평행한 직선의 방정식

______

9. 점 $\left(-\frac{9}{5},\ 9\right)$를 지나고 x축에 수직인 직선의 방정식

______

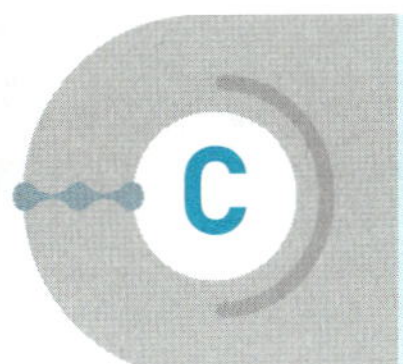

좌표축에 평행한 네 직선으로 둘러싸인 도형의 넓이

네 일차방정식 $x=-1$, $x=2$, $y=2$, $y=-3$의 그래프를 그리면 오른쪽 그림과 같으므로 네 직선으로 둘러싸인 도형의 넓이는
$3\times5=15$

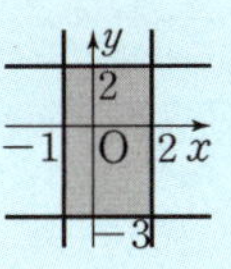

■ 다음에 주어진 네 방정식의 그래프를 좌표평면에 그리고 네 직선으로 둘러싸인 도형의 넓이를 구하시오.

1. $x=-3$, $x=3$,
$y=2$, $y=-2$

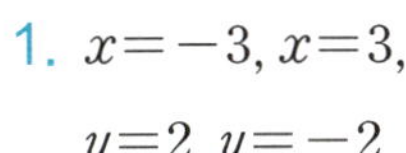

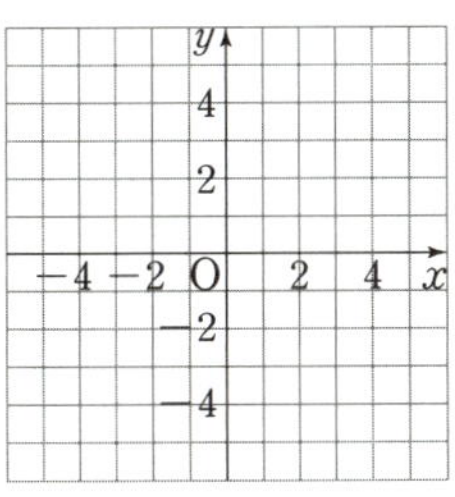

2. $x=-4$, $x=2$,
$y=4$, $y=1$

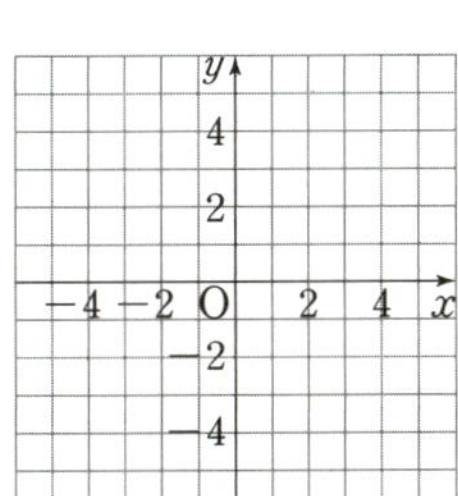

3. $x=1$, $x=5$,
$y=2$, $y=1$

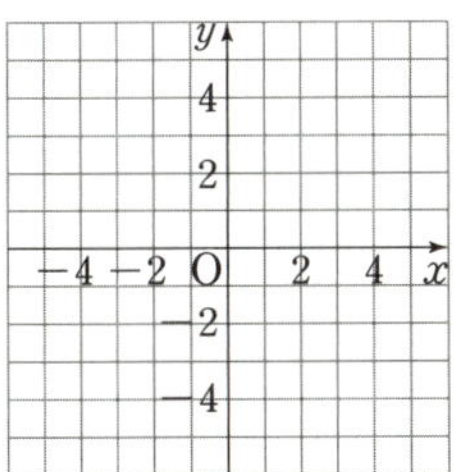

4. $x=-1$, $x=4$,
$y=3$, $y=-2$

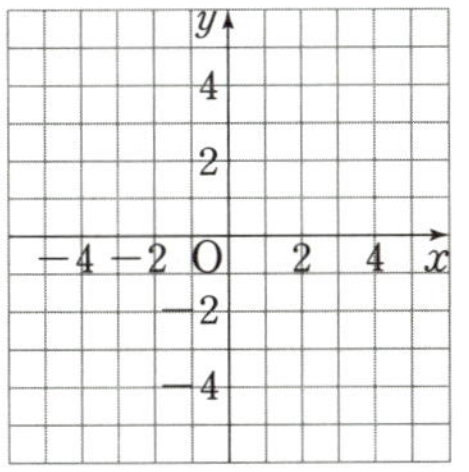

■ 다음 네 일차방정식의 그래프로 둘러싸인 도형의 넓이를 구하시오.

5. $x=0$, $x+3=0$, $y=0$, $y-5=0$

6. $x=0$, $2x-8=0$, $y=0$, $3y-9=0$

7. $x-1=0$, $4x-12=0$, $y+1=0$, $5y=20$

8. $x=0$, $\frac{2}{3}x+2=0$, $2y+10=0$, $3y-15=0$

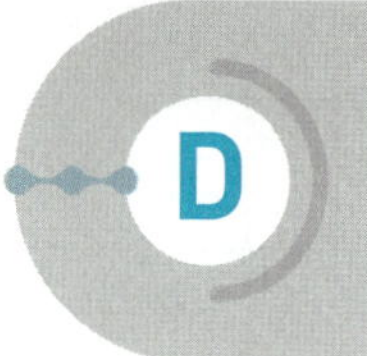

세 직선으로 둘러싸인 도형의 넓이

$y=2x$와 $y=2$가 만나는 점의 좌표는 A$(1,\ 2)$, $y=2x$와 $x=3$이 만나는 점의 좌표는 B$(3,\ 6)$이므로 직선 $y=2x$, $y=2$, $x=3$으로 둘러싸인 부분의 넓이는

$\frac{1}{2}\times(3-1)\times(6-2)=4$

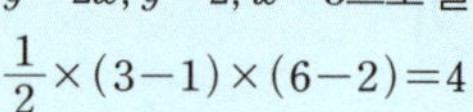

■ 다음과 같은 세 직선으로 둘러싸인 도형의 넓이를 구하시오.

1. $y=x$, $y=0$, $x=4$

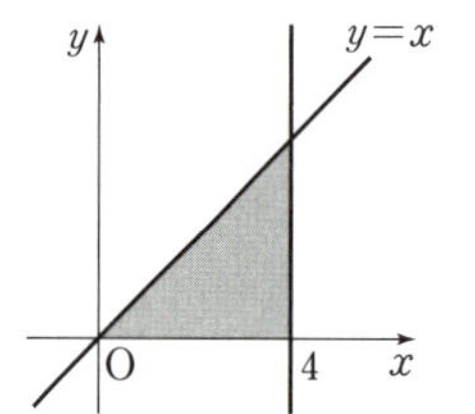

2. $y=2x$, $y=0$, $x=3$

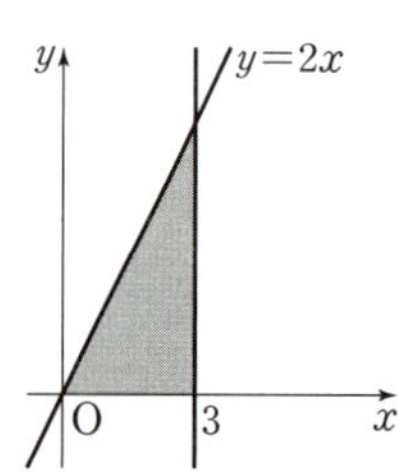

3. $y=\frac{1}{2}x$, $x=0$, $y=2$

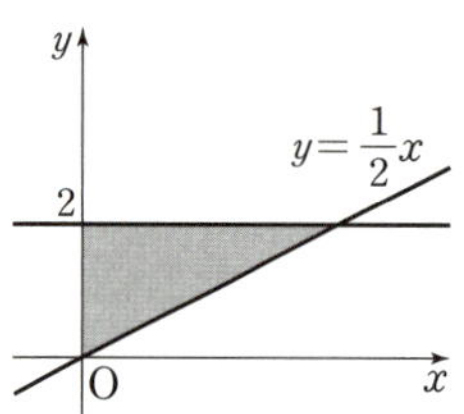

4. $y=3x$, $x=0$, $y=6$

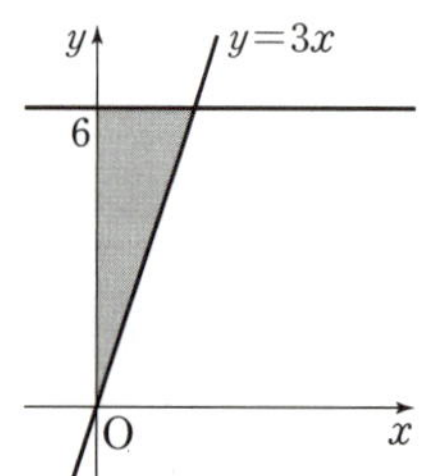

앗! 실수

5. $y=x$, $y=1$, $x=5$

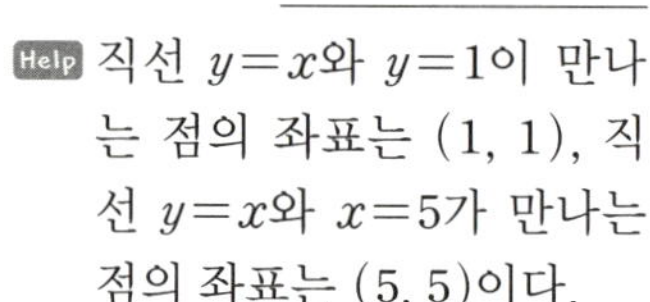
Help 직선 $y=x$와 $y=1$이 만나는 점의 좌표는 $(1,\ 1)$, 직선 $y=x$와 $x=5$가 만나는 점의 좌표는 $(5,\ 5)$이다.

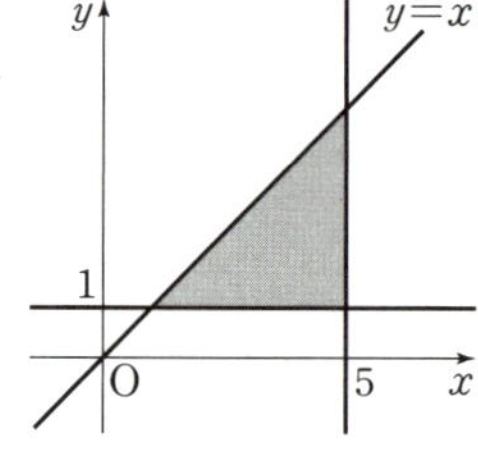

6. $y=3x$, $y=3$, $x=5$

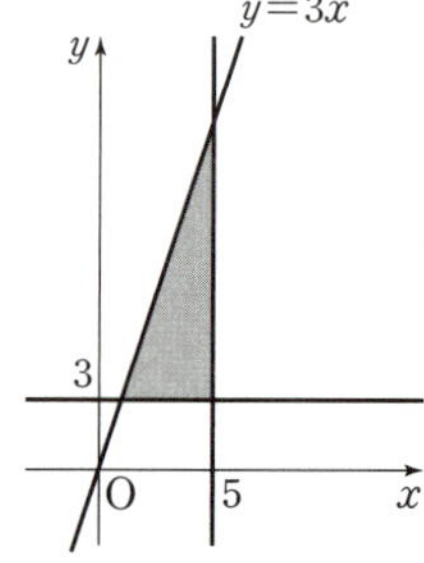

7. $y=\frac{1}{2}x$, $x=2$, $y=4$

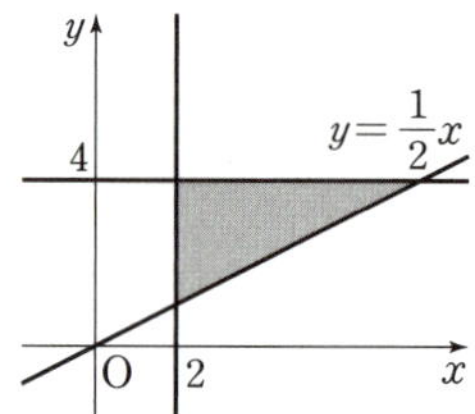

8. $y=2x$, $x=1$, $y=6$

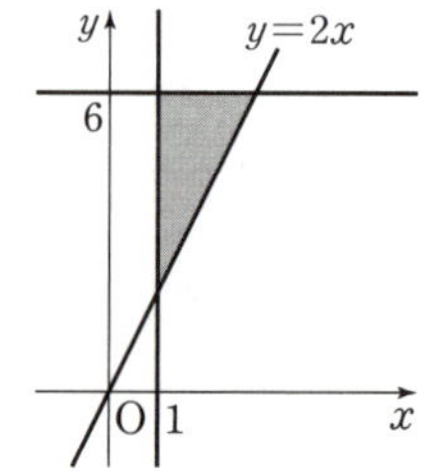

거저먹는

시험 문제

시험에 자주 나오는 문제로 마무리

* 정답과 해설 44쪽

적중률 70%

[1～2] 좌표축에 평행 또는 수직인 직선의 방정식

1. 다음 중 점 $(-4,\ 3)$을 지나고 y축에 수직인 직선의 방정식은?

① $y=3$ ② $x+4=0$
③ $y=-4$ ④ $x+y-3=0$
⑤ $y+3=0$

2. 다음 중 점 $(-2,\ -5)$를 지나고 y축에 평행한 직선의 방정식은?

① $y=-5$ ② $y=x$
③ $x-2=0$ ④ $-2x-5y=0$
⑤ $x=-2$

적중률 80%

[3～4] 좌표축에 평행한 네 직선으로 둘러싸인 도형의 넓이

3. 네 일차방정식 $x=-2$, $x=0$, $y=3$, $y=-4$의 그래프로 둘러싸인 도형의 넓이는?

① 7 ② 10 ③ 13
④ 14 ⑤ 17

4. 네 일차방정식 $2x-6=0$, $x+4=0$, $y+2=0$, $3y-6=0$의 그래프로 둘러싸인 도형의 넓이를 구하시오.

적중률 90%

[5～6] 세 직선으로 둘러싸인 도형의 넓이

5. 오른쪽 그림과 같이 세 직선 $y=\frac{3}{2}x$, $x=8$, $y=0$으로 둘러싸인 도형의 넓이는?

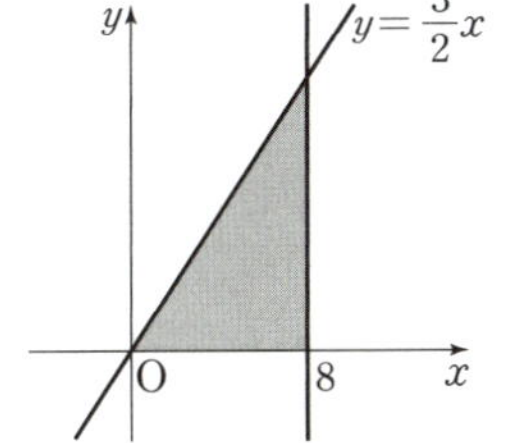

① 24 ② 36
③ 48 ④ 54
⑤ 96

6. 오른쪽 그림과 같이 세 직선 $y=2x$, $x=2$, $y=6$으로 둘러싸인 도형의 넓이는?

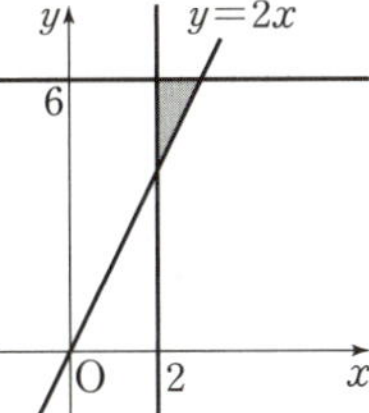

① 1 ② 2
③ 3 ④ 4
⑤ 5

21 연립방정식의 해와 그래프

연립방정식의 해와 그래프

연립방정식 $\begin{cases} ax+by+c=0 \\ a'x+b'y+c'=0 \end{cases}$의 해는 두 일차방정식 $ax+by+c=0$, $a'x+b'y+c'=0$의 그래프의 교점의 좌표와 같다.

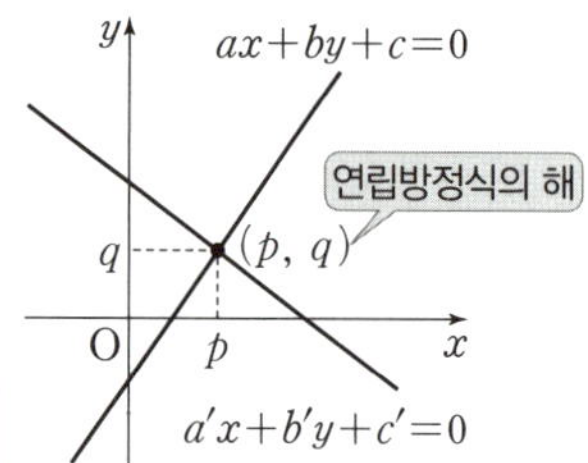

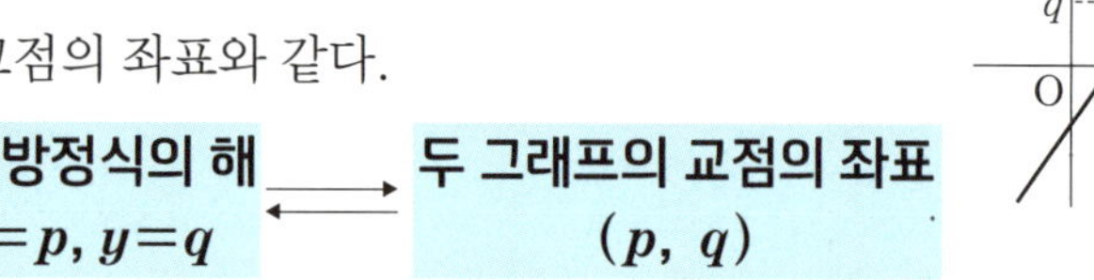

바빠 꿀팁

두 직선은 곡선이 아니기 때문에 두 점에서 만나는 경우는 없어. 그래서 두 직선이 만났다면 한 점에서 만나거나 일치하는 경우인 거지. 한 점에서 만날 때는 기울기만 다르면 되고, x절편이나 y절편은 같든지 다르든지 상관없음을 기억해 두자.

연립방정식의 해의 개수와 두 그래프의 위치 관계

연립방정식 $\begin{cases} ax+by+c=0 \\ a'x+b'y+c'=0 \end{cases}$의 해의 개수는 두 일차방정식의 그래프인 두 직선의 교점의 개수와 같다.

두 직선의 위치 관계	한 점에서 만난다.	평행하다.	일치한다.
두 직선의 모양	한 점	평행	일치
교점의 개수	1개	없다.	무수히 많다.
연립방정식의 해의 개수	한 쌍	해가 없다.	해가 무수히 많다.
기울기와 y절편	기울기가 다르다.	기울기는 같고 y절편이 다르다.	기울기와 y절편이 각각 같다.
$\begin{cases} ax+by+c=0 \\ a'x+b'y+c'=0 \end{cases}$	$\frac{a}{a'} \neq \frac{b}{b'}$	$\frac{a}{a'} = \frac{b}{b'} \neq \frac{c}{c'}$	$\frac{a}{a'} = \frac{b}{b'} = \frac{c}{c'}$

앗! 실수

연립방정식 $\begin{cases} -x+y=-2 \\ x+2y=5 \end{cases}$의 그래프가 오른쪽 그림과 같이 주어졌을 때도 해를 두 일차방정식을 연립하여 구하는 학생들이 많아.
하지만 연립방정식의 해는 두 일차방정식의 그래프의 교점의 좌표와 같으므로 그래프에 나와 있는 $x=3$, $y=1$이야.

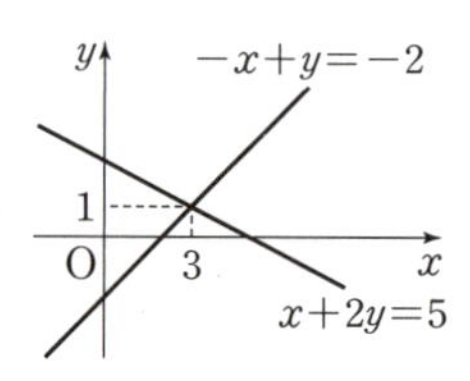

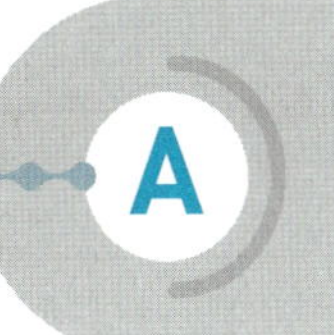

연립방정식의 해와 그래프의 교점

두 일차방정식 $2x+y=6$, $ax+y=-4$의 그래프가 오른쪽 그림과 같다면 연립방정식의 해는 두 직선의 교점인 (2, 2)이므로 $ax+y=-4$에 대입하여 상수 a의 값을 구해.

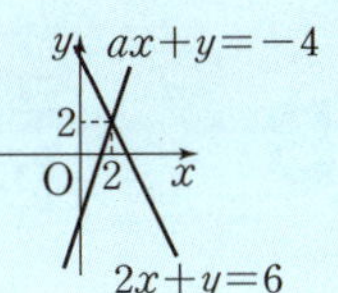

■ 다음은 연립방정식을 풀기 위해 두 일차방정식의 그래프를 그린 것이다. 이 연립방정식의 해를 순서쌍으로 나타내시오.

1. $\begin{cases} x+2y=7 \\ -2x+y=-4 \end{cases}$

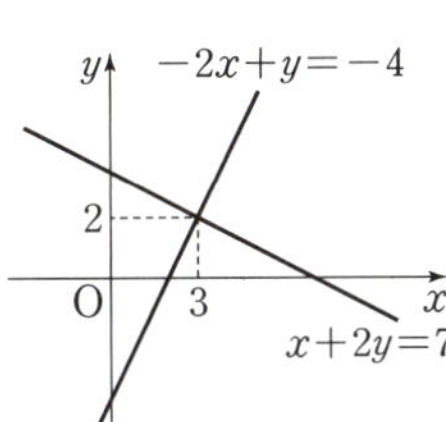

______

Help 연립방정식의 해는 두 직선의 교점의 좌표이다.

2. $\begin{cases} -x+4y=-3 \\ 2x-5y=3 \end{cases}$

______

3. $\begin{cases} 3x-y=-6 \\ -x+y=4 \end{cases}$

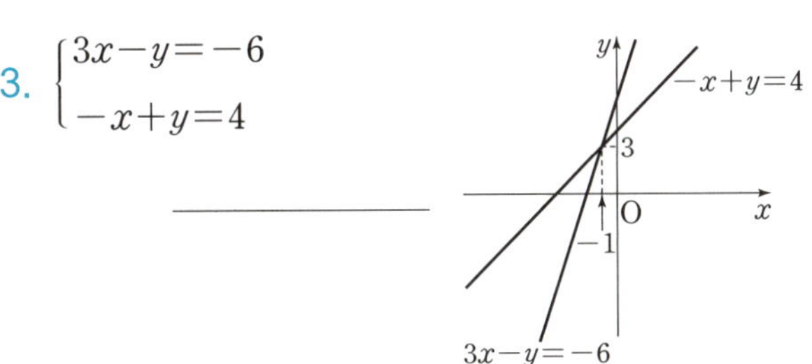

______

4. $\begin{cases} 5x+2y=2 \\ 4x+5y=-12 \end{cases}$

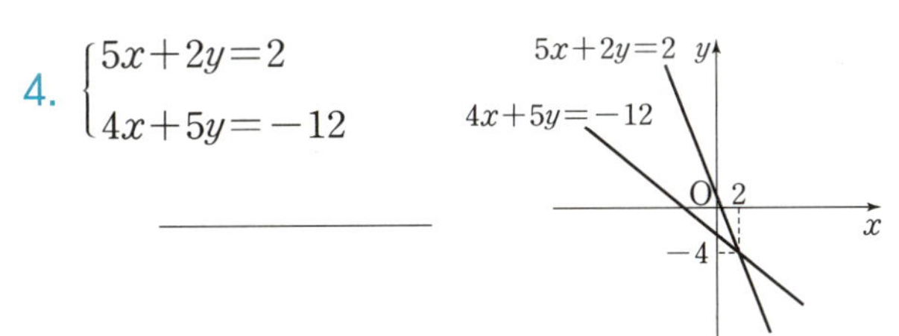

______

■ 다음은 연립방정식의 두 일차방정식의 그래프를 나타낸 것이다. 상수 a, b의 값을 각각 구하시오.

5. $\begin{cases} x+y=a \\ bx+y=-3 \end{cases}$

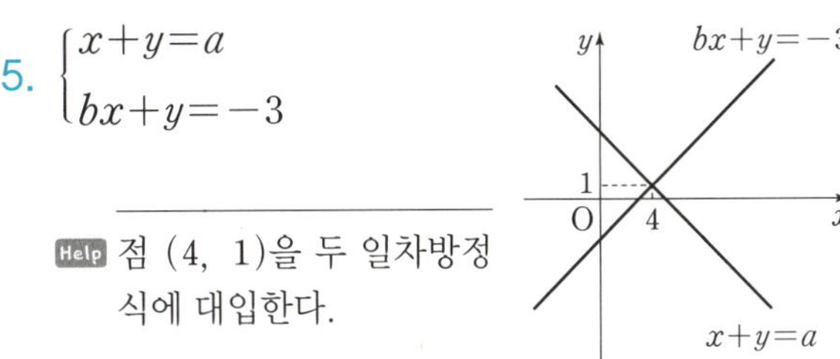

______

Help 점 (4, 1)을 두 일차방정식에 대입한다.

6. $\begin{cases} x+4y=a \\ 2x+by=-7 \end{cases}$

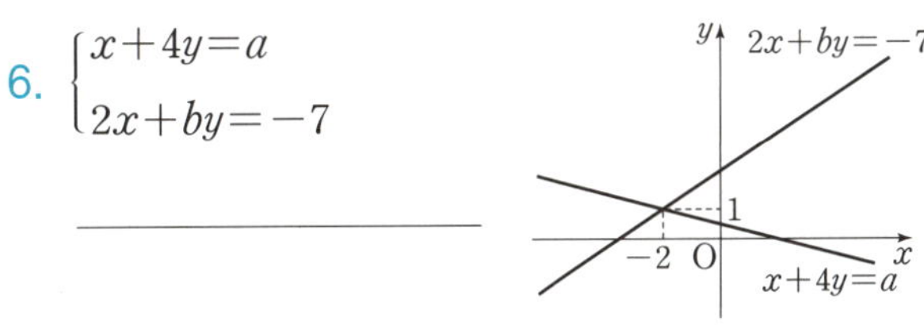

______

7. $\begin{cases} ax+5y=6 \\ 3x-4y=b \end{cases}$

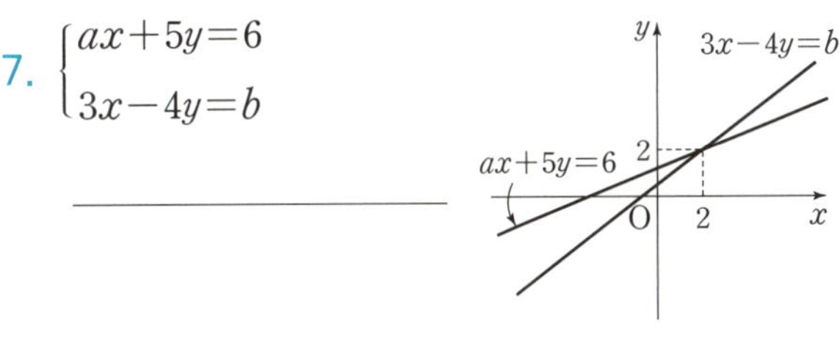

______

8. $\begin{cases} 5x+ay=-3 \\ x-3y=b \end{cases}$

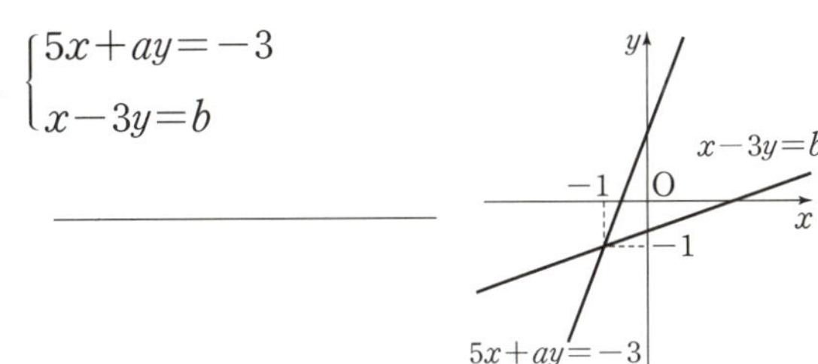

______

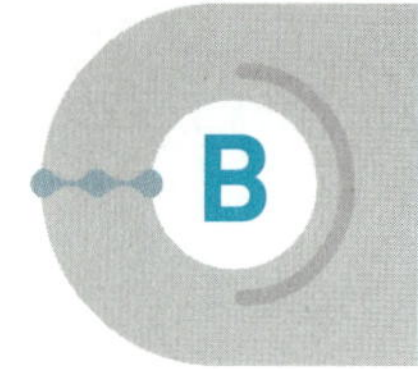

두 일차방정식의 그래프의 교점을 지나는 일차함수

두 일차방정식의 그래프의 교점은 두 일차방정식을 연립하여 풀었을 때 나오는 해와 같아.

아하! 그렇구나~

■ 다음 두 일차방정식의 그래프의 교점의 좌표를 순서쌍으로 나타내시오.

1. $2x+y-1=0$, $-x+2y-7=0$

Help 두 일차방정식을 연립하여 구한 해가 교점의 좌표이다.

2. $x-8y-4=0$, $-3x+2y-10=0$

3. $6x-y-1=0$, $2x-y+3=0$

4. $-2x+3y-2=0$, $3x-8y+10=0$

■ 다음을 만족하는 상수 a의 값을 구하시오.

5. 두 일차방정식 $x+6y+7=0$, $2x+3y-4=0$의 그래프의 교점이 일차함수 $y=ax+3$의 그래프 위에 있다.

Help 두 일차방정식을 연립하여 구한 해를 $y=ax+3$에 대입한다.

6. 두 일차방정식 $3x-4y+3=0$, $-x+5y-12=0$의 그래프의 교점이 일차함수 $y=ax-3$의 그래프 위에 있다.

7. 두 일차방정식 $-5x+4y-11=0$, $3x-2y+5=0$의 그래프의 교점이 일차함수 $y=-3x+a$의 그래프 위에 있다.

8. 두 일차방정식 $-8x+3y-10=0$, $5x-3y+4=0$의 그래프의 교점이 일차함수 $y=-2x+a$의 그래프 위에 있다.

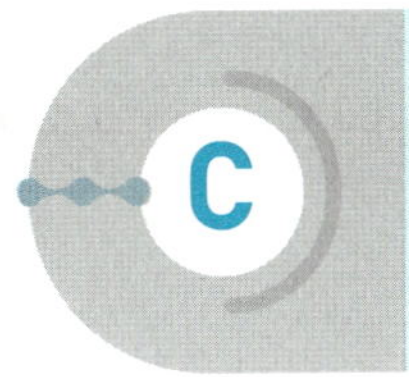

두 일차방정식의 그래프의 교점을 지나는 직선의 방정식

두 일차방정식 $4x-y=-2$, $x-3y=5$의 그래프의 교점을 지나고 기울기가 5인 직선의 방정식을 구해 보자.
$4x-y=-2$, $x-3y=5$를 연립하여 해를 구하고 기울기가 5인 직선의 방정식을 $y=5x+b$로 놓고 해를 대입해.

■ 다음을 만족하는 직선의 방정식을 구하시오.

1. 두 일차방정식 $x+y=4$, $3x-y=0$의 그래프의 교점을 지나고 y축에 평행한 직선의 방정식

   ____

   Help $x+y=4$, $3x-y=0$을 연립하여 푼 후 x좌표를 이용하여 '$x=\sim$'로 나타낸다.

2. 두 일차방정식 $2x-y=1$, $4x-3y=-7$의 그래프의 교점을 지나고 x축에 평행한 직선의 방정식

   ____

3. 두 일차방정식 $3x+y=-2$, $6x+5y=8$의 그래프의 교점을 지나고 x축에 수직인 직선의 방정식

   ____

4. 두 일차방정식 $-2x+y=-5$, $3x-7y=-9$의 그래프의 교점을 지나고 y축에 수직인 직선의 방정식

   ____

5. 두 일차방정식 $x-y=4$, $5x+2y=6$의 그래프의 교점을 지나고 기울기가 3인 직선의 방정식

   ____

   Help $x-y=4$, $5x+2y=6$을 연립하여 푼 후 $y=3x+b$로 놓고 대입하여 푼다.

6. 두 일차방정식 $x-2y=1$, $2x-7y=-1$의 그래프의 교점을 지나고 기울기가 -1인 직선의 방정식

   ____

7. 두 일차방정식 $2x-3y=-1$, $x+6y=-3$의 그래프의 교점을 지나고 기울기가 2인 직선의 방정식

   ____

8. 두 일차방정식 $x+3y=5$, $x+4y=8$의 그래프의 교점을 지나고 기울기가 -4인 직선의 방정식

   ____

D 한 점에서 만나는 세 직선

세 직선이 한 점에서 만난다는 것은 두 직선의 교점을 나머지 한 직선이 지난다는 뜻이므로 두 직선을 연립하여 풀어서 그 해를 나머지 직선에 대입하면 돼.

아하! 그렇구나~

■ 다음 세 일차방정식의 그래프는 한 점에서 만난다고 한다. 이때 상수 a의 값을 구하시오.

1. $x+y=4,\ x-y=8,\ ax-y=8$

Help $x+y=4,\ x-y=8$을 연립하여 풀어서 그 해를 $ax-y=8$에 대입한다.

2. $3x-2y=0,\ 5x-y=7,\ 4x-ay=2$

3. $4x+y=4,\ x+y=-2,\ 3ax-2y=-10$

4. $x+3y=3,\ 2x+5y=4,\ x-ay=a$

5. $2x+y=4,\ x-5y=-9,\ ax+4y=-a$

6. $5x+y=10,\ 4x-3y=-11,\ 3x-ay=a-9$

7. $x-2y=3,\ 5x-4y=-3,\ a(x-1)+y=5$

8. $6x+y=2,\ 5x+y=1,\ 7x-ay=-a-8$

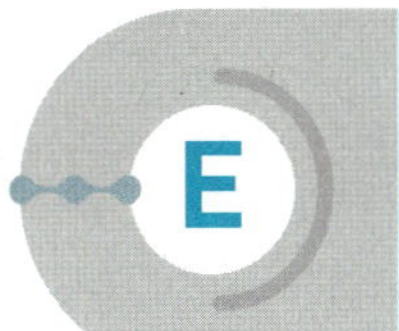

연립방정식의 해의 개수와 두 그래프의 위치 관계

연립방정식 $\begin{cases} ax+by+c=0 \\ a'x+b'y+c'=0 \end{cases}$에서

해가 없을 조건: $\frac{a}{a'}=\frac{b}{b'}\neq\frac{c}{c'}$, 해가 무수히 많을 조건: $\frac{a}{a'}=\frac{b}{b'}=\frac{c}{c'}$

■ 다음 연립방정식의 해가 무수히 많을 때, 상수 a, b의 값을 각각 구하시오.

1. $\begin{cases} ax+y=1 \\ 6x+3y=b \end{cases}$

Help $\frac{a}{6}=\frac{1}{3}=\frac{1}{b}$

2. $\begin{cases} -x+ay=2 \\ -4x+12y=b \end{cases}$

3. $\begin{cases} ax+2y=8 \\ -2x+by=-4 \end{cases}$

4. $\begin{cases} 9x+ay=15 \\ -3x+y=-b \end{cases}$

■ 다음 연립방정식의 해가 없을 때, 상수 a의 값을 구하시오.

5. $\begin{cases} ax+10y=-5 \\ x+2y=-4 \end{cases}$

Help $\frac{a}{1}=\frac{10}{2}\neq\frac{-5}{-4}$

6. $\begin{cases} 3x+5y=7 \\ -x+ay=1 \end{cases}$

7. $\begin{cases} x+ay=10 \\ 4x-2y=5 \end{cases}$

8. $\begin{cases} 6x+9y=2 \\ -2x+ay=3 \end{cases}$

시험 문제

*정답과 해설 46쪽

[1~2] 연립방정식의 해와 그래프의 교점

1. 오른쪽 그림은 연립방정식 $\begin{cases} x+2y=5 \\ 4x-y=2 \end{cases}$를 풀기 위해 두 일차방정식의 그래프를 그린 것이다. 이 연립방정식의 해를 구하시오.

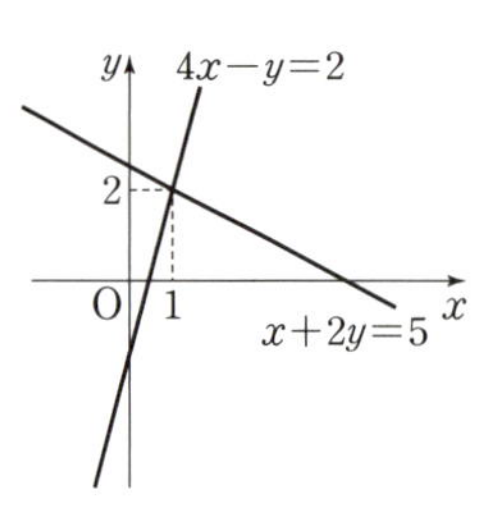

2. 두 일차방정식 $4x+y=1$, $2x+3y=-2$의 그래프의 교점의 좌표는?

① $\left(\frac{1}{2},\ 1\right)$ ② $(1,\ -1)$ ③ $\left(\frac{1}{2},\ -1\right)$
④ $(2,\ 1)$ ⑤ $\left(1,\ \frac{1}{2}\right)$

적중률 80%

[3~4] 두 직선의 교점의 좌표를 이용하여 미지수의 값 구하기

3. 두 일차방정식 $x+3y-1=0$, $ax-2y+8=0$의 그래프가 오른쪽 그림과 같을 때, 상수 a의 값은?

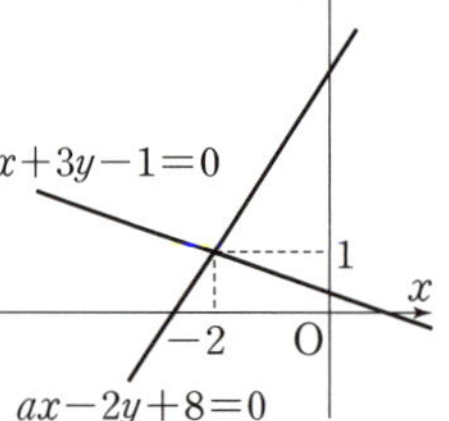

① -2 ② -1
③ 1 ④ 2
⑤ 3

4. 오른쪽 그림은 연립방정식 $\begin{cases} 2x+y=a \\ bx+y=-5 \end{cases}$의 두 일차방정식의 그래프를 나타낸 것이다. 상수 a, b의 값을 각각 구하시오.

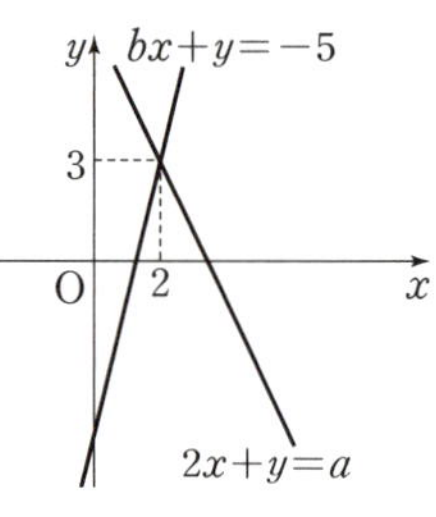

적중률 80%

[5~6] 연립방정식의 해의 개수와 두 그래프의 위치 관계

5. 연립방정식 $\begin{cases} ax+6y=-9 \\ x+by=-3 \end{cases}$의 해가 무수히 많을 때, 상수 a, b의 값을 각각 구하시오.

6. 연립방정식 $\begin{cases} ax+2y=3 \\ 6x+4y=b \end{cases}$의 해가 없을 때, 상수 a, b의 조건은?

① $a=2$, $b\neq3$ ② $a=2$, $b=3$
③ $a=3$, $b\neq6$ ④ $a=3$, $b=6$
⑤ $a=2$, $b\neq6$

22 직선의 방정식의 응용

개념 강의 보기

● 직선이 선분과 만날 조건

두 점 A(1, 5), B(4, 1)이 주어질 때, 직선 $y=ax$가 선분 AB와 만나도록 하는 상수 a의 값의 범위를 구해 보자.

점 A(1, 5)가 직선 $y=ax$ 위에 있으면 $a=5$이고

점 B(4, 1)이 직선 $y=ax$ 위에 있으면 $a=\frac{1}{4}$

따라서 a의 값의 범위는 $\frac{1}{4}\leq a\leq 5$

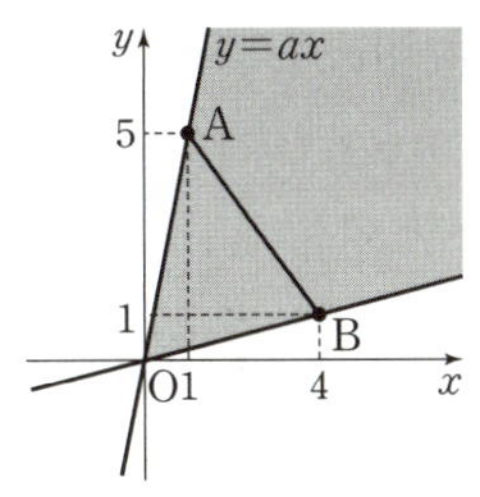

막대기의 기울기를
양쪽 끝의 도넛 사이로
하면 다 먹을 수 있겠군~

● 직선으로 둘러싸인 도형의 넓이

두 직선 $x-2y+3=0$, $x+y-6=0$과 x축으로 둘러싸인 도형의 넓이를 구해 보자.

두 직선을 연립하여 구한 해는 (3, 3)이고 직선 $x-2y+3=0$의 x절편이 -3, 직선 $x+y-6=0$의 x절편이 6이다.

따라서 두 직선과 x축으로 둘러싸인 부분의 넓이는

$\frac{1}{2}\times\{6-(-3)\}\times 3=\frac{27}{2}$

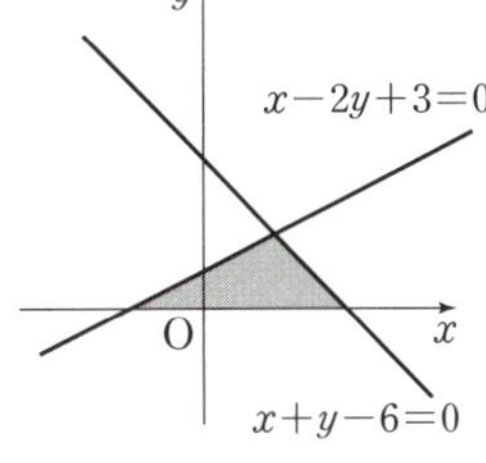

● 넓이를 이등분하는 직선의 방정식

직선 $x+y-4=0$과 x축, y축으로 둘러싸인 도형의 넓이를 직선 $y=mx$가 이등분할 때, 상수 m의 값을 구해 보자.

직선 $x+y-4=0$의 x절편이 4, y절편이 4이므로

삼각형 AOB의 넓이는 $\frac{1}{2}\times 4\times 4=8$

즉, 삼각형 COB의 넓이는 4이다.

점 C의 y좌표를 k라 하면

$\triangle\text{COB}=\frac{1}{2}\times\overline{\text{OB}}\times(\text{높이})=\frac{1}{2}\times 4\times k=4 \qquad \therefore k=2$

$k=2$를 직선 $x+y-4=0$의 y좌표에 대입하면 C(2, 2)이므로

점 C의 좌표를 $y=mx$에 대입하면 $m=1$이다.

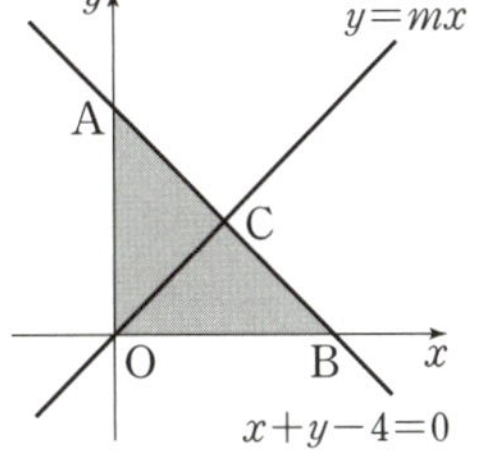

바빠 꿀팁

왼쪽의 그림과 같이 넓이를 이등분하는 직선 $y=mx$를 구하는 방법을 순서대로 정리해 보자.

① x절편, y절편을 구해 전체 넓이를 구하고

② 이 넓이를 이등분한 넓이의 값을 구하고

③ 넓이를 이용하여 두 직선의 교점 C의 좌표를 구한 다음 $y=mx$에 대입하여 m의 값을 구해.

● 두 일차함수의 그래프가 주어진 활용 문제에서 교점의 좌표 구하기

① 그래프가 지나는 두 점을 이용하여 일차함수의 식으로 나타낸다.

② 두 일차함수의 식을 연립하여 교점의 좌표를 구한다.

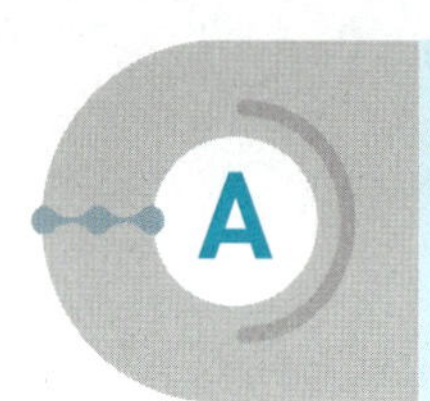

직선이 선분과 만날 조건

오른쪽 그림에서 직선 $y=ax$가 선분 AB와 만나도록 하는 상수 a의 값의 범위는 점 A(1, 3)을 지나면 $a=3$, 점 B(4, 2)를 지나면 $a=\frac{1}{2}$이므로 $\frac{1}{2} \le a \le 3$

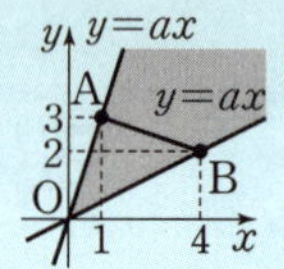

■ 다음과 같이 좌표평면 위에 두 점이 주어질 때, 직선 $y=ax$가 선분 AB와 만나도록 하는 상수 a의 값의 범위를 구하시오.

1. A(1, 4), B(3, 2)

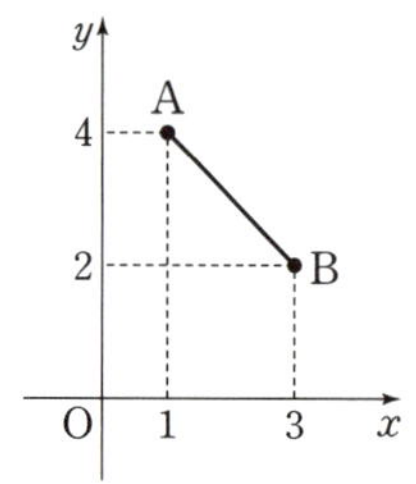

Help 직선 $y=ax$에 두 점 A(1, 4), B(3, 2)를 대입하여 상수 a의 값의 범위를 구한다.

2. A(2, 6), B(3, 3)

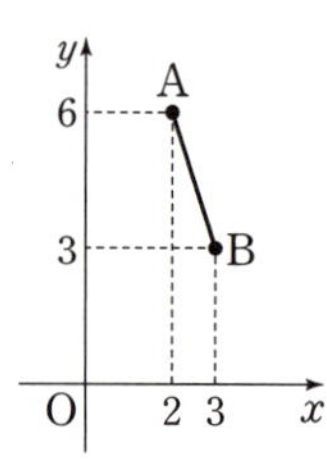

3. A(2, 3), B(5, 2)

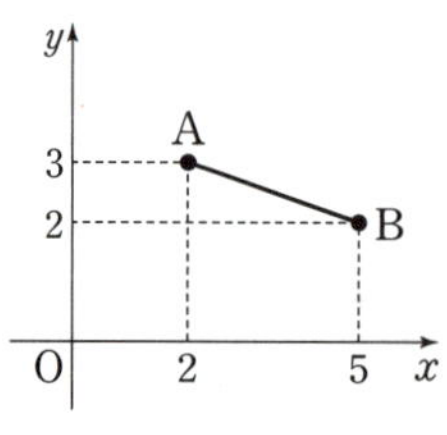

■ 다음과 같이 좌표평면 위에 두 점이 주어질 때, 직선 $y=ax-2$가 선분 AB와 만나도록 하는 상수 a의 값의 범위를 구하시오.

4. A(1, 3), B(3, 1)

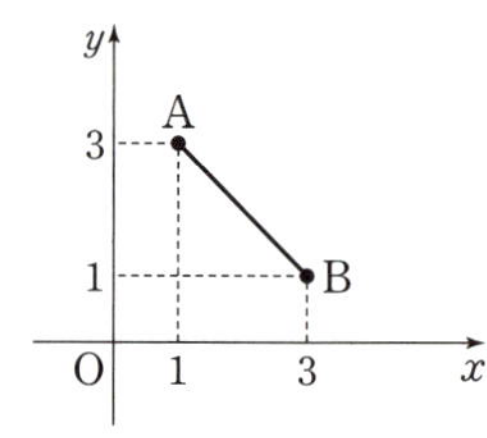

Help 직선 $y=ax-2$에 두 점 A(1, 3), B(3, 1)을 대입하여 상수 a의 값의 범위를 구한다.

5. A(1, 2), B(4, 2)

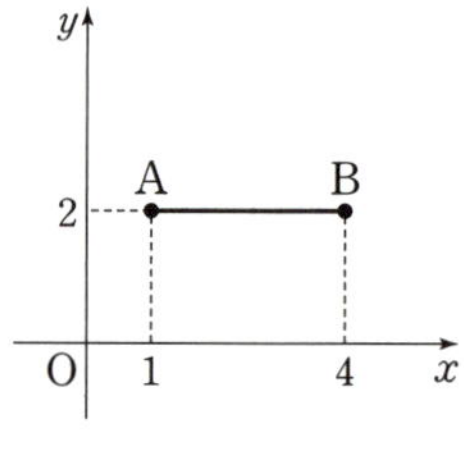

6. A(3, 4), B(6, 1)

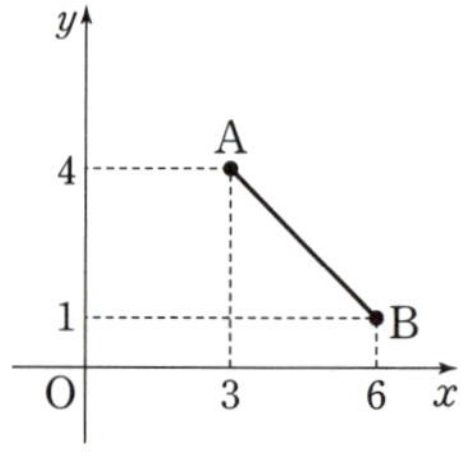

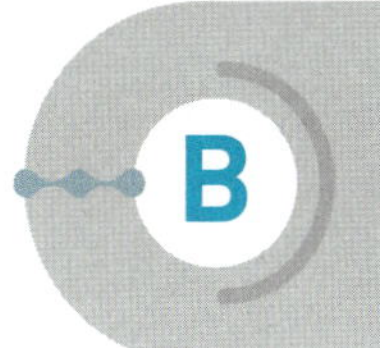

직선으로 둘러싸인 도형의 넓이

오른쪽 그림에서 색칠한 도형의 넓이를 구해 보자.
두 직선을 연립하여 풀면 $x=-3$, $y=2$이고
두 직선의 x절편이 각각 -2, -5이므로
(넓이) $=\frac{1}{2}\times\{(-2)-(-5)\}\times 2=3$

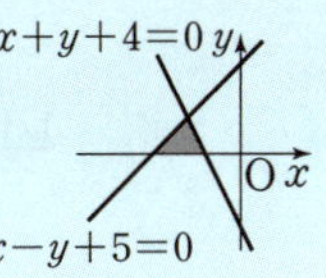

■ 다음과 같이 두 직선과 x축으로 둘러싸인 도형의 넓이를 구하시오.

1. $x+y-3=0$
$-x+y+1=0$

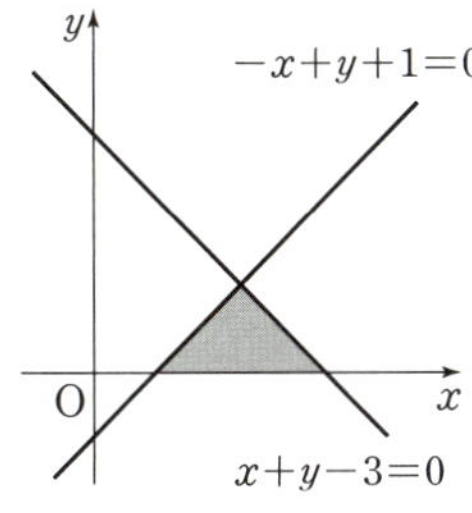

Help 두 직선의 교점의 y좌표와 x절편의 차로 도형의 넓이를 구한다.

2. $2x+y+8=0$
$4x-y+10=0$

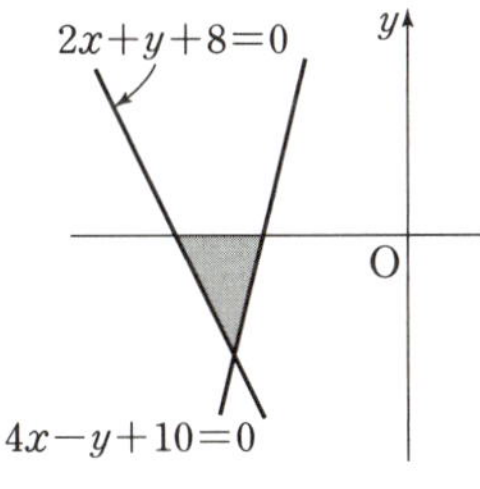

3. $2x+7y+6=0$
$x-3y-10=0$

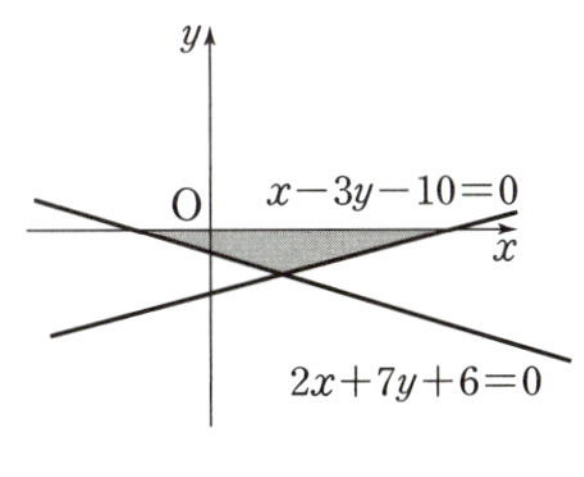

■ 다음과 같이 두 직선과 y축으로 둘러싸인 도형의 넓이를 구하시오.

4. $3x-y+1=0$
$2x+y-6=0$

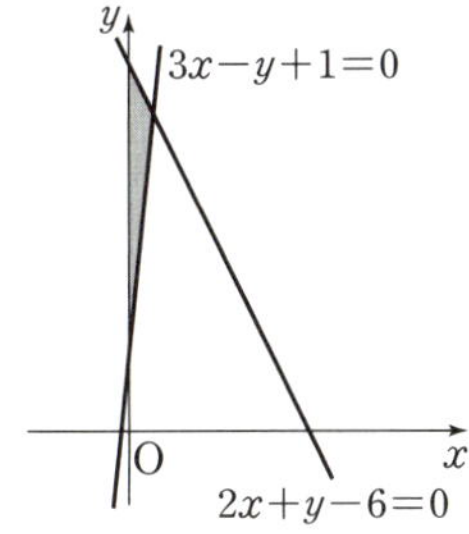

Help 두 직선의 교점의 x좌표와 y절편의 차로 도형의 넓이를 구한다.

5. $5x+y+3=0$
$x-2y+5=0$

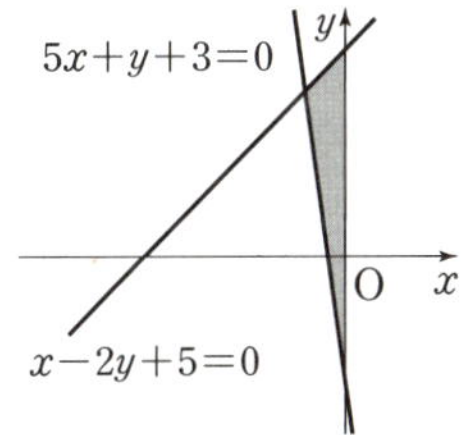

6. $x-y+3=0$
$x+y+7=0$

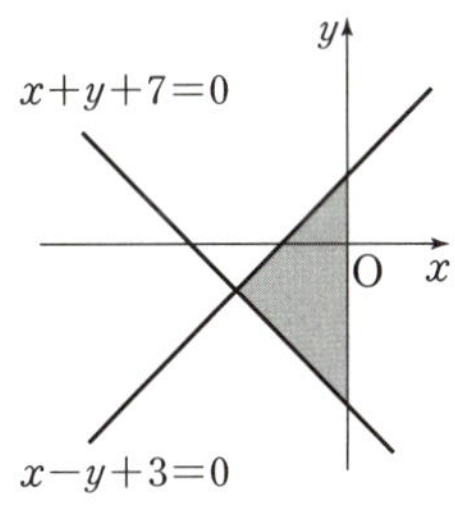

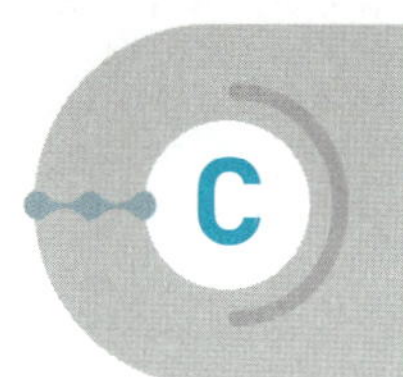

넓이를 이등분하는 직선의 방정식

오른쪽 그림에서 색칠한 부분의 넓이를 직선 $y=mx$가 이등분할 때, 상수 m의 값을 구해 보자. $\triangle$AOB의 넓이는 4이므로 $\triangle$COB의 넓이가 2임을 이용하여 점 C의 좌표를 구하여 $y=mx$에 대입하면 m의 값이 구해져.

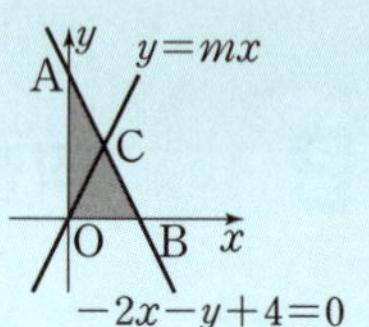

■ 오른쪽 그림과 같이 일차방정식 $x-y+4=0$의 그래프와 x축, y축으로 둘러싸인 도형의 넓이를 직선 $y=mx$가 이등분할 때, 상수 m의 값을 다음 순서로 구하시오.

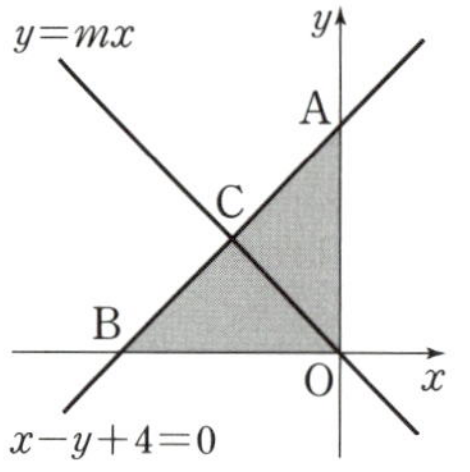

1. 일차방정식 $x-y+4=0$의 그래프의 x절편, y절편을 각각 구하시오.

2. $\triangle$ABO의 넓이를 구하시오.

3. $\triangle$CBO의 넓이를 구하시오.

4. $\triangle$CBO의 넓이를 이용하여 점 C의 y좌표를 구하시오.

   Help 점 C의 y좌표를 k라 하면 밑변의 길이는 4이고 넓이가 □이므로 $\frac{1}{2}\times4\times k=$□

5. 점 C의 y좌표를 이용하여 x좌표를 구하시오.

   Help 4번에서 구한 y좌표를 $x-y+4=0$에 대입하여 x좌표를 구한다.

6. 점 C의 좌표를 $y=mx$에 대입하여 상수 m의 값을 구하시오.

   Help 4, 5번에서 구한 x, y좌표를 $y=mx$에 대입하여 m의 값을 구한다.

■ 오른쪽 그림과 같이 일차함수 $y=-3x+6$의 그래프와 x축, y축으로 둘러싸인 도형의 넓이를 직선 $y=mx$가 이등분할 때, 상수 m의 값을 다음 순서로 구하시오.

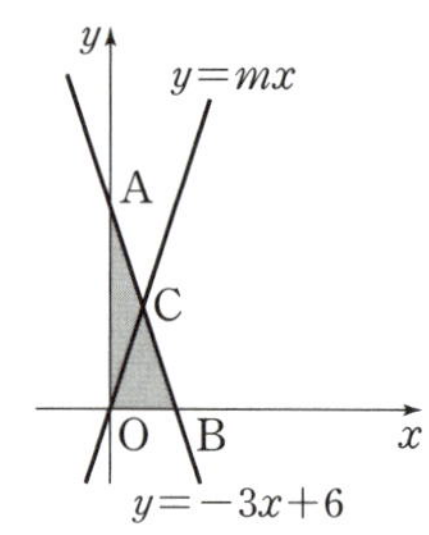

7. 일차함수 $y=-3x+6$의 그래프의 x절편, y절편을 각각 구하시오.

8. $\triangle$AOB의 넓이를 구하시오.

9. $\triangle$COB의 넓이를 구하시오.

10. $\triangle$COB의 넓이를 이용하여 점 C의 y좌표를 구하시오.

11. 점 C의 y좌표를 이용하여 x좌표를 구하시오.

12. 점 C의 좌표를 $y=mx$에 대입하여 상수 m의 값을 구하시오.

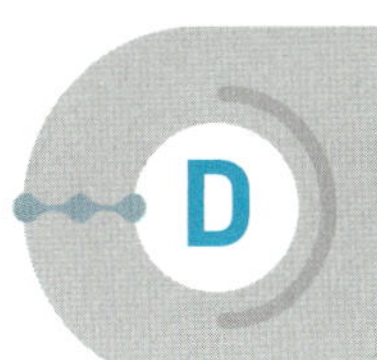

그래프를 이용한 일차함수의 활용

두 그래프를 이용한 일차함수의 활용 문제는 x절편과 y절편을 이용하여 주어진 그래프를 나타내는 일차함수의 식을 각각 구한 후 두 그래프의 교점의 좌표를 구하면 돼. 아하! 그렇구나~

1. 오른쪽 그림은 길이가 30 cm인 양초에 불을 붙인 지 x분 후에 남은 양초의 길이를 y cm라 할 때, x와 y 사이의 관계를 그래프로 나타낸 것이다. 불을 붙인 지 몇 분 후에 남은 양초의 길이가 6 cm가 되는지 구하시오.

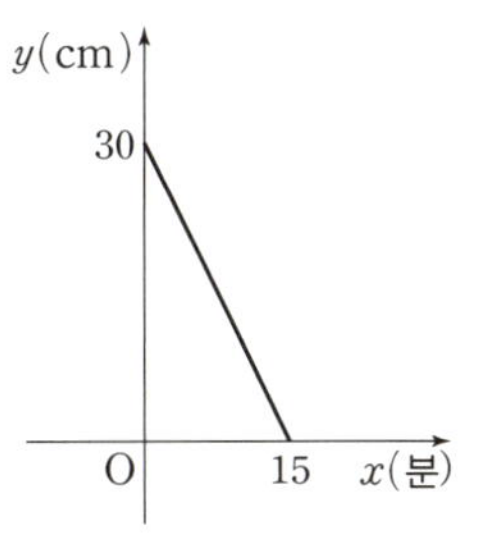

Help x절편이 15이고 y절편이 30임을 이용하여 일차함수의 식으로 나타내고 $y=6$을 대입한다.

2. 오른쪽 그림은 80 ℃의 물을 냉동실에 넣고 x분 후의 물의 온도를 y ℃라 할 때, x와 y 사이의 관계를 그래프로 나타낸 것이다. 15분 후의 물의 온도를 구하시오.

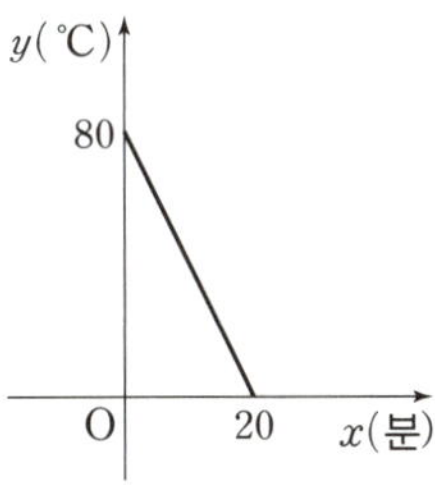

3. 50 L, 36 L의 물이 각각 들어 있는 두 물통 A, B에서 동시에 일정한 속력으로 물을 빼낸다. 오른쪽 그림은 x분 후에 남아 있는 물의 양을 y L라 할 때, x와 y 사이의 관계를 그래프로 나타낸 것이다. 물을 빼내기 시작한 지 몇 분 후에 두 물통에 남아 있는 물의 양이 같아지는지 구하시오.

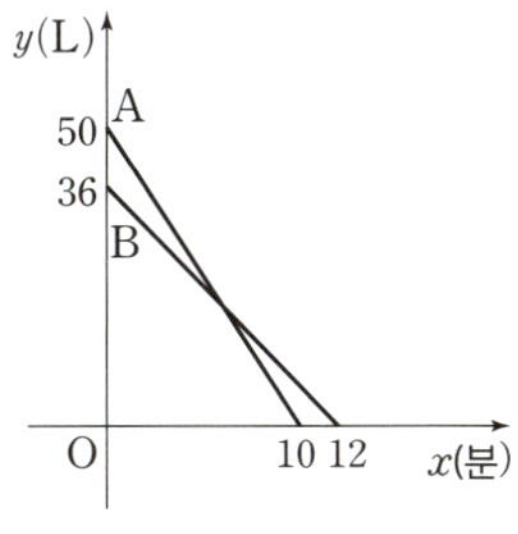

Help A물통은 x절편이 10, y절편이 50임을 이용하여 그래프의 식을 구하고, B물통은 x절편이 12, y절편이 36임을 이용하여 그래프의 식을 구한 후 두 그래프의 교점을 구한다.

4. 집에서 3 km 떨어진 학교에 가는데 동생이 먼저 출발하고 10분 후에 형이 출발하였다. 오른쪽 그림은 동생이 출발한 지 x분 후에 동생과 형의 집으로부터의 거리를 y km라 할 때, x와 y 사이의 관계를 그래프로 나타낸 것이다. 동생이 출발한 지 몇 분 후에 동생과 형이 만나는지 구하시오.

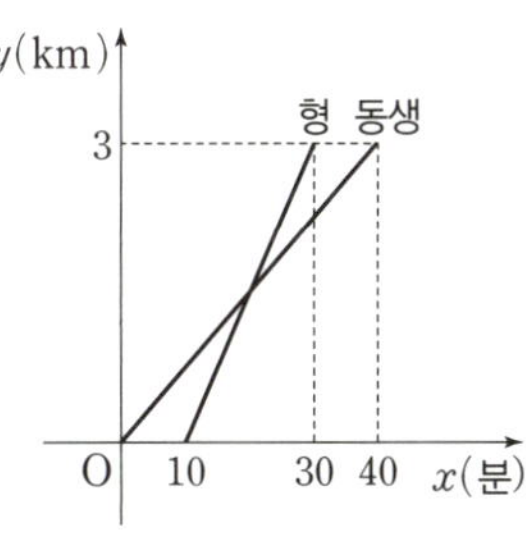

Help 형의 그래프는 두 점 (10, 0), (30, 3)을 지나고, 동생의 그래프는 두 점 (0, 0), (40, 3)을 지남을 이용하여 그래프의 식을 구하고 두 그래프의 교점을 구한다.

시험 문제

*정답과 해설 48쪽

[1] 직선이 선분과 만날 조건

1. 오른쪽 그림과 같이 두 점 A$(-2, 4)$, B$(-5, 1)$을 양 끝점으로 하는 선분과 직선 $y=ax-4$가 만날 때, 상수 a의 값이 될 수 없는 것은?

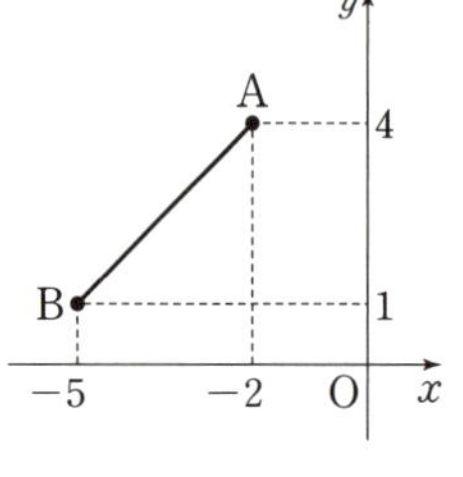

① -5　② -4　③ -3　④ -2　⑤ -1

적중률 80%

[2~3] 직선으로 둘러싸인 도형의 넓이

2. 오른쪽 그림과 같이 두 직선 $x+y-5=0$, $-3x+y+3=0$과 x축으로 둘러싸인 도형의 넓이는?

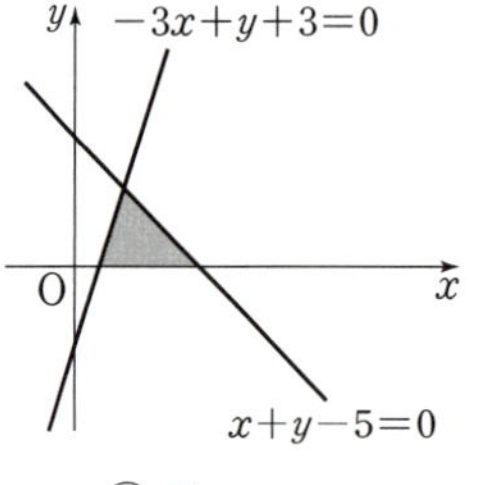

① 2　② 3　③ 5　④ 6　⑤ 8

3. 오른쪽 그림과 같이 두 직선 $x-2y+10=0$, $x+y+4=0$과 y축으로 둘러싸인 도형의 넓이를 구하시오.

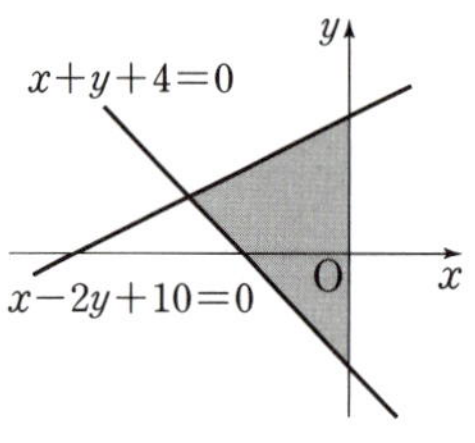

적중률 70%

[4~5] 그래프를 이용한 일차함수의 활용

4. 오른쪽 그림은 길이가 40 cm인 양초에 불을 붙인 지 x분 후에 남은 양초의 길이를 y cm라 할 때, x와 y 사이의 관계를 그래프로 나타낸 것이다. 불을 붙인 지 몇 분 후에 남은 양초의 길이가 12 cm가 되는지 구하시오.

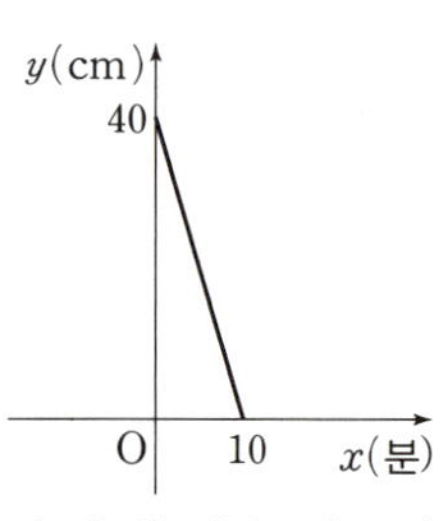

5. 집에서 5 km 떨어진 학교에 가는데 동생이 먼저 출발하고 20분 후에 형이 출발하였다. 오른쪽 그림은 동생이 출발한 지 x분 후에 동생과 형의 집으로부터의 거리를 y km라 할 때, x와 y 사이의 관계를 그래프로 나타낸 것이다. 동생이 출발한 지 몇 분 후에 동생과 형이 만나는지 구하시오.

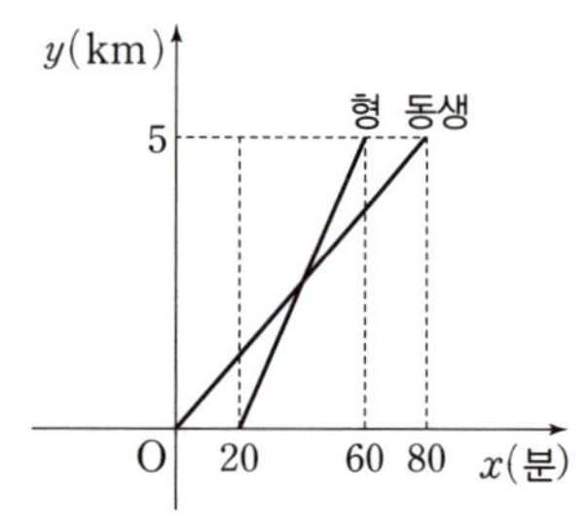

2학기, 가장 먼저 풀어야 할 문제집!

바쁜 중2를 위한 빠른 중학도형

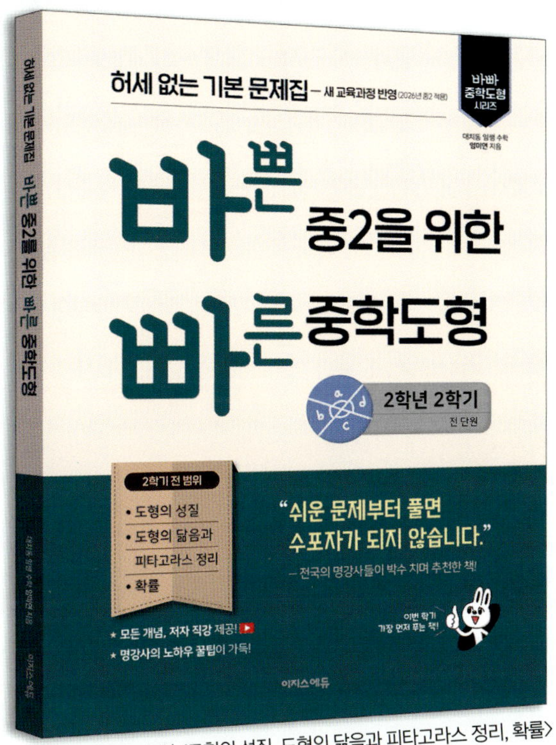

2학년 2학기 과정 | <도형의 성질, 도형의 닮음과 피타고라스 정리, 확률>

★ ★ ★

2학기 수학 기초 완성!

기초부터
시험 대비까지!
바빠로 끝낸다!

이번 학기
가장 먼저 푸는 책!

중학교 2학기 첫 수학은 '바빠 중학도형'이다!

★ 2학기, 가장 먼저 풀어야 할 문제집!
도형뿐만 아니라 확률과 통계까지 기본 문제를 한 권에 모아, 기초가 탄탄해져요.

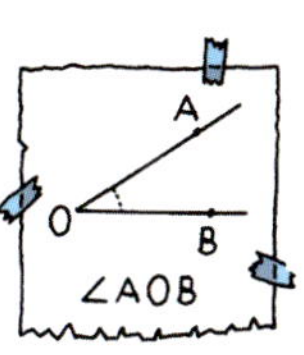

★ 대치동 명강사의 노하우가 쏙쏙 '바빠 꿀팁'
책에는 없던, 말로만 듣던 꿀팁을 그대로 담아 더욱 쉽게 이해돼요.

★ '앗! 실수' 코너로 실수 문제 잡기!
중학생 70%가 틀린 문제를 짚어 주어, 실수를 확~ 줄여 줘요.

★ 내신 대비 '거저먹는 시험 문제' 수록
이 문제들만 풀어도 2학기 학교 시험은 문제없어요.

★ 선생님들도 박수 치며 좋아하는 책!
자습용이나 학원 선생님들이 숙제로 내주기 딱 좋은 책이에요.

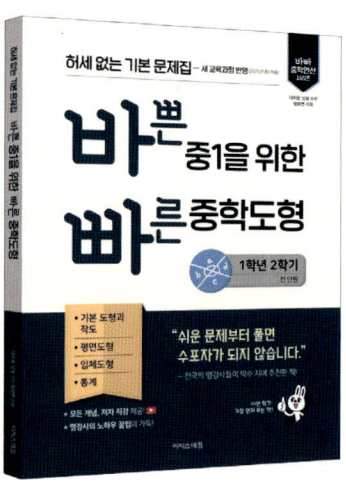

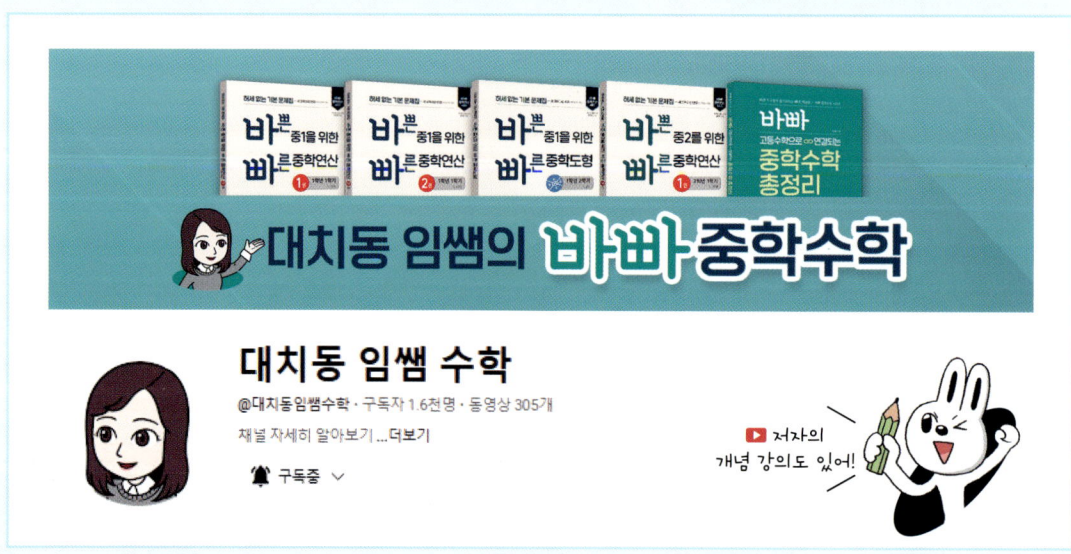

허세 없는 기본 문제집 — 새 교육과정 반영 (2026년 중2 적용)

대치동 임쌤 수학
임미연 지음

바쁜 중2를 위한 빠른 중학연산

2권 2학년 1학기

3, 4단원

정답과 해설

기말고사 범위

- 연립방정식
- 함수

"쉬운 문제부터 풀면 수포자가 되지 않습니다."

— 전국의 명강사들이 박수 치며 추천한 책!

이지스에듀

이번 학기
가장 먼저 푸는 책!

01 미지수가 2개인 일차방정식

A 미지수가 2개인 일차방정식 13쪽

1 ○ 2 × 3 × 4 ○
5 × 6 × 7 ○ 8 ×
9 × 10 ○

2 분모에 미지수가 있는 방정식은 일차방정식이 아니다.
3 이차항이 있으므로 일차방정식이 아니다.
5 미지수가 1개 있으므로 미지수가 2개인 일차방정식이 아니다.
6 등호가 없으므로 방정식이 아니다.
7 $\frac{x}{4}-\frac{y}{3}=2$는 $\frac{1}{4}x-\frac{1}{3}y=2$이므로 미지수가 2개인 일차방정식이다.
8 전개하면 이차항이 생기므로 일차방정식이 아니다.
9 xy는 문자가 두 개 곱해진 것이므로 일차방정식이 아니다.
10 $2x^2+x+y=5+2x^2$에서 우변의 $2x^2$을 좌변으로 옮기면 이차항이 없어지므로 $x+y=5$가 되어 미지수가 2개인 일차방정식이다.

B 미지수가 2개인 일차방정식 세우기 14쪽

1 $x+y=6$ 2 $2x+3y=10$
3 $x=y-8$ 4 $3000x+4500y=21000$
5 $2x+3y=53$ 6 $4x+2y=48$
7 $2x+2y=25$ 8 $4x=2y-1$
9 $3x+4y=90$ 10 $2000x+3500y=18000$

C x, y가 자연수일 때, 일차방정식의 해 구하기 15쪽

1

x	1	2	3	4
y	6	4	2	0

(1, 6), (2, 4), (3, 2)

2

x	1	2	3	4	5
y	6	$\frac{9}{2}$	3	$\frac{3}{2}$	0

(1, 6), (3, 3)

3

x	15	10	5	0
y	1	2	3	4

(15, 1), (10, 2), (5, 3)

4

x	10	$\frac{15}{2}$	5	$\frac{5}{2}$	0
y	1	2	3	4	5

(10, 1), (5, 3)

5 ○ 6 ○ 7 × 8 ×
9 ○

D 일차방정식의 해 또는 계수가 문자로 주어질 때 상수 구하기 16쪽

1 -1 2 -10 3 16 4 $-\frac{7}{2}$
5 -8 6 4 7 -3 8 $\frac{6}{5}$
9 $\frac{8}{5}$ 10 4

1 일차방정식 $x+2y+a=0$에 $x=-1$, $y=1$을 대입하면
$-1+2+a=0$ $\therefore a=-1$
2 일차방정식 $-x+4y+a=0$에 $x=2$, $y=3$을 대입하면
$-2+12+a=0$ $\therefore a=-10$
3 일차방정식 $3x-2y+a=0$에 $x=-4$, $y=2$를 대입하면
$-12-4+a=0$ $\therefore a=16$
4 일차방정식 $-5x+y+a=0$에 $x=\frac{1}{10}$, $y=4$를 대입하면
$-\frac{1}{2}+4+a=0$ $\therefore a=-\frac{7}{2}$
5 일차방정식 $6x+4y+a=0$에 $x=\frac{1}{3}$, $y=\frac{3}{2}$을 대입하면
$2+6+a=0$ $\therefore a=-8$
6 일차방정식 $2x+4y=10$에 $x=-3$, $y=a$를 대입하면
$-6+4a=10$ $\therefore a=4$
7 일차방정식 $3x-y=-12$에 $x=-5$, $y=a$를 대입하면
$-15-a=-12$ $\therefore a=-3$
8 일차방정식 $-5x+2y=14$에 $x=a$, $y=10$을 대입하면
$-5a+20=14$ $\therefore a=\frac{6}{5}$
9 일차방정식 $x+4y=12$에 $x=a$, $y=a+1$을 대입하면
$a+4(a+1)=12$, $a+4a+4=12$ $\therefore a=\frac{8}{5}$
10 일차방정식 $\frac{1}{2}x-\frac{1}{3}y=1$에 $x=a$, $y=a-1$을 대입하면
$\frac{1}{2}a-\frac{1}{3}(a-1)=1$, $3a-2(a-1)=6$ $\therefore a=4$

거저먹는 시험 문제 17쪽

1 ③ 2 2개 3 $700x+1200y=4500$
4 ②, ④ 5 ② 6 $-\frac{7}{3}$

1 ① $xy-x=4$에서 xy는 x와 y가 곱해져 있어서 이차항이므로 일차방정식이 아니다.
② $\frac{3}{x}+y=-1$은 x가 분모에 있으므로 일차방정식이 아니다.
④ $3x+6y$는 등식이 아니므로 방정식이 아니다.
⑤ $-x+y+2=-x$는 $y+2=0$이 되므로 미지수가 2개인 일차방정식이 아니다.
따라서 미지수가 2개인 일차방정식인 것은 ③이다.

2 ㄱ, ㄹ의 2개이다.

3 700원짜리 아이스크림 x개의 가격은 $700x$원, 1200원짜리 과자 y개의 가격은 $1200y$원이고 5000원을 내었더니 거스름돈이 500원이었으므로 낸 돈은 4500원이다.

$\therefore 700x+1200y=4500$

4 ① $x=0, y=-16$을 $-x+3y$에 대입하면
$0+3\times(-16)=-48$이므로 $x=0, y=-16$은
$-x+3y=16$의 해가 아니다.

② $x=-1, y=5$를 $-x+3y$에 대입하면
$-(-1)+3\times5=16$이므로 $x=-1, y=5$는
$-x+3y=16$의 해이다.

③ $x=7, y=3$을 $-x+3y$에 대입하면
$-7+3\times3=2$이므로 $x=7, y=3$은
$-x+3y=16$의 해가 아니다.

④ $x=-9, y=\frac{7}{3}$을 $-x+3y$에 대입하면
$-(-9)+3\times\frac{7}{3}=16$이므로 $x=-9, y=\frac{7}{3}$은
$-x+3y=16$의 해이다.

⑤ $x=1, y=-6$을 $-x+3y$에 대입하면
$-1+3\times(-6)=-19$이므로 $x=1, y=-6$은
$-x+3y=16$의 해가 아니다.

따라서 일차방정식 $-x+3y=16$의 해가 되는 것은 ②, ④이다.

5 ② $x=-1, y=1$을 $\frac{3}{2}x+y$에 대입하면
$\frac{3}{2}\times(-1)+1=-\frac{1}{2}$

6 일차방정식 $4x-y=2$에 $x=a+2, y=a-1$을 대입하면
$4(a+2)-(a-1)=2, 4a+8-a+1=2$
$\therefore a=-\frac{7}{3}$

02 연립방정식의 해

A 연립방정식 세우기 19쪽

1 21, 9
2 28, 4
3 3000, 1000, 10
4 4, 5, 20
5 $\begin{cases}2x-y=15\\x+4y=20\end{cases}$
6 $\begin{cases}x+y=18\\2x+4y=50\end{cases}$
7 $\begin{cases}2000x+5000y=58000\\x+y=20\end{cases}$
8 $\begin{cases}2x+2y=64\\x=3y\end{cases}$

B 연립방정식의 해 20쪽

1 ○　2 ×　3 ×　4 ○
5 ○　6 ×　7 ×　8 ○
9 ○　10 ×

1 $x=1, y=3$을 $x+2y=7$에 대입하면 성립하고
$-x+y=2$에 대입해도 성립한다.

2 $x=1, y=3$을 $3x+2y=9$에 대입하면 성립하지만
$-2x+y=3$에 대입하면 성립하지 않는다.

3 $x=1, y=3$을 $-2x+4y=9$에 대입하면 성립하지 않지만
$x-y=-2$에 대입하면 성립한다.

4 $x=1, y=3$을 $x-4y=-11$에 대입하면 성립하고
$3x+y=6$에 대입해도 성립한다.

5 $x=1, y=3$을 $x-3y=-8$에 대입하면 성립하고
$2x+3y=11$에 대입해도 성립한다.

6 $x=2, y=-2$를 $-x-3y=4$에 대입하면 성립하지만
$x+2y=2$에 대입하면 성립하지 않는다.

7 $x=2, y=-2$를 $-4x+y=-10$에 대입하면 성립하지만
$2x+3y=-5$에 대입하면 성립하지 않는다.

8 $x=2, y=-2$를 $x-y=4$에 대입하면 성립하고
$x-2y=6$에 대입해도 성립한다.

9 $x=2, y=-2$를 $-3x+y=-8$에 대입하면 성립하고
$3x+2y=2$에 대입해도 성립한다.

10 $x=2, y=-2$를 $x-2y=-6$에 대입하면 성립하지 않지만 $7x+5y=4$에 대입하면 성립한다.

C 연립방정식의 계수가 문자로 주어질 때 21쪽

1 $a=3, b=-1$
2 $a=3, b=2$
3 $a=-1, b=5$
4 $a=-3, b=-1$
5 $a=2, b=3$
6 $a=1, b=-2$
7 $a=8, b=-20$
8 $a=-4, b=-1$

1 $ax-2y=5$에 $x=1, y=-1$을 대입하면
$a+2=5$　$\therefore a=3$
$x+by=2$에 $x=1, y=-1$을 대입하면
$1-b=2$　$\therefore b=-1$

2 $-2x+ay=4$에 $x=1, y=2$를 대입하면
$-2+2a=4$　$\therefore a=3$
$bx+4y=10$에 $x=1, y=2$를 대입하면
$b+8=10$　$\therefore b=2$

3 $ax+3y=7$에 $x=2, y=3$을 대입하면
$2a+9=7$　$\therefore a=-1$
$bx-2y=4$에 $x=2, y=3$을 대입하면
$2b-6=4$　$\therefore b=5$

4 $x-5ay=10$에 $x=-5, y=1$을 대입하면
$-5-5a=10$　$\therefore a=-3$
$2bx-2y=8$에 $x=-5, y=1$을 대입하면
$-10b-2=8$　$\therefore b=-1$

5 $2x+3ay=20$에 $x=4$, $y=2$를 대입하면
$8+6a=20$ $\quad\therefore a=2$
$bx-4y=4$에 $x=4$, $y=2$를 대입하면
$4b-8=4$ $\quad\therefore b=3$

6 $-4ax+y=10$에 $x=-3$, $y=-2$를 대입하면
$12a-2=10$ $\quad\therefore a=1$
$2bx+3y=6$에 $x=-3$, $y=-2$를 대입하면
$-6b-6=6$ $\quad\therefore b=-2$

7 $x-ay=15$에 $x=-1$, $y=-2$를 대입하면
$-1+2a=15$ $\quad\therefore a=8$
$bx+5y=10$에 $x=-1$, $y=-2$를 대입하면
$-b-10=10$ $\quad\therefore b=-20$

8 $-2ax+y=12$에 $x=1$, $y=4$를 대입하면
$-2a+4=12$ $\quad\therefore a=-4$
$x+2by=-7$에 $x=1$, $y=4$를 대입하면
$1+8b=-7$ $\quad\therefore b=-1$

D 연립방정식의 해 또는 계수가 문자로 주어질 때 22쪽

1 $a=2$, $k=3$
2 $a=1$, $k=-2$
3 $a=-1$, $k=4$
4 $a=7$, $k=-1$
5 $a=-6$, $k=-3$
6 $a=4$, $k=5$
7 $a=-5$, $k=-2$
8 $a=1$, $k=6$

1 $-x+2y=-8$에 $x=k+1$, $y=-2$를 대입하면
$-k-1-4=-8$ $\quad\therefore k=3$
따라서 해는 $x=4$, $y=-2$이므로
$2ax+4y=8$에 $x=4$, $y=-2$를 대입하면
$8a-8=8$ $\quad\therefore a=2$

2 $-2x+y=-5$에 $x=1$, $y=2k+1$을 대입하면
$-2+2k+1=-5$ $\quad\therefore k=-2$
따라서 해는 $x=1$, $y=-3$이므로
$-4x-5ay=11$에 $x=1$, $y=-3$을 대입하면
$-4+15a=11$ $\quad\therefore a=1$

3 $x+3y=12$에 $x=k-1$, $y=3$을 대입하면
$k-1+9=12$ $\quad\therefore k=4$
따라서 해는 $x=3$, $y=3$이므로
$ax+4y=9$에 $x=3$, $y=3$을 대입하면
$3a+12=9$ $\quad\therefore a=-1$

4 $-3x+2y=16$에 $x=-4$, $y=k+3$을 대입하면
$12+2k+6=16$ $\quad\therefore k=-1$
따라서 해는 $x=-4$, $y=2$이므로
$5x+2ay=8$에 $x=-4$, $y=2$를 대입하면
$-20+4a=8$ $\quad\therefore a=7$

5 $x-5y=13$에 $x=k+1$, $y=k$를 대입하면
$k+1-5k=13$ $\quad\therefore k=-3$
따라서 해는 $x=-2$, $y=-3$이므로
$4x+ay=10$에 $x=-2$, $y=-3$을 대입하면
$-8-3a=10$ $\quad\therefore a=-6$

6 $2x-y=13$에 $x=k-1$, $y=-k$를 대입하면
$2k-2+k=13$ $\quad\therefore k=5$
따라서 해는 $x=4$, $y=-5$이므로
$ax+y=11$에 $x=4$, $y=-5$를 대입하면
$4a-5=11$ $\quad\therefore a=4$

7 $x-2y=6$에 $x=k$, $y=-2+k$를 대입하면
$k-2(-2+k)=6$, $k+4-2k=6$ $\quad\therefore k=-2$
따라서 해는 $x=-2$, $y=-4$이므로
$-3ax-8y=2$에 $x=-2$, $y=-4$를 대입하면
$6a+32=2$ $\quad\therefore a=-5$

8 $2x-4y=-18$에 $x=k-1$, $y=k+1$을 대입하면
$2k-2-4k-4=-18$ $\quad\therefore k=6$
따라서 해는 $x=5$, $y=7$이므로
$x+ay=12$에 $x=5$, $y=7$을 대입하면
$5+7a=12$ $\quad\therefore a=1$

거저먹는 시험 문제 23쪽

1 $\begin{cases} x+y=75 \\ y=x+5 \end{cases}$
2 $\begin{cases} x+y=50 \\ \frac{3}{10}x+\frac{2}{5}y=18 \end{cases}$
3 ④ 4 ③ 5 ① 6 -2

3 ④ $3x-y=5$, $-4x+5y=-3$에 $x=2$, $y=1$을 대입하면 식이 모두 성립한다.

4 ① $x=1$, $y=9$를 $2x-y=-7$에 대입하면 성립하고 $-3x+y=9$에 대입하면 성립하지 않는다.
② $x=-1$, $y=6$을 $2x-y=-7$에 대입하면 성립하지 않고 $-3x+y=9$에 대입하면 성립한다.
③ $x=-2$, $y=3$을 $2x-y=-7$에 대입하면 성립하고 $-3x+y=9$에 대입해도 성립한다.
④ $x=-3$, $y=1$을 $2x-y=-7$에 대입하면 성립하고 $-3x+y=9$에 대입하면 성립하지 않는다.
⑤ $x=-4$, $y=-3$을 $2x-y=-7$에 대입하면 성립하지 않고 $-3x+y=9$에 대입하면 성립한다.
따라서 연립방정식의 해는 ③이다.

5 $x-ay=8$에 $x=4$, $y=1$을 대입하면
$4-a=8$ $\quad\therefore a=-4$
$2bx+3y=11$에 $x=4$, $y=1$을 대입하면
$8b+3=11$ $\quad\therefore b=1$
$\therefore a+b=-3$

6 $5x+2y=10$에 $x=-k$, $y=k-1$을 대입하면
$-5k+2k-2=10$ $\quad\therefore k=-4$
따라서 해는 $x=4$, $y=-5$이므로
$-2x+ay=2$에 $x=4$, $y=-5$를 대입하면
$-8-5a=2$ $\quad\therefore a=-2$

03 연립방정식의 풀이

A 가감법 1 (25쪽)

1 $x=7,\ y=-1$ 2 $x=1,\ y=6$
3 $x=3,\ y=1$ 4 $x=-1,\ y=11$
5 $x=-1,\ y=6$ 6 $x=8,\ y=2$
7 $x=4,\ y=-1$ 8 $x=1,\ y=4$

1 $\begin{cases} x+y=6 & \cdots \text{㉠} \\ x-y=8 & \cdots \text{㉡} \end{cases}$에서 ㉠+㉡을 하면
$2x=14 \quad \therefore x=7$
$x=7$을 ㉠에 대입하면 $y=-1$

2 $\begin{cases} -x+y=5 & \cdots \text{㉠} \\ x+y=7 & \cdots \text{㉡} \end{cases}$에서 ㉠+㉡을 하면
$2y=12 \quad \therefore y=6$
$y=6$을 ㉡에 대입하면 $x=1$

3 $\begin{cases} x+3y=6 & \cdots \text{㉠} \\ x+y=4 & \cdots \text{㉡} \end{cases}$에서 ㉠−㉡을 하면
$2y=2 \quad \therefore y=1$
$y=1$을 ㉡에 대입하면 $x=3$

4 $\begin{cases} x+y=10 & \cdots \text{㉠} \\ 2x+y=9 & \cdots \text{㉡} \end{cases}$에서 ㉠−㉡을 하면
$-x=1 \quad \therefore x=-1$
$x=-1$을 ㉠에 대입하면 $y=11$

5 $\begin{cases} -2x+y=8 & \cdots \text{㉠} \\ 2x+y=4 & \cdots \text{㉡} \end{cases}$에서 ㉠+㉡을 하면
$2y=12 \quad \therefore y=6$
$y=6$을 ㉡에 대입하면 $x=-1$

6 $\begin{cases} x+4y=16 & \cdots \text{㉠} \\ 3x-4y=16 & \cdots \text{㉡} \end{cases}$에서 ㉠+㉡을 하면
$4x=32 \quad \therefore x=8$
$x=8$을 ㉠에 대입하면 $y=2$

7 $\begin{cases} 3x+6y=6 & \cdots \text{㉠} \\ -2x+6y=-14 & \cdots \text{㉡} \end{cases}$에서 ㉠−㉡을 하면
$5x=20 \quad \therefore x=4$
$x=4$를 ㉠에 대입하면 $y=-1$

8 $\begin{cases} -4x+3y=8 & \cdots \text{㉠} \\ x+3y=13 & \cdots \text{㉡} \end{cases}$에서 ㉠−㉡을 하면
$-5x=-5 \quad \therefore x=1$
$x=1$을 ㉡에 대입하면 $y=4$

B 가감법 2 (26쪽)

1 $x=3,\ y=-3$ 2 $x=0,\ y=4$
3 $x=5,\ y=2$ 4 $x=4,\ y=-3$
5 $x=3,\ y=1$ 6 $x=-7,\ y=-4$
7 $x=3,\ y=4$ 8 $x=1,\ y=1$

1 $\begin{cases} x+2y=-3 & \cdots \text{㉠} \\ 2x-y=9 & \cdots \text{㉡} \end{cases}$에서 ㉡×2를 하면
$\begin{cases} x+2y=-3 & \cdots \text{㉠} \\ 4x-2y=18 & \cdots \text{㉢} \end{cases}$이므로 ㉠+㉢을 하면
$5x=15 \quad \therefore x=3$
$x=3$을 ㉠에 대입하면 $y=-3$

2 $\begin{cases} -3x+y=4 & \cdots \text{㉠} \\ x+2y=8 & \cdots \text{㉡} \end{cases}$에서 ㉠×2를 하면
$\begin{cases} -6x+2y=8 & \cdots \text{㉢} \\ x+2y=8 & \cdots \text{㉡} \end{cases}$이므로 ㉢−㉡을 하면
$-7x=0 \quad \therefore x=0$
$x=0$을 ㉠에 대입하면 $y=4$

3 $\begin{cases} 2x+3y=16 & \cdots \text{㉠} \\ x-4y=-3 & \cdots \text{㉡} \end{cases}$에서 ㉡×2를 하면
$\begin{cases} 2x+3y=16 & \cdots \text{㉠} \\ 2x-8y=-6 & \cdots \text{㉢} \end{cases}$이므로 ㉠−㉢을 하면
$11y=22 \quad \therefore y=2$
$y=2$를 ㉡에 대입하면 $x=5$

4 $\begin{cases} -x-4y=8 & \cdots \text{㉠} \\ 5x+2y=14 & \cdots \text{㉡} \end{cases}$에서 ㉡×2를 하면
$\begin{cases} -x-4y=8 & \cdots \text{㉠} \\ 10x+4y=28 & \cdots \text{㉢} \end{cases}$이므로 ㉠+㉢을 하면
$9x=36 \quad \therefore x=4$
$x=4$를 ㉠에 대입하면 $y=-3$

5 $\begin{cases} -x+6y=3 & \cdots \text{㉠} \\ -3x+4y=-5 & \cdots \text{㉡} \end{cases}$에서 ㉠×3을 하면
$\begin{cases} -3x+18y=9 & \cdots \text{㉢} \\ -3x+4y=-5 & \cdots \text{㉡} \end{cases}$이므로 ㉢−㉡을 하면
$14y=14 \quad \therefore y=1$
$y=1$을 ㉠에 대입하면 $x=3$

6 $\begin{cases} -2x+y=10 & \cdots \text{㉠} \\ x-7y=21 & \cdots \text{㉡} \end{cases}$에서 ㉡×2를 하면
$\begin{cases} -2x+y=10 & \cdots \text{㉠} \\ 2x-14y=42 & \cdots \text{㉢} \end{cases}$이므로 ㉠+㉢을 하면
$-13y=52 \quad \therefore y=-4$
$y=-4$를 ㉡에 대입하면 $x=-7$

7 $\begin{cases} x-3y=-9 & \cdots \text{㉠} \\ -4x+5y=8 & \cdots \text{㉡} \end{cases}$에서 ㉠×4를 하면
$\begin{cases} 4x-12y=-36 & \cdots \text{㉢} \\ -4x+5y=8 & \cdots \text{㉡} \end{cases}$이므로 ㉢+㉡을 하면
$-7y=-28 \quad \therefore y=4$
$y=4$를 ㉠에 대입하면 $x=3$

8 $\begin{cases} 6x-7y=-1 & \cdots \text{㉠} \\ -x+4y=3 & \cdots \text{㉡} \end{cases}$에서 ㉡×6을 하면
$\begin{cases} 6x-7y=-1 & \cdots \text{㉠} \\ -6x+24y=18 & \cdots \text{㉢} \end{cases}$이므로 ㉠+㉢을 하면

$17y=17 \quad \therefore y=1$

$y=1$을 ㉡에 대입하면 $x=1$

C 가감법 3

27쪽

1 $x=3, y=3$　2 $x=-8, y=-2$

3 $x=1, y=1$　4 $x=3, y=1$

5 $x=-1, y=-1$　6 $x=2, y=5$

7 $x=-2, y=5$　8 $x=2, y=2$

1 $\begin{cases} 2x+3y=15 & \cdots ㉠ \\ 3x-2y=3 & \cdots ㉡ \end{cases}$에서 ㉠$\times 3$, ㉡$\times 2$를 하면

$\begin{cases} 6x+9y=45 & \cdots ㉢ \\ 6x-4y=6 & \cdots ㉣ \end{cases}$이므로 ㉢$-$㉣을 하면

$13y=39 \quad \therefore y=3$

$y=3$을 ㉠에 대입하면 $x=3$

2 $\begin{cases} -2x+4y=8 & \cdots ㉠ \\ 3x-5y=-14 & \cdots ㉡ \end{cases}$에서 ㉠$\times 3$, ㉡$\times 2$를 하면

$\begin{cases} -6x+12y=24 & \cdots ㉢ \\ 6x-10y=-28 & \cdots ㉣ \end{cases}$이므로 ㉢$+$㉣을 하면

$2y=-4 \quad \therefore y=-2$

$y=-2$를 ㉡에 대입하면 $x=-8$

3 $\begin{cases} 3x+5y=8 & \cdots ㉠ \\ 5x+2y=7 & \cdots ㉡ \end{cases}$에서 ㉠$\times 2$, ㉡$\times 5$를 하면

$\begin{cases} 6x+10y=16 & \cdots ㉢ \\ 25x+10y=35 & \cdots ㉣ \end{cases}$이므로 ㉢$-$㉣을 하면

$-19y=-19 \quad \therefore y=1$

$y=1$을 ㉠에 대입하면 $x=1$

4 $\begin{cases} 5x-2y=13 & \cdots ㉠ \\ 2x-3y=3 & \cdots ㉡ \end{cases}$에서 ㉠$\times 3$, ㉡$\times 2$를 하면

$\begin{cases} 15x-6y=39 & \cdots ㉢ \\ 4x-6y=6 & \cdots ㉣ \end{cases}$이므로 ㉢$-$㉣을 하면

$11x=33 \quad \therefore x=3$

$x=3$을 ㉡에 대입하면 $y=1$

5 $\begin{cases} 3x+2y=-5 & \cdots ㉠ \\ -4x+7y=-3 & \cdots ㉡ \end{cases}$에서 ㉠$\times 4$, ㉡$\times 3$을 하면

$\begin{cases} 12x+8y=-20 & \cdots ㉢ \\ -12x+21y=-9 & \cdots ㉣ \end{cases}$이므로 ㉢$+$㉣을 하면

$29y=-29 \quad \therefore y=-1$

$y=-1$을 ㉠에 대입하면 $x=-1$

6 $\begin{cases} 7x-4y=-6 & \cdots ㉠ \\ 5x-3y=-5 & \cdots ㉡ \end{cases}$에서 ㉠$\times 3$, ㉡$\times 4$를 하면

$\begin{cases} 21x-12y=-18 & \cdots ㉢ \\ 20x-12y=-20 & \cdots ㉣ \end{cases}$이므로 ㉢$-$㉣을 하면

$x=2$

$x=2$를 ㉡에 대입하면 $y=5$

7 $\begin{cases} 9x+2y=-8 & \cdots ㉠ \\ 4x+5y=17 & \cdots ㉡ \end{cases}$에서 ㉠$\times 5$, ㉡$\times 2$를 하면

$\begin{cases} 45x+10y=-40 & \cdots ㉢ \\ 8x+10y=34 & \cdots ㉣ \end{cases}$이므로 ㉢$-$㉣을 하면

$37x=-74 \quad \therefore x=-2$

$x=-2$를 ㉠에 대입하면 $y=5$

8 $\begin{cases} 5x-7y=-4 & \cdots ㉠ \\ 4x-3y=2 & \cdots ㉡ \end{cases}$에서 ㉠$\times 4$, ㉡$\times 5$를 하면

$\begin{cases} 20x-28y=-16 & \cdots ㉢ \\ 20x-15y=10 & \cdots ㉣ \end{cases}$이므로 ㉢$-$㉣을 하면

$-13y=-26 \quad \therefore y=2$

$y=2$를 ㉡에 대입하면 $x=2$

D 대입법 1

28쪽

1 $x=1, y=2$　2 $x=-7, y=12$

3 $x=-4, y=2$　4 $x=2, y=2$

5 $x=8, y=11$　6 $x=5, y=2$

7 $x=1, y=2$　8 $x=-11, y=-5$

1 $\begin{cases} y=x+1 & \cdots ㉠ \\ x+y=3 & \cdots ㉡ \end{cases}$에서 ㉠을 ㉡에 대입하면

$x+(x+1)=3 \quad \therefore x=1$

$x=1$을 ㉠에 대입하면 $y=2$

2 $\begin{cases} y=-x+5 & \cdots ㉠ \\ 2x+y=-2 & \cdots ㉡ \end{cases}$에서 ㉠을 ㉡에 대입하면

$2x+(-x+5)=-2 \quad \therefore x=-7$

$x=-7$을 ㉠에 대입하면 $y=12$

3 $\begin{cases} x=-3y+2 & \cdots ㉠ \\ x+2y=0 & \cdots ㉡ \end{cases}$에서 ㉠을 ㉡에 대입하면

$(-3y+2)+2y=0 \quad \therefore y=2$

$y=2$를 ㉠에 대입하면 $x=-4$

4 $\begin{cases} x=4y-6 & \cdots ㉠ \\ x+3y=8 & \cdots ㉡ \end{cases}$에서 ㉠을 ㉡에 대입하면

$(4y-6)+3y=8 \quad \therefore y=2$

$y=2$를 ㉠에 대입하면 $x=2$

5 $\begin{cases} y=x+3 & \cdots ㉠ \\ 2x-y=5 & \cdots ㉡ \end{cases}$에서 ㉠을 ㉡에 대입하면

$2x-(x+3)=5 \quad \therefore x=8$

$x=8$을 ㉠에 대입하면 $y=11$

6 $\begin{cases} y=-x+7 & \cdots ㉠ \\ 3x-2y=11 & \cdots ㉡ \end{cases}$에서 ㉠을 ㉡에 대입하면

$3x-2(-x+7)=11 \quad \therefore x=5$

$x=5$를 ㉠에 대입하면 $y=2$

7 $\begin{cases} x=2y-3 & \cdots ㉠ \\ 3x+y=5 & \cdots ㉡ \end{cases}$에서 ㉠을 ㉡에 대입하면

$3(2y-3)+y=5 \quad \therefore y=2$

$y=2$를 ㉠에 대입하면 $x=1$

8 $\begin{cases} x=3y+4 & \cdots ㉠ \\ -3x+5y=8 & \cdots ㉡ \end{cases}$에서 ㉠을 ㉡에 대입하면

$-3(3y+4)+5y=8 \qquad \therefore y=-5$

$y=-5$를 ㉠에 대입하면 $x=-11$

E 대입법 2 29쪽

1 $x=1, y=8$　2 $x=2, y=-2$
3 $x=3, y=2$　4 $x=-1, y=-1$
5 $x=5, y=1$　6 $x=1, y=3$
7 $x=0, y=4$　8 $x=-5, y=-1$

1 $\begin{cases} y=x+7 \\ y=2x+6 \end{cases}$에서 $x+7=2x+6 \qquad \therefore x=1, y=8$

2 $\begin{cases} y=-3x+4 \\ y=2x-6 \end{cases}$에서 $-3x+4=2x-6$

$\therefore x=2, y=-2$

3 $\begin{cases} x=-2y+7 \\ x=-4y+11 \end{cases}$에서 $-2y+7=-4y+11, 2y=4$

$\therefore y=2, x=3$

4 $\begin{cases} x=7y+6 \\ x=2y+1 \end{cases}$에서 $7y+6=2y+1 \qquad \therefore x=-1, y=-1$

5 $\begin{cases} x-2y=3 & \cdots ㉠ \\ 2x-3y=7 & \cdots ㉡ \end{cases}$

㉠에서 $x=2y+3$

이 식을 ㉡에 대입하면

$2(2y+3)-3y=7, 4y+6-3y=7$

$\therefore y=1, x=5$

6 $\begin{cases} 7x+y=10 & \cdots ㉠ \\ 5x+2y=11 & \cdots ㉡ \end{cases}$

㉠에서 $y=-7x+10$

이 식을 ㉡에 대입하면

$5x+2(-7x+10)=11, 5x-14x+20=11$

$\therefore x=1, y=3$

7 $\begin{cases} 5x+y=4 & \cdots ㉠ \\ x+3y=12 & \cdots ㉡ \end{cases}$

㉠에서 $y=-5x+4$

이 식을 ㉡에 대입하면

$x+3(-5x+4)=12, x-15x+12=12$

$\therefore x=0, y=4$

8 $\begin{cases} -x+4y=1 & \cdots ㉠ \\ 2x-7y=-3 & \cdots ㉡ \end{cases}$

㉠에서 $x=4y-1$

이 식을 ㉡에 대입하면

$2(4y-1)-7y=-3, 8y-2-7y=-3$

$\therefore x=-5, y=-1$

거저먹는 시험 문제 30쪽

1 ②　2 ④　3 -4　4 2
5 ①　6 ③

1 x를 소거하기 위해서는 x의 계수가 같아야 하므로 ㉠×2, ㉡×5를 하면 x의 계수가 10이 된다.

따라서 ㉠×2−㉡×5를 하면 x항이 소거된다.

2 $\begin{cases} -2x+6y=3 & \cdots ㉠ \\ 4x-7y=4 & \cdots ㉡ \end{cases}$에서 ㉠×2+㉡을 하면 $y=2$

$y=2$를 ㉠에 대입하면 $x=\frac{9}{2}$

3 $\begin{cases} 3x-10y=-1 & \cdots ㉠ \\ x-5y=-2 & \cdots ㉡ \end{cases}$에서 ㉠−㉡×2를 하면 $x=3$

$x=3$을 ㉡에 대입하면 $y=1$

$x=3, y=1$을 $x+y+a=0$에 대입하면

$3+1+a=0 \qquad \therefore a=-4$

4 ㉠을 ㉡에 대입하면

$4(3y-2)-10y=5, 12y-8-10y=5, 2y=13$

$\therefore a=2$

5 연립방정식 $\begin{cases} y=3x+4 & \cdots ㉠ \\ 5x-2y=1 & \cdots ㉡ \end{cases}$에서 ㉠을 ㉡에 대입하면

$5x-2(3x+4)=1, 5x-6x-8=1$

$\therefore x=-9, y=-23$

따라서 $a=-9, b=-23$이므로

$a-b=-9+23=14$

6 연립방정식 $\begin{cases} y=-7x+5 \\ y=-3x+1 \end{cases}$에서 $-7x+5=-3x+1$

$\therefore x=1, y=-2$

따라서 $a=1, b=-2$이므로

$ab=-2$

04 조건이 주어진 연립방정식의 풀이

A 연립방정식의 해를 알 때 미지수 구하기 32쪽

1 $a=1, b=1$　2 $a=5, b=3$
3 $a=-2, b=2$　4 $a=3, b=-4$
5 $a=-2, b=2$　6 $a=5, b=-3$
7 $a=-3, b=-4$　8 $a=1, b=-2$

1 연립방정식의 해가 $x=1, y=2$이므로

$\begin{cases} ax+by=3 \\ -bx+ay=1 \end{cases}$에 대입하면 $\begin{cases} a+2b=3 & \cdots ㉠ \\ -b+2a=1 & \cdots ㉡ \end{cases}$

㉠, ㉡을 연립하여 풀면 $a=1, b=1$

2 연립방정식의 해가 $x=1, y=2$이므로

$\begin{cases} ax-by=-1 \\ bx+ay=13 \end{cases}$에 대입하면 $\begin{cases} a-2b=-1 & \cdots ㉠ \\ b+2a=13 & \cdots ㉡ \end{cases}$

㉠, ㉡을 연립하여 풀면 $a=5, b=3$

3 연립방정식의 해가 $x=1, y=2$이므로

$\begin{cases} -ax+by=6 \\ -bx+ay=-6 \end{cases}$에 대입하면 $\begin{cases} -a+2b=6 & \cdots ㉠ \\ -b+2a=-6 & \cdots ㉡ \end{cases}$

㉠, ㉡을 연립하여 풀면 $a=-2, b=2$

4 연립방정식의 해가 $x=1, y=2$이므로

$\begin{cases} ax+by=-5 \\ bx+ay=2 \end{cases}$에 대입하면 $\begin{cases} a+2b=-5 & \cdots ㉠ \\ b+2a=2 & \cdots ㉡ \end{cases}$

㉠, ㉡을 연립하여 풀면 $a=3, b=-4$

5 연립방정식의 해가 $x=-3, y=1$이므로

$\begin{cases} ax-by=4 \\ -bx+ay=4 \end{cases}$에 대입하면 $\begin{cases} -3a-b=4 & \cdots ㉠ \\ 3b+a=4 & \cdots ㉡ \end{cases}$

㉠, ㉡을 연립하여 풀면 $a=-2, b=2$

6 연립방정식의 해가 $x=-3, y=1$이므로

$\begin{cases} -ax+by=12 \\ bx-ay=4 \end{cases}$에 대입하면 $\begin{cases} 3a+b=12 & \cdots ㉠ \\ -3b-a=4 & \cdots ㉡ \end{cases}$

㉠, ㉡을 연립하여 풀면 $a=5, b=-3$

7 연립방정식의 해가 $x=-3, y=1$이므로

$\begin{cases} ax+by=5 \\ bx-ay=15 \end{cases}$에 대입하면 $\begin{cases} -3a+b=5 & \cdots ㉠ \\ -3b-a=15 & \cdots ㉡ \end{cases}$

㉠, ㉡을 연립하여 풀면 $a=-3, b=-4$

8 연립방정식의 해가 $x=-3, y=1$이므로

$\begin{cases} -ax+by=1 \\ -bx+ay=-5 \end{cases}$에 대입하면 $\begin{cases} 3a+b=1 & \cdots ㉠ \\ 3b+a=-5 & \cdots ㉡ \end{cases}$

㉠, ㉡을 연립하여 풀면 $a=1, b=-2$

B 연립방정식의 해를 한 해로 갖는 일차방정식이 주어질 때 미지수 구하기 33쪽

1 3	2 9	3 $\frac{5}{2}$	4 -6
5 -23	6 0	7 7	8 -2

1 $4x-y=6$과 $y=2x$를 연립하여 풀면 $x=3, y=6$
이 값을 $3x-y=a$에 대입하여 풀면 $a=3$

2 $5x-2y=9$와 $y=4x$를 연립하여 풀면
$x=-3, y=-12$
이 값을 $x-y=a$에 대입하여 풀면 $a=9$

3 $x-7y=5$와 $x=-3y$를 연립하여 풀면
$x=\frac{3}{2}, y=-\frac{1}{2}$
이 값을 $2x+y=a$에 대입하여 풀면 $a=\frac{5}{2}$

4 $2x-5y=15$와 $x=5y$를 연립하여 풀면 $x=15, y=3$
이 값을 $-x+3y=a$에 대입하여 풀면 $a=-6$

5 $2x+y=7$과 $6x-y=1$을 연립하여 풀면
$x=1, y=5$
이 값을 $2x-5y=a$에 대입하여 풀면 $a=-23$

6 $3x-7y=13$과 $-3x+y=-1$을 연립하여 풀면
$x=-\frac{1}{3}, y=-2$
이 값을 $6x-y=a$에 대입하여 풀면 $a=0$

7 $3x-2y=-1$과 $2x+y=4$를 연립하여 풀면
$x=1, y=2$
이 값을 $x+3y=a$에 대입하여 풀면 $a=7$

8 $4x-5y=13$과 $x-2y=1$을 연립하여 풀면
$x=7, y=3$
이 값을 $x-3y=a$에 대입하여 풀면 $a=-2$

C 연립방정식의 해의 조건이 주어질 때 미지수 구하기 34쪽

1 12	2 4	3 -4	4 1
5 -2	6 -5	7 $\frac{7}{4}$	8 5

1 x의 값이 y의 값의 3배이므로 $x=3y$와 $2x-3y=9$를 연립하여 풀면 $x=9, y=3$
이 값을 $x+2y=a+3$에 대입하여 풀면 $a=12$

2 x의 값이 y의 값의 5배이므로 $x=5y$와 $3x-7y=4$를 연립하여 풀면 $x=\frac{5}{2}, y=\frac{1}{2}$
이 값을 $2x-y=a+\frac{1}{2}$에 대입하여 풀면 $a=4$

3 y의 값이 x의 값의 3배이므로 $y=3x$와 $5x-4y=7$을 연립하여 풀면
$x=-1, y=-3$
이 값을 $x+3y=a-6$에 대입하여 풀면 $a=-4$

4 y의 값이 x의 값의 $\frac{1}{2}$배이므로 $y=\frac{1}{2}x$와 $8x-6y=15$를 연립하여 풀면
$x=3, y=\frac{3}{2}$
이 값을 $-2x+6y=3a$에 대입하여 풀면 $a=1$

5 x와 y의 값의 비가 1 : 2이므로 $y=2x$와 $3x-4y=10$을 연립하여 풀면 $x=-2, y=-4$
이 값을 $x+ay=6$에 대입하여 풀면 $a=-2$

6 x와 y의 값의 비가 2 : 3이므로 $2y=3x$와 $x-6y=16$을 연립하여 풀면
$x=-2, y=-3$
이 값을 $ax+y=7$에 대입하여 풀면 $a=-5$

7 x와 y의 값의 비가 4 : 3이므로 $4y=3x$와 $5x-4y=8$을 연립하여 풀면
$x=4, y=3$
이 값을 $2ax-3y=5$에 대입하여 풀면 $a=\frac{7}{4}$

8 x와 y의 값의 비가 5 : 4이므로 $4x=5y$와 $3x-10y=15$를 연립하여 풀면 $x=-3$, $y=-\frac{12}{5}$
이 값을 $2x-ay=6$에 대입하여 풀면 $a=5$

D 해가 서로 같은 두 연립방정식에서 미지수 구하기 35쪽

1 $a=7$, $b=1$
2 $a=4$, $b=1$
3 $a=5$, $b=8$
4 $a=-2$, $b=-4$
5 $a=-4$, $b=-14$
6 $a=4$, $b=6$
7 $a=-2$, $b=0$
8 $a=-2$, $b=-3$

1 $x-y=5$, $2x+y=4$를 연립하여 풀면 $x=3$, $y=-2$
이 값을 $3x+y=a$, $2x-by=8$에 대입하여 풀면 $a=7$, $b=1$
2 $x+2y=3$, $-x+3y=2$를 연립하여 풀면 $x=1$, $y=1$
이 값을 $5x-y=a$, $bx-4y=-3$에 대입하여 풀면
$a=4$, $b=1$
3 $-3x+y=1$, $x+2y=2$를 연립하여 풀면 $x=0$, $y=1$
이 값을 $7x-ay=-5$, $x-8y=-b$에 대입하여 풀면
$a=5$, $b=8$
4 $2x+5y=2$, $x+6y=8$을 연립하여 풀면
$x=-4$, $y=2$
이 값을 $ax+3y=14$, $-3x+by=4$에 대입하여 풀면
$a=-2$, $b=-4$
5 $2x+3y=5$, $3x+2y=-5$를 연립하여 풀면 $x=-5$, $y=5$
이 값을 $x-ay=15$, $-2x-5y=b-1$에 대입하여 풀면
$a=-4$, $b=-14$
6 $-4x+3y=1$, $3x-5y=2$를 연립하여 풀면
$x=-1$, $y=-1$
이 값을 $x-2ay=7$, $bx-7y=1$에 대입하여 풀면
$a=4$, $b=6$
7 $2x-7y=5$, $5x-16y=5$를 연립하여 풀면
$x=-15$, $y=-5$
이 값을 $x+3ay=15$, $x-3y=b$에 대입하여 풀면
$a=-2$, $b=0$
8 $4x-9y=1$, $5x-11y=2$를 연립하여 풀면
$x=7$, $y=3$
이 값을 $-ax+2y=20$, $2x+by=5$에 대입하여 풀면
$a=-2$, $b=-3$

거저먹는 시험 문제 36쪽

1 $a=2$, $b=3$ 2 ① 3 ① 4 ②
5 ⑤ 6 -10

1 $ax+by=4$, $bx+2ay=5$에 $x=-1$, $y=2$를 대입하면
$-a+2b=4$, $-b+4a=5$
이 두 방정식을 연립하여 풀면 $a=2$, $b=3$
2 $ax-by=29$, $3bx+ay=5$에 $x=-4$, $y=1$을 대입하면
$-4a-b=29$, $-12b+a=5$
이 두 방정식을 연립하여 풀면 $a=-7$, $b=-1$
$\therefore a-2b=-5$
3 $3x=-y+1$, $5x+2y=-1$을 연립하여 풀면
$x=3$, $y=-8$
이 값을 $kx-2y=19$에 대입하면
$3k+16=19$ $\therefore k=1$
4 $6x+y=5$와 $-2x+3y=-5$를 연립하여 풀면
$x=1$, $y=-1$ $\therefore m=1$, $n=-1$
이 값을 $-4x+ay=-3$에 대입하면
$-4-a=-3$ $\therefore a=-1$
$\therefore m+n+a=-1$
5 x의 값이 y의 값보다 4만큼 크므로 $x=y+4$
$2x-3y=9$와 연립하여 풀면 $x=3$, $y=-1$
이 값을 $ax+4y=8$에 대입하면
$3a-4=8$ $\therefore a=4$
6 $-8x+3y=5$와 $4x-5y=1$을 연립하여 풀면
$x=-1$, $y=-1$
이 값을 $4x-ay=-6$에 대입하면
$-4+a=-6$ $\therefore a=-2$
$2x-7y=b$에 대입하면
$-2+7=b$ $\therefore b=5$
$\therefore ab=-10$

05 복잡한 연립방정식의 풀이

A 괄호가 있는 연립방정식의 풀이 38쪽

1 $x=2$, $y=-1$
2 $x=2$, $y=2$
3 $x=\frac{1}{4}$, $y=0$
4 $x=-7$, $y=1$
5 $x=3$, $y=8$
6 $x=1$, $y=1$
7 $x=1$, $y=-1$
8 $x=-3$, $y=4$

1 $2(x-y)+3y=3$에서 $2x+y=3$
$-x+3(x-y)=7$에서 $2x-3y=7$
위의 두 식을 연립하여 풀면 $x=2$, $y=-1$
2 $-(x-3y)-6y=-8$에서 $-x-3y=-8$
$5x-3(x-y)=10$에서 $2x+3y=10$
위의 두 식을 연립하여 풀면 $x=2$, $y=2$
3 $6x-(2x+y)=1$에서 $4x-y=1$
$4(-2x+y)-3y=-2$에서 $-8x+y=-2$
위의 두 식을 연립하여 풀면 $x=\frac{1}{4}$, $y=0$

4 $3x-(5x+y)=13$에서 $-2x-y=13$
$2(x-2y)-3x=3$에서 $-x-4y=3$
위의 두 식을 연립하여 풀면 $x=-7, y=1$

5 $-(x+4y)+5y=5$에서 $-x+y=5$
$2x+5(x-y)=-19$에서 $7x-5y=-19$
위의 두 식을 연립하여 풀면 $x=3, y=8$

6 $7(x-y)+4y=4$에서 $7x-3y=4$
$4x+2(x-y)=4$에서 $6x-2y=4$
위의 두 식을 연립하여 풀면 $x=1, y=1$

7 $x-(3x+4y)=2$에서 $-2x-4y=2$
$2(4x+y)+5y=1$에서 $8x+7y=1$
위의 두 식을 연립하여 풀면 $x=1, y=-1$

8 $10x-3(3x-y)=9$에서 $x+3y=9$
$4(x-2y)+13y=8$에서 $4x+5y=8$
위의 두 식을 연립하여 풀면 $x=-3, y=4$

B 계수가 소수인 연립방정식의 풀이 39쪽

1 $x=7, y=3$　2 $x=-19, y=-6$
3 $x=6, y=7$　4 $x=2, y=-1$
5 $x=-4, y=-10$　6 $x=2, y=2$
7 $x=-1, y=1$　8 $x=-3, y=2$

1 $0.1x-0.3y=-0.2$의 양변에 10을 곱하면 $x-3y=-2$
$-0.1x+0.4y=0.5$의 양변에 10을 곱하면 $-x+4y=5$
위의 두 식을 연립하여 풀면 $x=7, y=3$

2 $0.2x-0.7y=0.4$의 양변에 10을 곱하면 $2x-7y=4$
$0.1x-0.4y=0.5$의 양변에 10을 곱하면 $x-4y=5$
위의 두 식을 연립하여 풀면 $x=-19, y=-6$

3 $-0.3x+0.4y=1$의 양변에 10을 곱하면 $-3x+4y=10$
$0.02x-0.01y=0.05$의 양변에 100을 곱하면 $2x-y=5$
위의 두 식을 연립하여 풀면 $x=6, y=7$

4 $0.05x-0.02y=0.12$의 양변에 100을 곱하면 $5x-2y=12$
$0.3x+0.4y=0.2$의 양변에 10을 곱하면 $3x+4y=2$
위의 두 식을 연립하여 풀면 $x=2, y=-1$

5 $-0.2x+0.04y=0.4$의 양변에 100을 곱하면
$-20x+4y=40$
$0.05x-0.03y=0.1$의 양변에 100을 곱하면 $5x-3y=10$
위의 두 식을 연립하여 풀면 $x=-4, y=-10$

6 $0.06x-0.1y=-0.08$의 양변에 100을 곱하면
$6x-10y=-8$
$0.18x-0.07y=0.22$의 양변에 100을 곱하면
$18x-7y=22$
위의 두 식을 연립하여 풀면 $x=2, y=2$

7 $-0.1x+0.2y=0.3$의 양변에 10을 곱하면 $-x+2y=3$
$0.3x+0.25y=-0.05$의 양변에 100을 곱하면
$30x+25y=-5$
위의 두 식을 연립하여 풀면 $x=-1, y=1$

8 $0.04x+0.1y=0.08$의 양변에 100을 곱하면 $4x+10y=8$
$0.2x+0.17y=-0.26$의 양변에 100을 곱하면
$20x+17y=-26$
위의 두 식을 연립하여 풀면 $x=-3, y=2$

C 계수가 분수인 연립방정식의 풀이 40쪽

1 $x=1, y=4$　2 $x=-10, y=-6$
3 $x=-1, y=3$　4 $x=2, y=3$
5 $x=1, y=\frac{3}{5}$　6 $x=\frac{1}{4}, y=2$
7 $x=1, y=1$　8 $x=1, y=-1$

1 $\frac{1}{2}x-\frac{2}{3}y=-\frac{13}{6}$의 양변에 6을 곱하면 $3x-4y=-13$
$-\frac{3}{4}x+\frac{1}{8}y=-\frac{1}{4}$의 양변에 8을 곱하면 $-6x+y=-2$
위의 두 식을 연립하여 풀면 $x=1, y=4$

2 $\frac{1}{4}x-\frac{5}{6}y=\frac{5}{2}$의 양변에 12를 곱하면 $3x-10y=30$
$-\frac{2}{5}x+\frac{1}{2}y=1$의 양변에 10을 곱하면
$-4x+5y=10$
위의 두 식을 연립하여 풀면 $x=-10, y=-6$

3 $-x-\frac{1}{4}y=\frac{1}{4}$의 양변에 4를 곱하면 $-4x-y=1$
$\frac{8}{3}x+2y=\frac{10}{3}$의 양변에 3을 곱하면 $8x+6y=10$
위의 두 식을 연립하여 풀면 $x=-1, y=3$

4 $\frac{1}{4}x-\frac{2}{3}y=-\frac{3}{2}$의 양변에 12를 곱하면 $3x-8y=-18$
$-\frac{1}{2}x+\frac{5}{6}y=\frac{3}{2}$의 양변에 6을 곱하면 $-3x+5y=9$
위의 두 식을 연립하여 풀면 $x=2, y=3$

5 $\frac{7}{5}x+y=2$의 양변에 5를 곱하면 $7x+5y=10$
$-\frac{5}{2}x+\frac{5}{3}y=-\frac{3}{2}$의 양변에 6을 곱하면
$-15x+10y=-9$
위의 두 식을 연립하여 풀면 $x=1, y=\frac{3}{5}$

6 $x-\frac{7}{8}y=-\frac{3}{2}$의 양변에 8을 곱하면 $8x-7y=-12$
$-\frac{8}{5}x+\frac{1}{2}y=\frac{3}{5}$의 양변에 10을 곱하면 $-16x+5y=6$
위의 두 식을 연립하여 풀면 $x=\frac{1}{4}, y=2$

7 $\frac{1}{3}x+\frac{3}{4}y=\frac{13}{12}$의 양변에 12를 곱하면 $4x+9y=13$
$\frac{5}{6}x-\frac{1}{4}y=\frac{7}{12}$의 양변에 12를 곱하면 $10x-3y=7$
위의 두 식을 연립하여 풀면 $x=1, y=1$

8 $\frac{2}{3}x+\frac{1}{2}y=\frac{1}{6}$의 양변에 6을 곱하면 $4x+3y=1$

$\frac{5}{4}x+\frac{3}{2}y=-\frac{1}{4}$의 양변에 4를 곱하면 $5x+6y=-1$

위의 두 식을 연립하여 풀면 $x=1, y=-1$

D 방정식 $A=B=C$의 풀이 41쪽

1 $x=2, y=3$	2 $x=4, y=1$
3 $x=3, y=1$	4 $x=-1, y=1$
5 $x=2, y=1$	6 $x=1, y=-1$
7 $x=4, y=2$	8 $x=2, y=-2$

1 $3x-y=3$, $-5x+2y+7=3$이므로

$\begin{cases} 3x-y=3 \\ -5x+2y=-4 \end{cases}$

위의 두 식을 연립하여 풀면 $x=2, y=3$

2 $x+7y-6=5$, $4x-11y=5$이므로

$\begin{cases} x+7y=11 \\ 4x-11y=5 \end{cases}$

위의 두 식을 연립하여 풀면 $x=4, y=1$

3 $2x-9y+5=x-1$, $-3x+8y+3=x-1$이므로

$\begin{cases} x-9y=-6 \\ -4x+8y=-4 \end{cases}$

위의 두 식을 연립하여 풀면 $x=3, y=1$

4 $-5x+2y-1=y+5$, $y+5=x+2y+5$이므로

$\begin{cases} -5x+y=6 \\ x+y=0 \end{cases}$

위의 두 식을 연립하여 풀면 $x=-1, y=1$

5 $-3x+4y+1=x-3y$, $2x-y-4=x-3y$이므로

$\begin{cases} -4x+7y=-1 \\ x+2y=4 \end{cases}$

위의 두 식을 연립하여 풀면 $x=2, y=1$

6 $2x-5y-2=x+y+5$, $x+y+5=3x+y+3$이므로

$\begin{cases} x-6y=7 \\ -2x=-2 \end{cases}$

위의 두 식을 연립하여 풀면 $x=1, y=-1$

7 $x-2y+3=-2x+5y+1$, $-2x+5y+1=x+3y-7$이므로

$\begin{cases} 3x-7y=-2 \\ -3x+2y=-8 \end{cases}$

위의 두 식을 연립하여 풀면 $x=4, y=2$

8 $x+5y+14=2x-y$, $4x+3y+4=2x-y$이므로

$\begin{cases} -x+6y=-14 \\ 2x+4y=-4 \end{cases}$

위의 두 식을 연립하여 풀면 $x=2, y=-2$

E 해가 무수히 많거나 없는 연립방정식 42쪽

1 ○	2 ○	3 ×	4 ×
5 ○	6 ○	7 ×	8 ○

1 $2x-y=-4$의 모든 항에 3을 곱하면

$6x-3y=-12$가 되어 두 식이 일치하므로 해가 무수히 많다.

2 $4x-5y=3$의 양변에 -2를 곱하면

$-8x+10y=-6$이 되어 두 식이 일치하므로 해가 무수히 많다.

3 $-3x+4y=-2$의 모든 항에 -2를 곱하면

$6x-8y=4$가 되어 주어진 식인 $6x-8y=1$과 x의 계수와 y의 계수는 같지만 상수항이 다르므로 해가 없다.

4 $2x-5y=4$의 양변에 5를 곱하면 $10x-25y=20$이 되어 $10x-25y=-20$과 x의 계수와 y의 계수는 같지만 상수항이 다르므로 해가 없다.

5 $-x+2(x+3y)=4$에서 $x+6y=4$

$-(x-y)-7y=-4$에서 $x+6y=4$

따라서 두 식이 일치하므로 해가 무수히 많다.

6 $2(-x+5y)-4y=8$에서 $-2x+6y=8$

$2(x+3y)-3(x+y)=4$에서 $-x+3y=4$

$-x+3y=4$의 모든 항에 2를 곱하면

$-2x+6y=8$과 일치하므로 해가 무수히 많다.

7 $3(x+3y)-7y=1$에서 $3x+2y=1$

$-2y+6(x+y)=3$에서 $6x+4y=3$

$3x+2y=1$의 모든 항에 2를 곱하면 $6x+4y=2$가 되어 $6x+4y=3$과 x의 계수와 y의 계수는 같지만 상수항이 다르므로 해가 없다.

8 $4x-(2x+y)=5$에서 $2x-y=5$

$4x+4(x-y)=20$에서 $8x-4y=20$

$2x-y=5$의 모든 항에 4를 곱하면 $8x-4y=20$과 일치하므로 해가 무수히 많다.

거저먹는 시험 문제 43쪽

1 ②	2 $x=-1, y=3$
3 $x=-2, y=-4$	4 $x=-8, y=-2$
5 ①	6 ③

1 주어진 연립방정식의 괄호를 풀어 정리하면

$\begin{cases} 5x-2y=5 \\ 4x-y=1 \end{cases}$ $\quad \therefore x=-1, y=-5$

따라서 $a=-1$, $b=-5$이므로

$a+b=-1-5=-6$

2 $\frac{1}{2}x+0.3y=0.4$의 양변에 10을 곱하면

$5x+3y=4$

$0.5x+\frac{2}{5}y=0.7$의 양변에 10을 곱하면

$5x+4y=7$
위의 두 식을 연립하여 풀면 $x=-1, y=3$

3 $\frac{x+3y}{4}-\frac{2x+y}{3}=-\frac{5}{6}$의 양변에 12를 곱하면
$3(x+3y)-4(2x+y)=-10$, $-5x+5y=-10$
$-\frac{3x-1}{2}+\frac{5}{4}y=-\frac{3}{2}$의 양변에 4를 곱하면
$-2(3x-1)+5y=-6$, $-6x+5y=-8$
위의 두 식을 연립하여 풀면 $x=-2, y=-4$

4 $\begin{cases} \frac{x-4y}{2}=\frac{x+8}{5} & \cdots ㉠ \\ \frac{x+8}{5}=\frac{x-4y}{4} & \cdots ㉡ \end{cases}$
㉠×10, ㉡×20을 하면
$\begin{cases} 5(x-4y)=2(x+8) \\ 4(x+8)=5(x-4y) \end{cases} \Rightarrow \begin{cases} 3x-20y=16 \\ -x+20y=-32 \end{cases}$
$\therefore x=-8, y=-2$

5 $ax-3y=5$의 양변에 -2를 곱하면
$-2ax+6y=-10$
이 식은 $-4x+by=-10$과 일치해야 하므로
$-2a=-4$에서 $a=2, b=6$
$\therefore a-b=2-6=-4$

6 $5x-2y=a$의 양변에 -4를 곱하면
$-20x+8y=-4a$
이 식은 $-20x+8y=-12$와 상수항이 일치하면 안 되므로
$-4a\neq-12$ $\quad\therefore a\neq3$

06 연립방정식의 활용 1

A 수에 대한 문제 45쪽

1 27 2 43 3 18 4 8
5 6 6 27

1 큰 수를 x, 작은 수를 y라 하면
$x+y=42$, $x-y=12$
위의 두 식을 연립하여 풀면 $x=27, y=15$
따라서 큰 수는 27이다.

2 큰 수를 x, 작은 수를 y라 하면
$x+y=65$, $x-y=21$
위의 두 식을 연립하여 풀면 $x=43, y=22$
따라서 큰 수는 43이다.

3 큰 수를 x, 작은 수를 y라 하면
$x+y=74$, $x-y=38$
위의 두 식을 연립하여 풀면 $x=56, y=18$
따라서 작은 수는 18이다.

4 큰 수를 x, 작은 수를 y라 하면
$x+y=33$, $x-2y=9$
위의 두 식을 연립하여 풀면 $x=25, y=8$
따라서 작은 수는 8이다.

5 큰 수를 x, 작은 수를 y라 하면
$x+y=27$, $x-3y=3$
위의 두 식을 연립하여 풀면 $x=21, y=6$
따라서 작은 수는 6이다.

6 큰 수를 x, 작은 수를 y라 하면
$x+y=42$, $3y-x=18$
위의 두 식을 연립하여 풀면 $x=27, y=15$
따라서 큰 수는 27이다.

B 자연수의 자릿수 변화에 대한 문제 46쪽

1 9, 27, 36 2 84 3 5, 2, 4, 49 4 26

1 처음 수의 십의 자리의 숫자를 x, 일의 자리의 숫자를 y라 하면 각 자리의 숫자의 합은 9이므로
$x+y=9$ $\cdots$ ㉠
처음 수는 $10x+y$, 바꾼 수는 $10y+x$이므로
$10y+x=(10x+y)+27$, $-9x+9y=27$
$-x+y=3$ $\cdots$ ㉡
㉠, ㉡을 연립하여 풀면 $x=3, y=6$
따라서 처음 수는 36이다.

2 처음 수의 십의 자리의 숫자를 x, 일의 자리의 숫자를 y라 하면 각 자리의 숫자의 합은 12이므로
$x+y=12$ $\cdots$ ㉠
처음 수는 $10x+y$, 바꾼 수는 $10y+x$이므로
$10y+x=10x+y-36$, $-9x+9y=-36$
$-x+y=-4$ $\cdots$ ㉡
㉠, ㉡을 연립하여 풀면 $x=8, y=4$
따라서 처음 수는 84이다.

3 처음 수의 십의 자리의 숫자를 x, 일의 자리의 숫자를 y라 하면 일의 자리의 숫자는 십의 자리의 숫자보다 5만큼 크므로
$y=x+5$ $\cdots$ ㉠
또, 처음 수는 $10x+y$, 바꾼 수는 $10y+x$이므로
$10y+x=2(10x+y)-4$, $-19x+8y=-4$ $\cdots$ ㉡
㉠, ㉡을 연립하여 풀면 $x=4, y=9$
따라서 처음 수는 49이다.

4 처음 수의 십의 자리의 숫자를 x, 일의 자리의 숫자를 y라 하면 일의 자리의 숫자는 십의 자리의 숫자보다 4만큼 크므로
$y=x+4$ $\cdots$ ㉠
처음 수는 $10x+y$, 바꾼 수는 $10y+x$이므로
$10y+x=3(10x+y)-16$, $-29x+7y=-16$ $\cdots$ ㉡
㉠, ㉡을 연립하여 풀면 $x=2, y=6$
따라서 처음 수는 26이다.

C 개수, 가격에 대한 문제 1 47쪽

1 7, 1000, 700, 4개　　2 볼펜: 4자루, 공책: 2권
3 56, 1500, 800, 성인: 20명, 청소년: 36명
4 성인: 9명, 청소년: 18명

1 음료수를 x개, 빵을 y개 샀다고 하면
$x+y=7$, $1000x+700y=5800$
위의 두 식을 연립하여 풀면 $x=3$, $y=4$
따라서 승아는 빵을 4개 샀다.
2 볼펜을 x자루, 공책을 y권 샀다고 하면
$x+y=6$, $800x+2000y=7200$
위의 두 식을 연립하여 풀면 $x=4$, $y=2$
따라서 볼펜은 4자루, 공책은 2권을 샀다.
3 성인을 x명, 청소년을 y명이라 하면
$x+y=56$, $1500x+800y=58800$
위의 두 식을 연립하여 풀면 $x=20$, $y=36$
따라서 성인은 20명, 청소년은 36명이다.
4 성인을 x명, 청소년을 y명이라 하면
$x+y=27$, $12000x+8000y=252000$
위의 두 식을 연립하여 풀면 $x=9$, $y=18$
따라서 성인은 9명, 청소년은 18명이다.

D 개수, 가격에 대한 문제 2 48쪽

1 5, 3, 7, 4, 3000원　　2 1200원
3 2, 5, 3, 3, 2500원　　4 1200원

1 사과 한 개의 가격을 x원, 배 한 개의 가격을 y원이라 하면
$5x+3y=30000$, $7x+4y=41000$
위의 두 식을 연립하여 풀면 $x=3000$, $y=5000$
따라서 사과 한 개의 가격은 3000원이다.
2 감자 과자 한 개의 가격을 x원, 고구마 과자 한 개의 가격을 y원이라 하면
$6x+4y=14400$, $3x+7y=13200$
위의 두 식을 연립하여 풀면 $x=1600$, $y=1200$
따라서 고구마 과자 한 개는 1200원이다.
3 팔찌 한 개의 가격을 x원, 목걸이 한 개의 가격을 y원이라 하면
$2x+5y=22500$, $3x+3y=18000$
위의 두 식을 연립하여 풀면 $x=2500$, $y=3500$
따라서 팔찌 한 개의 가격은 2500원이다.
4 샤프펜슬 한 자루의 가격을 x원, 볼펜 한 자루의 가격을 y원이라 하면
$2x+4y=12800$, $4x+3y=19600$
위의 두 식을 연립하여 풀면 $x=4000$, $y=1200$
따라서 볼펜 한 자루의 가격은 1200원이다.

E 여러 가지 개수에 대한 문제 49쪽

1 28, 4, 2, 8마리　　2 7골
3 11, 3, 4, 6모둠　　4 10일

1 염소를 x마리, 닭을 y마리라 하면
염소의 다리는 4개이고 닭의 다리는 2개이므로
$x+y=28$, $4x+2y=72$
위의 두 식을 연립하여 풀면 $x=8$, $y=20$
따라서 염소는 8마리이다.
2 2점 슛의 개수를 x개, 3점 슛의 개수를 y개라 하면
$x+y=22$, $2x+3y=51$
위의 두 식을 연립하여 풀면 $x=15$, $y=7$
따라서 3점 슛은 7골을 넣었다.
3 3명이 한 모둠인 모둠이 x모둠, 4명이 한 모둠인 모둠이 y모둠이라 하면
$x+y=11$, $3x+4y=39$
위의 두 식을 연립하여 풀면 $x=5$, $y=6$
따라서 4명이 한 모둠인 모둠은 6모둠이다.
4 사탕을 2개 먹은 날수를 x일, 3개 먹은 날수를 y일이라 하면
$x+y=25$, $2x+3y=65$
위의 두 식을 연립하여 풀면 $x=10$, $y=15$
따라서 사탕을 2개 먹은 날은 10일이다.

거저먹는 시험 문제 50쪽

1 ③　　2 41　　3 27
4 성인: 15명, 청소년: 7명　　5 ②　　6 7개

1 큰 수를 x, 작은 수를 y라 하면
$x+y=47$, $x-2y=2$
위의 두 식을 연립하여 풀면 $x=32$, $y=15$
따라서 큰 수와 작은 수의 차는 $32-15=17$
2 십의 자리의 숫자를 x, 일의 자리의 숫자를 y라 하면
$x+y=5$, $10y+x=10x+y-27$
위의 두 식을 연립하여 풀면 $x=4$, $y=1$
따라서 처음 수는 41이다.
3 십의 자리의 숫자를 x, 일의 자리의 숫자를 y라 하면
$10x+y=3(x+y)$, $10y+x=2(10x+y)+18$
위의 두 식을 연립하여 풀면 $x=2$, $y=7$
따라서 조건을 만족하는 자연수는 27이다.
4 성인을 x명, 청소년을 y명이라 하면
$x+y=22$, $22000x+15000y=435000$
위의 두 식을 연립하여 풀면 $x=15$, $y=7$
따라서 성인은 15명, 청소년은 7명이다.

5 커피 음료수 한 개의 가격을 x원, 탄산 음료수 한 개의 가격을 y원이라 하면
$3x+8y=12600$, $2x+9y=11700$
위의 두 식을 연립하여 풀면
$x=1800$, $y=900$
따라서 탄산 음료수 한 개의 가격은 900원이다.

6 객관식 문제를 x개, 주관식 문제를 y개 맞혔다고 하면
$x+y=20$, $4x+5y=87$
위의 두 식을 연립하여 풀면
$x=13$, $y=7$
따라서 주관식 문제는 7개 맞혔다.

07 연립방정식의 활용 2

A 나이에 대한 문제 52쪽

1 61, 7, 7, 7, 7, 43살　　2 10살
3 33, 10, 10, 10, 10, 아버지: 51살, 아들: 18살
4 어머니: 47살, 딸: 20살

1 현재 어머니의 나이를 x살, 아들의 나이를 y살이라 하면
$x+y=61$
7년 후의 두 사람의 나이는 각각 $(x+7)$살, $(y+7)$살이므로
$x+7=2(y+7)$, $x-2y=7$
위의 두 식을 연립하여 풀면 $x=43$, $y=18$
따라서 현재 어머니의 나이는 43살이다.

2 현재 아버지의 나이를 x살, 딸의 나이를 y살이라 하면
$x+y=50$
5년 후의 두 사람의 나이는 각각 $(x+5)$살, $(y+5)$살이므로
$x+5=3(y+5)$, $x-3y=10$
위의 두 식을 연립하여 풀면 $x=40$, $y=10$
따라서 현재 딸의 나이는 10살이다.

3 현재 아버지의 나이를 x살, 아들의 나이를 y살이라 하면
$x-y=33$
10년 후의 두 사람의 나이는 각각 $(x+10)$살, $(y+10)$살이므로
$x+10=2(y+10)+5$, $x-2y=15$
위의 두 식을 연립하여 풀면 $x=51$, $y=18$
따라서 아버지의 나이는 51살, 아들의 나이는 18살이다.

4 현재 어머니의 나이를 x살, 딸의 나이를 y살이라 하면
$x-y=27$
8년 후의 두 사람의 나이는 각각 $(x+8)$살, $(y+8)$살이므로
$x+8=2(y+8)-1$, $x-2y=7$
위의 두 식을 연립하여 풀면 $x=47$, $y=20$
따라서 현재 어머니의 나이는 47살, 딸의 나이는 20살이다.

B 도형에 대한 문제 53쪽

1 5, 26, 가로의 길이: 9 cm, 세로의 길이: 4 cm
2 가로의 길이: 8 cm, 세로의 길이: 4 cm
3 3, 6, 33, 7 cm　　4 8 cm

1 가로의 길이를 x cm, 세로의 길이를 y cm라 하면
$x=y+5$, $2(x+y)=26$
위의 두 식을 연립하여 풀면 $x=9$, $y=4$
따라서 가로의 길이는 9 cm, 세로의 길이는 4 cm이다.

2 가로의 길이를 x cm, 세로의 길이를 y cm라 하면
$x=y+4$, $2(x+y)=24$
위의 두 식을 연립하여 풀면 $x=8$, $y=4$
따라서 가로의 길이는 8 cm, 세로의 길이는 4 cm이다.

3 아랫변의 길이를 x cm, 윗변의 길이를 y cm라 하면
$x=y+3$, $\frac{1}{2}\times6\times(x+y)=33$
위의 두 식을 연립하여 풀면 $x=7$, $y=4$
따라서 아랫변의 길이는 7 cm이다.

4 아랫변의 길이를 x cm, 윗변의 길이를 y cm라 하면
$x=y+6$, $\frac{1}{2}\times10\times(x+y)=110$
위의 두 식을 연립하여 풀면 $x=14$, $y=8$
따라서 윗변의 길이는 8 cm이다.

C 증가, 감소에 대한 문제 54쪽

1 1000, 5, 6, 6, 424명　　2 294명
3 300, 20, 25, 25, 125명　　4 672 g

1 작년의 남학생을 x명, 여학생을 y명이라 하면
$x+y=1000$
남학생이 15 % 줄고, 여학생이 6 % 늘어서 올해의 학생이 작년보다 6명이 줄었으므로 증가와 감소된 양으로만 식을 세우면
$-\frac{5}{100}x+\frac{6}{100}y=-6$, $-5x+6y=-600$
위의 두 식을 연립하여 풀면 $x=600$, $y=400$
따라서 올해의 여학생은
$y+\frac{6}{100}y=400+\frac{6}{100}\times400=424$(명)이다.

2 작년의 남학생을 x명, 여학생을 y명이라 하면
$x+y=600$
남학생이 5 % 늘고, 여학생이 10 % 줄어서 올해의 학생이 작년보다 18명이 줄었으므로
$\frac{5}{100}x-\frac{10}{100}y=-18$, $x-2y=-360$
위의 두 식을 연립하여 풀면 $x=280$, $y=320$
따라서 올해의 남학생은 $280+\frac{5}{100}\times280=294$(명)이다.

3 지난 달의 남자 회원을 x명, 여자 회원을 y명이라 하면
$x+y=300$
남자가 20 % 늘고, 여자가 25 % 늘어서 이번 달에 지난 달보다 65명이 증가하였으므로
증가와 감소된 양으로만 식을 세우면
$\frac{20}{100}x+\frac{25}{100}y=65$, $4x+5y=1300$
위의 두 식을 연립하여 풀면 $x=200$, $y=100$
따라서 이번 달 여자 회원은
$y+\frac{25}{100}y=100+\frac{25}{100}\times 100=125$(명)이다.

4 처음의 쌀의 무게를 xg, 보리의 무게를 yg이라 하면
$x+y=2000$
쌀은 5 % 줄이고, 보리는 20 % 늘렸더니 나중의 무게가 처음의 무게보다 40g이 증가하였으므로
$-\frac{5}{100}x+\frac{20}{100}y=40$, $-x+4y=800$
위의 두 식을 연립하여 풀면 $x=1440$, $y=560$
따라서 나중의 보리의 무게는 $560+\frac{20}{100}\times 560=672$(g)이다.

D 이익, 할인에 대한 문제 55쪽

1 20000, 25, 50, 8000원　　2 20000원
3 100, 30, 25, A제품: 60개, B제품: 40개
4 A제품: 200개, B제품: 100개

1 A제품의 원가를 x원, B제품의 원가를 y원이라 하면
$x+y=20000$
A제품의 원가의 25 %, B제품의 원가의 50 %의 이익을 붙여서 8000원의 이익을 얻었으므로
$\frac{25}{100}x+\frac{50}{100}y=8000$, $x+2y=32000$
위의 두 식을 연립하여 풀면 $x=8000$, $y=12000$
따라서 A제품의 원가는 8000원이다.

2 A제품의 원가를 x원, B제품의 원가를 y원이라 하면
$x+y=50000$
A제품은 원가의 20 %, B제품은 원가의 30 %의 이익을 붙여서 12000원의 이익을 얻었으므로
$\frac{20}{100}x+\frac{30}{100}y=12000$, $2x+3y=120000$
위의 두 식을 연립하여 풀면 $x=30000$, $y=20000$
따라서 B제품의 원가는 20000원이다.

3 A제품을 x개, B제품을 y개 구입하였다고 하면
$x+y=100$
A제품의 원가의 30 %, B제품의 원가의 25 %의 이익을 붙여서 26000원의 이익을 얻었으므로
$\frac{30}{100}\times 1000\times x+\frac{25}{100}\times 800\times y=26000$, $3x+2y=260$
위의 두 식을 연립하여 풀면 $x=60$, $y=40$
따라서 A제품은 60개, B제품은 40개 구입하였다.

4 A제품을 x개, B제품을 y개 구입하였다고 하면
$x+y=300$
A제품은 원가의 20 %, B제품은 원가의 10 %의 이익을 붙여서 80000원의 이익을 얻었으므로
$\frac{20}{100}\times 1500\times x+\frac{10}{100}\times 2000\times y=80000$
$3x+2y=800$
위의 두 식을 연립하여 풀면 $x=200$, $y=100$
따라서 A제품은 200개, B제품은 100개 구입하였다.

E 일에 대한 문제 56쪽

1 8, 8, 4, 10, 12일　　2 10일
3 3, 2, 6, 1, 9시간　　4 12시간

1 전체 일의 양을 1로 놓고 규호와 기태가 1일 동안 할 수 있는 일의 양을 각각 x, y라 하면
함께 8일 동안 작업했으므로 $8x+8y=1$
규호가 4일 동안 작업하고 기태가 10일 동안 작업했으므로
$4x+10y=1$
위의 두 식을 연립하여 풀면 $x=\frac{1}{24}$, $y=\frac{1}{12}$
따라서 기태가 혼자서 하면 12일이 걸린다.

2 전체 일의 양을 1로 놓고 주엽이와 승원이가 1일 동안 할 수 있는 일의 양을 각각 x, y라 하면
함께 6일 동안 작업했으므로 $6x+6y=1$
주엽이가 2일 동안 작업하고 승원이가 12일 동안 작업했으므로 $2x+12y=1$
위의 두 식을 연립하여 풀면 $x=\frac{1}{10}$, $y=\frac{1}{15}$
따라서 주엽이가 혼자 하면 10일이 걸린다.

3 물탱크에 물을 가득 채웠을 때의 물의 양을 1로 놓고 A호스, B호스로 1시간 동안 채우는 물의 양을 각각 x, y라 하면
A호스로 3시간 넣고 B호스로 2시간 넣었으므로
$3x+2y=1$
A호스로 6시간 넣고 B호스로 1시간 넣었으므로 $6x+y=1$
위의 두 식을 연립하여 풀면 $x=\frac{1}{9}$, $y=\frac{1}{3}$
따라서 A호스로만으로 물탱크를 가득 채우는 데는 9시간이 걸린다.

4 물탱크에 물을 가득 채웠을 때의 물의 양을 1로 놓고 A호스, B호스로 1시간 동안 채우는 물의 양을 각각 x, y라 하면
A호스로 3시간 넣고 B호스로 8시간 넣었으므로 $3x+8y=1$
A호스로 6시간 넣고 B호스로 4시간 넣었으므로
$6x+4y=1$
위의 두 식을 연립하여 풀면 $x=\frac{1}{9}$, $y=\frac{1}{12}$
따라서 B호스로만으로 물탱크를 가득 채우려면 12시간이 걸린다.

거저먹는 시험 문제 57쪽

1 어머니: 58살, 딸: 23살　2 ⑤　3 30명
4 ②　5 18000원　6 12일

1 현재 어머니의 나이를 x살, 딸의 나이를 y살이라 하면
$x-y=35$, $x+5=2(y+5)+7$
위의 두 식을 연립하여 풀면 $x=58$, $y=23$
따라서 어머니는 58살, 딸은 23살이다.

2 가로의 길이를 $x$cm, 세로의 길이를 $y$cm라 하면
$x=3y+2$, $2(x+y)=36$
위의 두 식을 연립하여 풀면 $x=14$, $y=4$
따라서 직사각형의 넓이는 $14\times4=56(\text{cm}^2)$

3 남학생을 x명, 여학생을 y명이라 하면
$x+y=50$, $\frac{2}{3}x+\frac{3}{5}y=32$
위의 두 식을 연립하여 풀면
$x=30$, $y=20$
따라서 남학생은 30명이다.

4 작년의 남학생을 x명, 여학생을 y명이라 하면
$x+y=800$, $\frac{10}{100}x-\frac{6}{100}y=8$
위의 두 식을 연립하여 풀면
$x=350$, $y=450$
따라서 올해의 여학생은 $450-\frac{6}{100}\times450=423$(명)이다.

5 머리띠의 원가를 x원, 머리핀의 원가를 y원이라 하면
$x+y=30000$, $\frac{25}{100}x+\frac{30}{100}y=8100$
위의 두 식을 연립하여 풀면
$x=18000$, $y=12000$
따라서 머리띠의 원가는 18000원이다.

6 전체 일의 양을 1로 놓고 채은이와 다희가 1일 동안 할 수 있는 일의 양을 각각 x, y라 하면
함께 4일 동안 작업했으므로 $4x+4y=1$
채은이가 3일 동안 작업하고 다희가 6일 동안 작업했으므로
$3x+6y=1$
위의 두 식을 연립하여 풀면
$x=\frac{1}{6}$, $y=\frac{1}{12}$
따라서 다희가 혼자 하면 12일이 걸린다.

08 연립방정식의 활용 3

A 거리, 속력, 시간에 대한 문제 1 59쪽

1 6, x, y, x, y, 3 km　2 5 km
3 5, x, y, x, y, 3 km　4 6 km

1 재원이가 달린 거리를 x km, 걸은 거리를 y km라 하면
$x+y=6$
시속 6 km로 달린 시간은 $\frac{x}{6}$시간,
시속 2 km로 걸은 시간은 $\frac{y}{2}$시간이므로 $\frac{x}{6}+\frac{y}{2}=2$
위의 두 식을 연립하여 풀면 $x=3$, $y=3$
따라서 달린 거리는 3 km이다.

2 정현이가 자전거로 간 거리를 x km, 걸은 거리를 y km라 하면 $x+y=8$
자전거로 간 시간은 $\frac{x}{20}$시간, 걸은 시간은 $\frac{y}{4}$시간이므로
$\frac{x}{20}+\frac{y}{4}=1$
위의 두 식을 연립하여 풀면 $x=5$, $y=3$
따라서 자전거를 타고간 거리는 5 km이다.

3 올라간 거리를 x km, 내려온 거리를 y km라 하면
$x+y=5$
올라갈 때 시속 2 km로 걸은 시간은 $\frac{x}{2}$시간,
내려올 때 시속 3 km로 걸은 시간은 $\frac{y}{3}$시간이므로
$\frac{x}{2}+\frac{y}{3}=2$
위의 두 식을 연립하여 풀면 $x=2$, $y=3$
따라서 내려온 거리는 3 km이다.

4 올라간 거리를 x km, 내려온 거리를 y km라 하면
$x+y=10$
올라갈 때 걸린 시간은 $\frac{x}{3}$시간, 내려올 때 걸린 시간은 $\frac{y}{4}$시간이므로 $\frac{x}{3}+\frac{y}{4}=3$
위의 두 식을 연립하여 풀면 $x=6$, $y=4$
따라서 올라간 거리는 6 km이다.

B 거리, 속력, 시간에 대한 문제 2 60쪽

1 8, 5, 3, 5, 3, 5 km　2 3 km
3 35, 60, 200, 50분　4 18분

1 용환이가 걸은 거리를 x km, 경석이가 걸은 거리를 y km라 하면
$x+y=8$
용환이와 경석이가 만났으므로 걸은 시간은 같다.
용환이가 걸은 시간은 $\frac{x}{5}$시간, 경석이가 걸은 시간은 $\frac{y}{3}$시간이므로
$\frac{x}{5}=\frac{y}{3}$
위의 두 식을 연립하여 풀면 $x=5$, $y=3$
따라서 용환이가 걸은 거리는 5 km이다.

2 지윤이가 걸은 거리를 x km, 기태가 걸은 거리를 y km라 하면 $x+y=9$
지윤이와 기태가 만났으므로 걸은 시간은 같다.
지윤이가 걸은 시간은 $\frac{x}{2}$시간, 기태가 걸은 시간은 $\frac{y}{4}$시간이므로
$\frac{x}{2}=\frac{y}{4}$
위의 두 식을 연립하여 풀면 $x=3$, $y=6$
따라서 지윤이가 걸은 거리는 3 km이다.
3 형이 걸린 시간을 x분, 동생이 걸린 시간을 y분이라 하면 형이 동생보다 35분 더 걸렸으므로
$x=y+35$
(형이 간 거리)=(동생이 간 거리)이므로
(형의 속력)×(형이 걸린 시간)
=(동생의 속력)×(동생이 걸린 시간)
$60x=200y$
위의 두 식을 연립하여 풀면 $x=50$, $y=15$
따라서 형이 학교까지 가는데 걸린 시간은 50분이다.
4 민영이가 걸린 시간을 x분, 진용이가 걸린 시간을 y분이라 하면 민영이가 진용이보다 48분 더 걸렸으므로
$x=y+48$
민영이가 간 거리와 진용이가 간 거리는 같으므로
$60x=220y$
위의 두 식을 연립하여 풀면 $x=66$, $y=18$
따라서 진용이가 공원까지 가는데 걸린 시간은 18분이다.

C 거리, 속력, 시간에 대한 문제 3 　61쪽

1 24, 24, 8, 8, 형: 분속 100 m, 동생: 분속 50 m
2 희정: 분속 150 m, 지현: 분속 50 m
3 10, 10, 60, 240, 14분 　4 10분

1 형의 속력을 분속 x m, 동생의 속력을 분속 y m라 하자.
같은 방향으로 돌면 24분 후에 처음으로 만나고
(형이 걸은 거리)−(동생이 걸은 거리)=1200
$24x-24y=1200$
반대 방향으로 돌면 8분 후에 처음으로 만나고
(형이 걸은 거리)+(동생이 걸은 거리)=1200
$8x+8y=1200$
위의 두 식을 연립하여 풀면 $x=100$, $y=50$
따라서 형의 속력은 분속 100 m, 동생의 속력은 분속 50 m이다.
2 희정이의 속력을 분속 x m, 지현이의 속력을 분속 y m라 하자. 같은 방향으로 돌면 10분 후에 처음으로 만나고
(희정이가 걸은 거리)−(지현이가 걸은 거리)=1000
$10x-10y=1000$
반대 방향으로 돌면 5분 후에 처음으로 만나고
(희정이가 걸은 거리)+(지현이가 걸은 거리)=1000
$5x+5y=1000$
위의 두 식을 연립하여 풀면 $x=150$, $y=50$
따라서 희정이의 속력은 분속 150 m, 지현이의 속력은 분속 50 m이다.
3 승준이가 걸린 시간을 x분, 정아가 걸린 시간을 y분이라 하면
(승준이가 걸린 시간)=(정아가 걸린 시간)+10
$x=y+10$
반대 방향으로 돌다 만나면
(승준이가 간 거리)+(정아가 간 거리)=1800
$60x+240y=1800$
위의 두 식을 연립하여 풀면 $x=14$, $y=4$
따라서 승준이가 출발한 지 14분 후에 처음으로 정아를 만나게 된다.
4 기현이가 걸린 시간을 x분, 예림이가 걸린 시간을 y분이라 하면
(기현이가 걸린 시간)=(예림이가 걸린 시간)+5
$x=y+5$
반대 방향으로 돌다 만나면
$80x+220y=1900$
위의 두 식을 연립하여 풀면 $x=10$, $y=5$
따라서 기현이는 출발한 지 10분 후에 예림이를 만난다.

D 농도에 대한 문제 1 　62쪽

1 400, 10, 5, 80 g 　2 300 g
3 600, 12, 600, 200 g 　4 125 g

1 10 %의 소금물의 양을 x g, 5 %의 소금물의 양을 y g이라 하면
$x+y=400$
섞기 전의 소금의 양의 합과 섞고 난 후의 소금의 양이 같다는 것을 이용하면
$\frac{10}{100}\times x+\frac{5}{100}\times y=\frac{6}{100}\times 400$, $2x+y=480$
위의 두 식을 연립하여 풀면
$x=80$, $y=320$
따라서 10 %의 소금물은 80 g을 섞어야 한다.
2 15 %의 소금물의 양을 x g, 9 %의 소금물의 양을 y g이라 하면 $x+y=600$
섞기 전의 소금의 양의 합과 섞고 난 후의 소금의 양이 같다는 것을 이용하면
$\frac{15}{100}\times x+\frac{9}{100}\times y=\frac{12}{100}\times 600$, $5x+3y=2400$
위의 두 식을 연립하여 풀면
$x=300$, $y=300$
따라서 9 %의 소금물은 300 g을 섞어야 한다.

3 12 %의 설탕물의 양을 x g, 6 %의 설탕물의 양을 y g이라 하면
$y=x+600$
섞기 전의 설탕의 양의 합과 섞고 난 후의 설탕의 양이 같다는 것을 이용하면
$\frac{12}{100}\times x+\frac{4}{100}\times 600=\frac{6}{100}\times y$, $2x+400=y$
위의 두 식을 연립하여 풀면 $x=200$, $y=800$
따라서 12 %의 설탕물은 200 g을 섞어야 한다.

4 20 %의 설탕물의 양을 x g, 12 %의 설탕물의 양을 y g이라 하면 $y=x+500$
섞기 전 설탕의 양의 합과 섞고 난 후 설탕의 양이 같다는 것을 이용하면
$\frac{20}{100}\times x+\frac{10}{100}\times 500=\frac{12}{100}\times y$, $5x+1250=3y$
위의 두 식을 연립하여 풀면 $x=125$, $y=625$
따라서 20 %의 설탕물의 양은 125 g이다.

E 농도에 대한 문제 2 63쪽

1 200, 300, 300, 200, A: 5 %, B: 10 %
2 A: 9 %, B: 18 % 3 400, 20, 25 g
4 40 g

1 소금물 A, B의 농도를 각각 x %, y %라 하면
섞기 전 소금의 양의 합과 섞고 난 후 소금의 양이 같다는 것을 이용하면
$\frac{x}{100}\times 200+\frac{y}{100}\times 300=\frac{8}{100}\times 500$, $2x+3y=40$
$\frac{x}{100}\times 300+\frac{y}{100}\times 200=\frac{7}{100}\times 500$, $3x+2y=35$
위의 두 식을 연립하여 풀면 $x=5$, $y=10$
따라서 소금물 A의 농도는 5 %, 소금물 B의 농도는 10 %이다.

2 소금물 A, B의 농도를 각각 x %, y %라 하면
섞기 전의 소금의 양과 섞고 난 후의 소금의 양이 같다는 것을 이용하면
$\frac{x}{100}\times 400+\frac{y}{100}\times 200=\frac{12}{100}\times 600$, $2x+y=36$
$\frac{x}{100}\times 200+\frac{y}{100}\times 400=\frac{15}{100}\times 600$, $x+2y=45$
위의 두 식을 연립하여 풀면 $x=9$, $y=18$
따라서 소금물 A의 농도는 9 %, 소금물 B의 농도는 18 %이다.

3 20 %의 소금물 x g에 소금 y g을 더 넣으면
$x+y=400$
소금을 더 넣었으므로 넣은 소금을 직접 더해 주어야 하므로
$\frac{20}{100}\times x+y=\frac{25}{100}\times 400$, $x+5y=500$
위의 두 식을 연립하여 풀면 $x=375$, $y=25$
따라서 더 넣은 소금의 양은 25 g이다.

4 10 %의 설탕물 x g에 설탕 y g을 더 넣으면
$x+y=600$
설탕을 더 넣었으므로 넣은 설탕을 직접 더해 주어야 하므로
$\frac{10}{100}\times x+y=\frac{16}{100}\times 600$, $x+10y=960$
위의 두 식을 연립하여 풀면 $x=560$, $y=40$
따라서 더 넣은 설탕의 양은 40 g이다.

거저먹는 시험 문제 64쪽

1 ② 2 4 km 3 50분
4 혜민: 분속 75 m, 형준: 분속 25 m
5 ③ 6 A: 12 %, B: 7 %

1 시은이가 달린 거리를 x km, 걸은 거리를 y km라 하면
$x+y=8$, $\frac{x}{6}+\frac{y}{2}=2$
위의 두 식을 연립하여 풀면 $x=6$, $y=2$
따라서 시은이가 걸은 거리는 2 km이다.

2 올라간 거리를 x km, 내려온 거리를 y km라 하면
$x+y=6$, $\frac{x}{2}+\frac{y}{4}=2$
위의 두 식을 연립하여 풀면 $x=2$, $y=4$
따라서 내려온 거리는 4 km이다.

3 형이 걸린 시간을 x분, 동생이 걸린 시간을 y분이라 하면
형이 동생보다 40분 더 걸렸으므로 $x=y+40$
형이 간 거리와 동생이 간 거리는 같으므로 $50x=250y$
위의 두 식을 연립하여 풀면 $x=50$, $y=10$
따라서 형이 걸린 시간은 50분이다.

4 혜민이의 속력을 분속 x m, 형준이의 속력을 분속 y m라 하면
$40x-40y=2000$, $x-y=500$
$20x+20y=2000$, $x+y=100$
위의 두 식을 연립하여 풀면 $x=75$, $y=25$
따라서 혜민이의 속력은 분속 75 m, 형준이의 속력은 분속 25 m이다.

5 12 %의 소금물의 양을 x g, 7 %의 소금물의 양을 y g이라 하면 $x+y=800$, $\frac{12}{100}\times x+\frac{7}{100}\times y=\frac{10}{100}\times 800$
위의 두 식을 연립하여 풀면
$x=480$, $y=320$
따라서 7 %의 소금물은 320 g이다.

6 소금물 A, B의 농도를 각각 x %, y %라 하면
$\frac{x}{100}\times 400+\frac{y}{100}\times 600=\frac{9}{100}\times 1000$
$\frac{x}{100}\times 600+\frac{y}{100}\times 400=\frac{10}{100}\times 1000$
위의 두 식을 연립하여 풀면
$x=12$, $y=7$
따라서 소금물 A의 농도는 12 %, 소금물 B의 농도는 7 %이다.

09 함수의 뜻과 함숫값

A 함수의 뜻 1 67쪽

1 1000, 1500, ○
2 12, 8, 6, ○
3 1, 2/ 1, 3, ×
4 19, 18, 16, ○
5 없다. 2, ×
6 24, 22, 21, ○
7 2, 1, 0, 1, 2, ○
8 48, 24, 16, 12, ○

1 한 개에 500원 하는 과자 x개의 값 y원의 대응을 표로 나타내면

x	1	2	3	4	…
y	500	1000	1500	2000	…

위의 표와 같이 x의 값에 y의 값이 한 개씩 대응되므로 함수이다.

2 넓이가 24 cm²인 직사각형의 가로의 길이 x cm와 세로의 길이 y cm의 대응을 표로 나타내면

x	1	2	3	4	…
y	24	12	8	6	…

위의 표와 같이 x의 값에 y의 값이 한 개씩 대응되므로 함수이다.

3 자연수 x의 약수 y의 대응을 표로 나타내면

x	1	2	3	4	…
y	1	1, 2	1, 3	1, 2, 4	…

위의 표와 같이 x의 값에 y의 값이 여러 개 대응되므로 함수가 아니다.

4 합이 20인 두 유리수 x와 y의 대응을 표로 나타내면

x	1	2	3	4	…
y	19	18	17	16	…

위의 표와 같이 x의 값에 y의 값이 한 개씩 대응되므로 함수이다.

5 자연수 x보다 작은 소수 y의 대응을 표로 나타내면

x	1	2	3	4	…
y	없다.	없다.	2	2, 3	…

위의 표와 같이 x의 값에 y의 값이 없거나 여러 개가 대응되므로 함수가 아니다.

6 길이가 25 cm인 양초를 x cm 사용하고 남은 양초의 길이 y cm의 대응을 표로 나타내면

x	1	2	3	4	…
y	24	23	22	21	…

위의 표와 같이 x의 값에 y의 값이 한 개씩 대응되므로 함수이다.

7 정수 x의 절댓값 y의 대응을 표로 나타내면

x	…	-2	-1	0	$+1$	$+2$	…
y	…	2	1	0	1	2	…

위의 표와 같이 x의 값에 y의 값이 한 개씩 대응되므로 함수이다.

8 공책 48권을 x명이 똑같이 나누어 가질 때 한 사람이 가지는 공책 y권의 대응을 표로 나타내면

x	1	2	3	4	…
y	48	24	16	12	…

위의 표와 같이 x의 값에 y의 값이 한 개씩 대응되므로 함수이다.

B 함수의 뜻 2 68쪽

1 ○ 2 × 3 ○ 4 ○
5 × 6 ○ 7 ○ 8 ○
9 ○ 10 ○ 11 × 12 ○
13 × 14 ○

1 한 변의 길이가 x cm인 정삼각형의 둘레의 길이 y cm는 x의 값 하나에 y의 값이 하나씩 대응되므로 함수이다.
2 자연수 x보다 작은 짝수 y는 여러 개이므로 함수가 아니다.
3 한 개에 32 g인 물건 x개의 무게 y g은 x의 값 하나에 y의 값이 하나씩 대응되므로 함수이다.
4 자연수 x의 약수 y는 여러 개이지만 약수의 개수 y는 하나이므로 함수이다.
5 자연수 x와 서로소인 수 y는 여러 개이므로 함수가 아니다.
11 자연수 x의 배수 y는 여러 개이므로 함수가 아니다.
13 나이가 x살인 사람의 몸무게 y kg은 여러 개이므로 함수가 아니다.
14 물 20 L를 x명이 똑같이 나누어 마실 때, 한 사람이 마시는 물의 양 y L는 x의 값 하나에 y의 값이 하나씩 대응되므로 함수이다.

C 함숫값 구하기 1 69쪽

1 (1) -3 (2) 0 (3) $-\frac{3}{2}$ (4) 4
2 (1) 3 (2) -1 (3) -7 (4) $-\frac{4}{3}$
3 (1) -8 (2) 8 (3) 4 (4) 1
4 (1) 2 (2) 3 (3) -1 (4) 0

1 $f(x)=3x$이므로
(1) $f(-1)=3\times(-1)=-3$
(2) $f(0)=3\times0=0$
(3) $f\left(-\frac{1}{2}\right)=3\times\left(-\frac{1}{2}\right)=-\frac{3}{2}$
(4) $f\left(\frac{4}{3}\right)=3\times\frac{4}{3}=4$

2 $f(x)=-2x-1$이므로

(1) $f(-2)=-2\times(-2)-1=4-1=3$

(2) $f(0)=-2\times0-1=-1$

(3) $f(3)=-2\times3-1=-7$

(4) $f\left(\frac{1}{6}\right)=-2\times\left(\frac{1}{6}\right)-1=-\frac{4}{3}$

3 $f(x)=\frac{8}{x}$이므로

(1) $f(-1)=\frac{8}{-1}=-8$

(2) $f(1)=\frac{8}{1}=8$

(3) $f(2)=\frac{8}{2}=4$

(4) $f(8)=\frac{8}{8}=1$

4 $f(x)=-\frac{4}{x}+1$이므로

(1) $f(-4)=-\frac{4}{-4}+1=1+1=2$

(2) $f(-2)=-\frac{4}{-2}+1=2+1=3$

(3) $f(2)=-\frac{4}{2}+1=-1$

(4) $f(4)=-\frac{4}{4}+1=0$

D 함숫값 구하기 2 70쪽

1 Help $-1, 1$ / 0　2 4　3 18
4 29　5 7　6 Help $-1, 2$ / -1
7 -3　8 0　9 -3　10 -11

1 $f(-1)=5\times(-1)=-5$, $f(1)=5\times1=5$
$\therefore f(-1)+f(1)=0$

2 $f(-2)=-2\times(-2)=4$, $f(0)=-2\times0=0$
$\therefore f(-2)+f(0)=4$

3 $f(-1)=-1+8=7$, $f(3)=3+8=11$
$\therefore f(-1)+f(3)=7+11=18$

4 $f(-3)=-3\times(-3)+2=11$, $f(3)=-3\times3+2=-7$
$\therefore 2f(-3)-f(3)=29$

5 $f(-1)=-\frac{1}{4}\times(-1)+\frac{3}{2}=\frac{7}{4}$

$f(6)=-\frac{1}{4}\times6+\frac{3}{2}=0$

$\therefore 4f(-1)-f(6)=7$

6 $f(-1)=\frac{2}{-1}=-2$, $f(2)=\frac{2}{2}=1$

$\therefore f(-1)+f(2)=-1$

7 $f(-4)=-\frac{4}{-4}=1$, $f(1)=-\frac{4}{1}=-4$
$\therefore f(-4)+f(1)=1-4=-3$

8 $f(-2)=-\frac{3}{-2}=\frac{3}{2}$, $f(2)=-\frac{3}{2}$

$\therefore f(-2)+f(2)=\frac{3}{2}+\left(-\frac{3}{2}\right)=0$

9 $f(-4)=\frac{8}{-4}=-2$, $f(8)=\frac{8}{8}=1$
$\therefore 2f(-4)+f(8)=2\times(-2)+1=-3$

10 $f(-2)=\frac{10}{-2}=-5$, $f(5)=\frac{10}{5}=2$
$\therefore f(-2)-3f(5)=-5-3\times2=-11$

거저먹는 시험 문제 71쪽

1 ②　2 ④　3 2개　4 ⑤
5 4개　6 ④

1 ② x가 5이면 y는 1, 2, 3, 4가 되어 자연수 x보다 작은 자연수 y는 x의 값 하나에 y의 값이 여러 개 대응되므로 함수가 아니다.

2 ④ x가 6이면 y는 6의 약수인 1, 2, 3, 6이 되어 자연수 x의 약수 y는 x의 값 하나에 y의 값이 여러 개 대응되므로 함수가 아니다.

3 ㄱ. x가 2라면 y는 2와 서로소인 3, 5, 7, 9, 11, …로 무수히 많으므로 자연수 x와 서로소인 수 y는 x의 값 하나에 y의 값이 여러 개 대응되므로 함수가 아니다.

ㄴ. 길이가 30 cm인 양초를 x cm 사용하고 남은 양초의 길이 y cm는 x의 값 하나에 y의 값이 하나씩 대응되므로 함수이다.

ㄷ. 12개의 사탕을 x명에게 똑같이 나누어 줄 때, 한 사람이 가지는 사탕의 개수는 x의 값 하나에 y의 값이 하나씩 대응되므로 함수이다.

ㄹ. 절댓값이 1인 수는 $+1$, -1의 2개이므로 절댓값이 x인 수 y는 x의 값 하나에 y의 값이 여러 개 대응되므로 함수가 아니다.

ㅁ. 6의 소인수는 2, 3의 2개이므로 자연수 x의 소인수 y는 x의 값 하나에 y의 값이 여러 개 대응되므로 함수가 아니다.

따라서 y가 x의 함수인 것은 ㄴ, ㄷ의 2개이다.

4 ⑤ $f(5)=-2\times5+6=-4$

5 ㄱ. $f(x)=3x$에서 $f(2)=6$

ㄴ. $f(x)=-x+7$에서 $f(2)=5$

ㄷ. $f(x)=\frac{10}{x}$에서 $f(2)=5$

ㄹ. $f(x)=4x-3$에서 $f(2)=5$

ㅁ. $f(x)=\frac{5}{4}x+\frac{5}{2}$에서 $f(2)=5$

ㅂ. $f(x)=-\frac{2}{x}$에서 $f(2)=-1$

따라서 $f(2)=5$인 것은 4개이다.

6 9의 약수는 1, 3, 9이므로 9의 약수의 개수는 3이다.
$\therefore f(9)=3$
12의 약수는 1, 2, 3, 4, 6, 12이므로 12의 약수의 개수는 6이다.
$\therefore f(12)=6$
$\therefore f(9)+f(12)=3+6=9$

10 일차함수의 뜻

A 일차함수 찾기 73쪽

1 × 2 ○ 3 ○ 4 ○
5 × 6 × 7 ○ 8 ○
9 × 10 ×

1 $y=2$는 $y=(x$의 일차식$)$이 아니므로 일차함수가 아니다.
2 $2x+y=x+1$에서 좌변의 $2x$를 우변으로 이항하여 정리하면 $y=-x+1$이므로 일차함수이다.
3 $x^2-y=3x+x^2+1$에서 좌변의 x^2을 우변으로 이항하고 정리하면 $y=-3x-1$이므로 일차함수이다.
4 $y=\frac{x}{2}$에서 $y=\frac{1}{2}x$이므로 일차함수이다.
5 $y=3x-3(x-5)$에서 정리하면 $y=15$가 되므로 $y=(x$의 일차식$)$이 아니므로 일차함수가 아니다.
6 $y=-\frac{8}{x}$은 분모에 x가 있으므로 일차함수가 아니다.
7 $\frac{x}{4}-\frac{y}{5}=1$에서 양변에 5를 곱하여 정리하면 $y=\frac{5}{4}x-5$이므로 일차함수이다.
8 $y=-0.05x+\frac{1}{4}$은 일차항의 계수가 -0.05이므로 일차함수이다.
9 $y^2+x=y^2+6$에서 좌변의 y^2을 우변으로 이항하고 정리하면 $x=6$이므로 일차함수가 아니다.
10 $xy=10$이면 $x\neq0$이므로 $y=\frac{10}{x}$인데 분모에 x가 있으므로 일차함수가 아니다.

B y를 x의 식으로 나타내고, 일차함수 찾기 74쪽

1 $y=5000-800x$, ○ 2 $y=3x$, ○
3 $y=80x$, ○ 4 $y=\frac{1000}{x}$, ×
5 $y=\frac{40}{x}$, × 6 $y=24-x$, ○
7 $y=\frac{12}{x}$, × 8 $y=x^2$, ×

C 일차함수가 될 조건 75쪽

1 $a\neq0$ 2 $a\neq1$ 3 $a\neq-2$ 4 $a=3$
5 $a\neq5$ 6 $a=0, b\neq0$ 7 $a=-6, b\neq0$
8 $a=0, b\neq-8$ 9 $a=0, b\neq-15$
10 $a\neq2, b=0$

2 $y+x=ax-3$의 좌변의 x를 우변으로 이항하면 $y=(a-1)x-3$이 되므로 $a\neq1$
3 $y-2x=ax+4$의 좌변의 $-2x$를 우변으로 이항하면 $y=(a+2)x+4$가 되므로 $a\neq-2$
4 $y+3x^2=ax^2+x-1$의 좌변의 $3x^2$을 우변으로 이항하면 $y=(a-3)x^2+x-1$이 된다.
x^2의 계수가 0이어야 일차함수가 되므로 $a=3$
5 $y=ax+5(4-x)$를 정리하면 $y=(a-5)x+20$이 되므로 $a\neq5$
6 $y=ax^2+bx-1$에서 x^2항은 없어지고 x항은 없어지면 안 되므로 $a=0, b\neq0$
7 $y-6x^2=ax^2-bx$에서 $y=(a+6)x^2-bx$
x^2항은 없어지고 x항은 없어지면 안 되므로
$a=-6, b\neq0$
8 $y-8x=ax^2+bx-1$에서 $y=ax^2+(b+8)x-1$
x^2항은 없어지고 x항은 없어지면 안 되므로
$a=0, b\neq-8$
9 $y=5x(ax+3)+bx+9$에서
$y=5ax^2+(15+b)x+9$
x^2항은 없어지고 x항은 없어지면 안 되므로
$a=0, b\neq-15$
10 $y=ax+7-x(bx+2)$에서
$y=-bx^2+(a-2)x+7$
x^2항은 없어지고 x항은 없어지면 안 되므로
$a\neq2, b=0$

D 일차함수의 함숫값 1 76쪽

1 10 2 -4 3 -5 4 -2
5 -11 6 3 7 -9 8 -8
9 -4 10 18

1 $f(x)=3x+1$에서 $f(3)=3\times3+1=10$
2 $f(x)=-6x+8$에서 $f(2)=-6\times2+8=-4$
3 $f(x)=-\frac{2}{5}x+1$에서 $f(15)=-\frac{2}{5}\times15+1=-5$
4 $f(x)=\frac{2}{3}x+5$에서 $f(-6)=\frac{2}{3}\times(-6)+5=1$
$\therefore -2f(-6)=-2$
5 $f(x)=-2x+\frac{3}{7}$에서 $f(1)=-2\times1+\frac{3}{7}=-\frac{11}{7}$
$\therefore 7f(1)=7\times\left(-\frac{11}{7}\right)=-11$

6 $f(x)=-4x+3$에서 $f(3)=-4\times3+3=-9$

$f(-1)=-4\times(-1)+3=7$

$\therefore 2f(3)+3f(-1)=-18+21=3$

7 $f(x)=5x-2$에서

$f(1)=5\times1-2=3,\ f(2)=5\times2-2=8$

$\therefore 5f(1)-3f(2)=5\times3-3\times8=-9$

8 $f(x)=\frac{3}{2}x+1$에서 $f(2)=\frac{3}{2}\times2+1=4$

$f(6)=\frac{3}{2}\times6+1=10$

$\therefore 3f(2)-2f(6)=12-20=-8$

9 $f(x)=\frac{8}{5}x-4$에서 $f(10)=\frac{8}{5}\times10-4=12$

$f(5)=\frac{8}{5}\times5-4=4$

$\therefore -2f(10)+5f(5)=-24+20=-4$

10 $f(x)=-4x+\frac{2}{9}$에서 $f\left(\frac{1}{2}\right)=-4\times\frac{1}{2}+\frac{2}{9}=-\frac{16}{9}$

$f(1)=-4\times1+\frac{2}{9}=-\frac{34}{9}$

$\therefore 9f\left(\frac{1}{2}\right)-9f(1)=-16+34=18$

E 일차함수의 함숫값 2 77쪽

1 7　2 9　3 -2　4 3

5 8　6 $a=-5,\ b=2$

7 $a=-3,\ b=1$　8 $a=-2,\ b=-8$

9 $a=3,\ b=-5$　10 $a=\frac{1}{2},\ b=-\frac{1}{3}$

1 $f(x)=-x+a$에서 $f(2)=5$이므로 $-2+a=5$

$\therefore a=7$

2 $f(x)=-\frac{2}{3}x+a$에서 $f(6)=5$이므로

$-4+a=5$　$\therefore a=9$

3 $f(x)=ax+5$에서 $f(4)=-3$이므로 $4a+5=-3$

$\therefore a=-2$

4 $f(x)=6x-1$에서 $f(a)=17$이므로 $6a-1=17$

$\therefore a=3$

5 $f(x)=-\frac{5}{4}x+2$에서 $f(a)=-8$이므로 $-\frac{5}{4}a+2=-8$

$\therefore a=8$

6 $f(x)=ax-8$에서 $f(-3)=7$이므로

$-3a-8=7$　$\therefore a=-5$

$g(x)=-3x+b$에서 $g(2)=-4$이므로

$-3\times2+b=-4$　$\therefore b=2$

7 $f(x)=ax+10$에서 $f(4)=-2$이므로

$4a+10=-2$　$\therefore a=-3$

$g(x)=5x+b$에서 $g(2)=11$이므로

$5\times2+b=11$　$\therefore b=1$

8 $f(x)=3x+b$에서 $f(5)=7$이므로

$3\times5+b=7$　$\therefore b=-8$

$g(x)=ax-4$에서 $g(-5)=6$이므로

$-5\times a-4=6$　$\therefore a=-2$

9 $f(x)=6x-9$에서 $f(a)=9$이므로

$6a-9=9$　$\therefore a=3$

$g(x)=x+6$에서 $g(b)=1$이므로

$b+6=1$　$\therefore b=-5$

10 $f(x)=\frac{1}{2}x+\frac{3}{4}$에서 $f(a)=1$이므로

$\frac{1}{2}a+\frac{3}{4}=1$　$\therefore a=\frac{1}{2}$

$g(x)=\frac{6}{5}x+1$에서 $g(b)=\frac{3}{5}$이므로

$\frac{6}{5}b+1=\frac{3}{5}$　$\therefore b=-\frac{1}{3}$

거저먹는 시험 문제 78쪽

1 ②, ⑤　2 ②　3 -8　4 ①

5 ①　6 ⑤

1 ① $y=-\frac{8}{x}$

② $y=\frac{2}{3}x-\frac{1}{3}$

③ $y=x^2-3x$

⑤ $y=-12x$

따라서 일차함수는 ②, ⑤이다.

2 일차함수는 ㄷ, ㅁ으로 2개이다.

3 $f(x)=\frac{3}{2}x+1$에서

$f(2)=\frac{3}{2}\times2+1=4,\ f(6)=\frac{3}{2}\times6+1=10$

$\therefore 3f(2)-2f(6)=12-20=-8$

4 $f(x)=-\frac{3}{8}x+1$에서 $f\left(\frac{a}{3}\right)=2$이므로

$-\frac{3}{8}\times\frac{a}{3}+1=2$　$\therefore a=-8$

5 $f(x)=\frac{4}{5}x+a$에서 $f(10)=3$이므로

$\frac{4}{5}\times10+a=3$　$\therefore a=-5$

$f(x)=\frac{4}{5}x-5$에서 $f(b)=-9$이므로

$\frac{4}{5}b-5=-9$　$\therefore b=-5$

$\therefore a-b=0$

6 $f(x)=ax-2$에서 $f(3)=-8$이므로

$3a-2=-8$　$\therefore a=-2$

$f(x)=-2x-2$이므로 $f(1)=-4$

$g(x)=6x+b$에서 $g(-2)=-10$이므로
$6\times(-2)+b=-10 \quad \therefore b=2$
$g(x)=6x+2$이므로 $g(2)=14$
$\therefore f(1)+g(2)=-4+14=10$

11 일차함수의 그래프 위의 점

A 일차함수의 그래프 위의 점 80쪽

1 × 2 × 3 ○ 4 ○
5 × 6 ○ 7 × 8 ×
9 ○ 10 ○

1 $y=\frac{1}{2}x-5$에 $x=-2$를 대입하면 $y=-6$이므로 점 $(-2,\ -7)$은 이 그래프 위의 점이 아니다.
2 $y=\frac{1}{2}x-5$에 $x=4$를 대입하면 $y=-3$이므로 점 $(4,\ -4)$는 이 그래프 위의 점이 아니다.
3 $y=\frac{1}{2}x-5$에 $x=5$를 대입하면 $y=-\frac{5}{2}$이므로 점 $\left(5,\ -\frac{5}{2}\right)$는 이 그래프 위의 점이다.
4 $y=\frac{1}{2}x-5$에 $x=\frac{14}{3}$를 대입하면 $y=-\frac{8}{3}$이므로 점 $\left(\frac{14}{3},\ -\frac{8}{3}\right)$은 이 그래프 위의 점이다.
5 $y=\frac{1}{2}x-5$에 $x=7$을 대입하면 $y=-\frac{3}{2}$이므로 점 $\left(7,\ \frac{3}{2}\right)$은 이 그래프 위의 점이 아니다.
6 $y=-\frac{2}{3}x+4$에 $x=3$을 대입하면 $y=2$이므로 점 $(3,\ 2)$는 이 그래프 위의 점이다.
7 $y=-\frac{2}{3}x+4$에 $x=1$을 대입하면 $y=\frac{10}{3}$이므로 점 $\left(1,\ \frac{4}{3}\right)$는 이 그래프 위의 점이 아니다.
8 $y=-\frac{2}{3}x+4$에 $x=\frac{1}{2}$을 대입하면 $y=\frac{11}{3}$이므로 점 $\left(\frac{1}{2},\ \frac{10}{3}\right)$은 이 그래프 위의 점이 아니다.
9 $y=-\frac{2}{3}x+4$에 $x=\frac{9}{2}$를 대입하면 $y=1$이므로 점 $\left(\frac{9}{2},\ 1\right)$은 이 그래프 위의 점이다.
10 $y=-\frac{2}{3}x+4$에 $x=12$를 대입하면 $y=-4$이므로 점 $(12,\ -4)$는 이 그래프 위의 점이다.

B 일차함수의 그래프 위의 점의 미지수 구하기 1 81쪽

1 8 2 5 3 -1 4 $-\frac{5}{4}$
5 -3 6 1 7 $\frac{1}{4}$ 8 3
9 $-\frac{1}{2}$ 10 1

1 $y=\frac{1}{4}x-3$에 점 $(k,\ -1)$을 대입하면
$-1=\frac{1}{4}k-3,\ 2=\frac{1}{4}k \quad \therefore k=8$
2 $y=\frac{1}{4}x-3$에 점 $(4k,\ 2)$를 대입하면
$2=\frac{1}{4}\times 4k-3,\ 2=k-3 \quad \therefore k=5$
3 $y=\frac{1}{4}x-3$에 점 $(8k,\ -5)$를 대입하면
$-5=\frac{1}{4}\times 8k-3,\ -5=2k-3 \quad \therefore k=-1$
4 $y=\frac{1}{4}x-3$에 점 $(2,\ 2k)$를 대입하면
$2k=\frac{1}{4}\times 2-3,\ 2k=\frac{1}{2}-3 \quad \therefore k=-\frac{5}{4}$
5 $y=\frac{1}{4}x-3$에 점 $\left(6,\ \frac{1}{2}k\right)$를 대입하면
$\frac{1}{2}k=\frac{1}{4}\times 6-3,\ \frac{1}{2}k=-\frac{3}{2} \quad \therefore k=-3$
6 $y=-5x+2$에 점 $(k,\ -3k)$를 대입하면
$-3k=-5k+2 \quad \therefore k=1$
7 $y=-5x+2$에 점 $(2k,\ -6k+1)$을 대입하면
$-6k+1=-5\times 2k+2,\ 4k=1 \quad \therefore k=\frac{1}{4}$
8 $y=-5x+2$에 점 $(-k+1,\ 4k)$를 대입하면
$4k=-5\times(-k+1)+2,\ -k=-3 \quad \therefore k=3$
9 $y=-5x+2$에 점 $\left(\frac{1}{5}k,\ k+3\right)$을 대입하면
$k+3=-5\times\frac{1}{5}k+2,\ 2k=-1 \quad \therefore k=-\frac{1}{2}$
10 $y=-5x+2$에 점 $\left(\frac{1}{10}k,\ \frac{3}{2}k\right)$를 대입하면
$\frac{3}{2}k=-5\times\frac{1}{10}k+2,\ 3k=-k+4 \quad \therefore k=1$

C 일차함수의 그래프 위의 점의 미지수 구하기 2 82쪽

1 $p=-5,\ q=3$ 2 $p=-1,\ q=1$
3 $p=9,\ q=3$ 4 $p=-1,\ q=2$
5 $p=2,\ q=7$ 6 $p=2,\ q=2$
7 $p=15,\ q=12$ 8 $p=\frac{1}{2},\ q=1$
9 $p=-7,\ q=-4$ 10 $p=-15,\ q=24$

1 $y=4x-9$에
점 $(1,\ p)$를 대입하면 $p=4-9=-5$
점 $(q,\ 3)$을 대입하면 $3=4q-9$ $\quad\therefore q=3$
2 $y=4x-9$에
점 $(2,\ p)$를 대입하면 $p=8-9=-1$
점 $(q,\ -5)$를 대입하면 $-5=4q-9$ $\quad\therefore q=1$
3 $y=4x-9$에
점 $(p,\ 3p)$를 대입하면 $3p=4p-9$ $\quad\therefore p=9$
점 $(q,\ q)$를 대입하면 $q=4q-9$ $\quad\therefore q=3$
4 $y=4x-9$에
점 $(-p+1,\ p)$를 대입하면 $p=4(-p+1)-9$
$5p=-5$ $\quad\therefore p=-1$
점 $(q,\ q-3)$을 대입하면 $q-3=4q-9$
$-3q=-6$ $\quad\therefore q=2$
5 $y=4x-9$에
점 $(2p,\ p+5)$를 대입하면 $p+5=8p-9$ $\quad\therefore p=2$
점 $(q-10,\ -3q)$를 대입하면 $-3q=4(q-10)-9$
$\therefore q=7$
6 $y=-2x+6$에
점 $(p,\ q)$를 대입하면 $q=-2p+6$ $\quad\cdots$ ㉠
점 $(2p,\ -q)$를 대입하면 $-q=-4p+6$ $\quad\cdots$ ㉡
㉠, ㉡을 연립하여 풀면 $p=2,\ q=2$
7 $y=-2x+6$에
점 $(-p,\ 3q)$를 대입하면 $3q=2p+6$ $\quad\cdots$ ㉠
점 $(p,\ -2q)$를 대입하면 $-2q=-2p+6$ $\quad\cdots$ ㉡
㉠, ㉡을 연립하여 풀면 $p=15,\ q=12$
8 $y=-2x+6$에
점 $(4p,\ 2q)$를 대입하면 $2q=-8p+6$ $\quad\cdots$ ㉠
점 $(-p,\ 7q)$를 대입하면 $7q=2p+6$ $\quad\cdots$ ㉡
㉠, ㉡을 연립하여 풀면 $p=\frac{1}{2},\ q=1$
9 $y=-2x+6$에
점 $(p,\ -5q)$를 대입하면 $-5q=-2p+6$ $\quad\cdots$ ㉠
점 $(-p,\ 2q)$를 대입하면 $2q=2p+6$ $\quad\cdots$ ㉡
㉠, ㉡을 연립하여 풀면 $p=-7,\ q=-4$
10 $y=-2x+6$에
점 $(3p,\ 4q)$를 대입하면 $4q=-6p+6$ $\quad\cdots$ ㉠
점 $(-p,\ -q)$를 대입하면 $-q=2p+6$ $\quad\cdots$ ㉡
㉠, ㉡을 연립하여 풀면 $p=-15,\ q=24$

D 미지수가 있는 일차함수의 그래프 위의 점 83쪽

1 3	2 1	3 $\frac{1}{3}$	4 1
5 -1	6 0	7 -16	8 40
9 $\frac{3}{2}$	10 -15		

1 $y=-ax+3$에 점 $(2,\ 9)$를 대입하면
$9=-2a+3$ $\quad\therefore a=-3$
따라서 $y=3x+3$에 점 $(p,\ 4p)$를 대입하면
$4p=3p+3$ $\quad\therefore p=3$
2 $y=-ax+3$에 점 $(-1,\ 4)$를 대입하면
$4=a+3$ $\quad\therefore a=1$
따라서 $y=-x+3$에 점 $(2p,\ -p+2)$를 대입하면
$-p+2=-2p+3$ $\quad\therefore p=1$
3 $y=-ax+3$에 점 $(3,\ 6)$을 대입하면
$6=-3a+3$ $\quad\therefore a=-1$
따라서 $y=x+3$에 점 $(-4p,\ 2p+1)$을 대입하면
$2p+1=-4p+3$ $\quad\therefore p=\frac{1}{3}$
4 $y=-ax+3$에 점 $(-4,\ 11)$을 대입하면
$11=4a+3$ $\quad\therefore a=2$
따라서 $y=-2x+3$에 점 $(p+1,\ -p)$를 대입하면
$-p=-2(p+1)+3$ $\quad\therefore p=1$
5 $y=-ax+3$에 점 $\left(\frac{3}{2},\ 6\right)$을 대입하면
$6=-\frac{3}{2}a+3$ $\quad\therefore a=-2$
따라서 $y=2x+3$에 점 $(2p-1,\ 3p)$를 대입하면
$3p=2(2p-1)+3$ $\quad\therefore p=-1$
6 $y=-5x+1$에 점 $(1,\ p)$를 대입하면 $p=-4$
따라서 점 $(1,\ -4)$를 $y=ax-8$에 대입하면
$-4=a-8$ $\quad\therefore a=4$
$\therefore a+p=4-4=0$
7 $y=-5x+1$에 점 $(3,\ p)$를 대입하면 $p=-14$
따라서 점 $(3,\ -14)$를 $y=ax-8$에 대입하면
$-14=3a-8$ $\quad\therefore a=-2$
$\therefore a+p=-2-14=-16$
8 $y=-5x+1$에 점 $\left(\frac{1}{5},\ p\right)$를 대입하면 $p=0$
따라서 점 $\left(\frac{1}{5},\ 0\right)$을 $y=ax-8$에 대입하면
$0=\frac{1}{5}a-8$ $\quad\therefore a=40$
$\therefore a+p=40+0=40$
9 $y=-5x+1$에 점 $(p,\ -9)$를 대입하면
$-9=-5p+1$ $\quad\therefore p=2$
따라서 점 $(2,\ -9)$를 $y=ax-8$에 대입하면
$-9=2a-8$ $\quad\therefore a=-\frac{1}{2}$
$\therefore a+p=-\frac{1}{2}+2=\frac{3}{2}$
10 $y=-5x+1$에 점 $(p,\ 6)$을 대입하면
$6=-5p+1$ $\quad\therefore p=-1$
따라서 점 $(-1,\ 6)$을 $y=ax-8$에 대입하면
$6=-a-8$ $\quad\therefore a=-14$
$\therefore a+p=-14-1=-15$

거저먹는 시험 문제 84쪽

1 ④ 2 ① 3 ③

4 $p=\frac{4}{5}, q=-2$ 5 ④ 6 ②

1 ④ $y=-4x+9$에 $x=3$을 대입하면 $y=-3$이므로
점 $(3,\ 0)$은 $y=-4x+9$의 그래프 위의 점이 아니다.

2 $y=\frac{3}{4}x+2$에 점 $(k,\ -1)$을 대입하면

$-1=\frac{3}{4}\times k+2,\ -4=3k+8$

$\therefore k=-4$

3 $y=-\frac{3}{2}x+1$에 두 점 $(2,\ p)$, $(q,\ -5)$를 대입하면

$p=-\frac{3}{2}\times 2+1 \quad \therefore p=-2$

$-5=-\frac{3}{2}q+1 \quad \therefore q=4$

$\therefore 2p+q=0$

4 $y=-5x+2$에 두 점 $(p,\ q)$, $(2p,\ 3q)$를 대입하면
$q=-5p+2,\ 3q=-10p+2$
이 두 식을 연립하여 풀면 $p=\frac{4}{5},\ q=-2$

5 $y=-ax+6$에 점 $(3,\ -3)$을 대입하면
$-3=-3a+6$
$\therefore a=3$
$y=-3x+6$에 점 $(-p,\ 4p)$를 대입하면
$4p=3p+6$
$\therefore p=6$

6 $y=3x-5$에 점 $(2,\ p)$를 대입하면
$p=6-5=1$
따라서 점 $(2,\ 1)$을 $y=ax+7$에 대입하면
$1=2a+7 \quad \therefore a=-3$
$\therefore a+p=-3+1=-2$

12 일차함수의 그래프의 평행이동

A 일차함수 $y=ax+b(a\neq 0)$의 그래프 86쪽

1 풀이 참조 2 풀이 참조 3 풀이 참조 4 풀이 참조

5 Help 2 / $y=x+2$ 6 $y=4x-1$

7 $y=-5x+10$ 8 $y=\frac{3}{4}x-2$

9 $y=-\frac{1}{8}x+\frac{1}{3}$

1~2

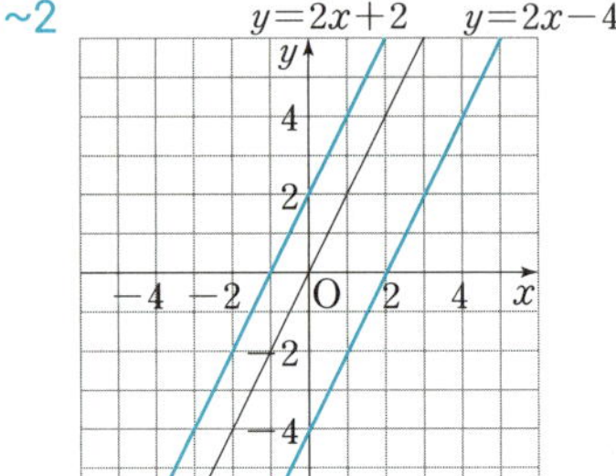

3~4

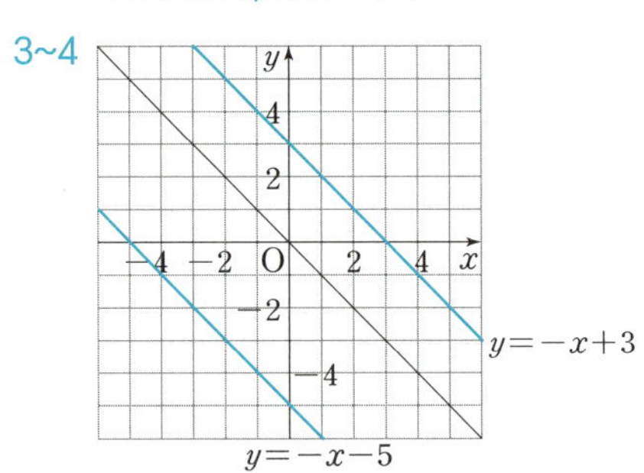

5 $y=x$에 평행이동한 2만큼 더해주면 되므로
$y=x+2$

B 일차함수의 그래프의 평행이동 1 87쪽

1 ○ 2 × 3 × 4 ○
5 ○ 6 × 7 ○ 8 ○
9 × 10 ○

1 $y=3x$의 그래프를 평행이동했을 때 겹쳐지기 위해서는 x의 계수가 3이어야 하므로 $y=3x-1$은 겹쳐진다.

2 $y=3x$의 그래프를 평행이동했을 때 겹쳐지기 위해서는 x의 계수가 3이어야 하므로 $y=\frac{1}{3}x+2$는 겹쳐지지 않는다.

3 $y=3x$의 그래프를 평행이동했을 때 겹쳐지기 위해서는 x의 계수가 3이어야 하므로 $y=3(x+1)-x=2x+3$은 겹쳐지지 않는다.

4 $y=3x$의 그래프를 평행이동했을 때 겹쳐지기 위해서는 x의 계수가 3이어야 하므로 $y=\frac{6x-5}{2}=3x-\frac{5}{2}$는 겹쳐진다.

5 $y=3x$의 그래프를 평행이동했을 때 겹쳐지기 위해서는 x의 계수가 3이어야 하므로 $y=x+2(x-3)=3x-6$은 겹쳐진다.

6 $y=-\frac{1}{2}x+\frac{2}{3}$의 그래프를 평행이동했을 때 겹쳐지기 위해서는 x의 계수가 $-\frac{1}{2}$이어야 하므로 $y=-2x-\frac{1}{2}$은 겹쳐지지 않는다.

7 $y=-\frac{1}{2}x+\frac{2}{3}$의 그래프를 평행이동했을 때 겹쳐지기 위해서는 x의 계수가 $-\frac{1}{2}$이어야 하므로 $y=-\frac{1}{2}x$는 겹쳐진다.

8 $y=-\frac{1}{2}x+\frac{2}{3}$의 그래프를 평행이동했을 때 겹쳐지기 위해서는 x의 계수가 $-\frac{1}{2}$이어야 하므로

$y=\frac{1}{2}(x-2)-x=-\frac{1}{2}x-1$은 겹쳐진다.

9 $y=-\frac{1}{2}x+\frac{2}{3}$의 그래프를 평행이동했을 때 겹쳐지기 위해서는 x의 계수가 $-\frac{1}{2}$이어야 하므로 $y=\frac{1}{2}x+\frac{2}{3}$는 겹쳐지지 않는다.

10 $y=-\frac{1}{2}x+\frac{2}{3}$의 그래프를 평행이동했을 때 겹쳐지기 위해서는 x의 계수가 $-\frac{1}{2}$이어야 하므로

$y=-\frac{2x+3}{4}=-\frac{1}{2}x-\frac{3}{4}$은 겹쳐진다.

C 일차함수의 그래프의 평행이동 2 　88쪽

1 1　2 -2　3 -3　4 $-\frac{3}{2}$
5 $\frac{1}{3}$　6 7　7 1　8 8
9 $\frac{5}{4}$　10 $-\frac{5}{2}$

1 $y=-9x+2$의 그래프를 y축의 방향으로 p만큼 평행이동한 그래프의 식은 $y=-9x+2+p$이고 $y=-9x+3$과 같아지므로 $2+p=3$ $\therefore p=1$

2 $y=-9x+2$의 그래프를 y축의 방향으로 p만큼 평행이동한 그래프의 식은 $y=-9x+2+p$이고 $y=-9x$와 같아지므로 $2+p=0$ $\therefore p=-2$

3 $y=-9x+2$의 그래프를 y축의 방향으로 p만큼 평행이동한 그래프의 식은 $y=-9x+2+p$이고 $y=-9x-1$과 같아지므로 $2+p=-1$ $\therefore p=-3$

4 $y=-9x+2$의 그래프를 y축의 방향으로 p만큼 평행이동한 그래프의 식은 $y=-9x+2+p$이고 $y=-9x+\frac{1}{2}$과 같아지므로 $2+p=\frac{1}{2}$ $\therefore p=-\frac{3}{2}$

5 $y=-9x+2$의 그래프를 y축의 방향으로 p만큼 평행이동한 그래프의 식은 $y=-9x+2+p$이고 $y=-9x+\frac{7}{3}$과 같아지므로 $2+p=\frac{7}{3}$ $\therefore p=\frac{1}{3}$

6 $y=7x+p$의 그래프를 y축의 방향으로 -2만큼 평행이동한 그래프의 식은 $y=7x+p-2$이고 $y=7x+5$와 같아지므로 $p-2=5$ $\therefore p=7$

7 $y=7x+p$의 그래프를 y축의 방향으로 -2만큼 평행이동한 그래프의 식은 $y=7x+p-2$이고 $y=7x-1$과 같아지므로 $p-2=-1$ $\therefore p=1$

8 $y=7x+p$의 그래프를 y축의 방향으로 -2만큼 평행이동한 그래프의 식은 $y=7x+p-2$이고 $y=7x+6$과 같아지므로 $p-2=6$ $\therefore p=8$

9 $y=7x+p$의 그래프를 y축의 방향으로 -2만큼 평행이동한 그래프의 식은 $y=7x+p-2$이고 $y=7x-\frac{3}{4}$과 같아지므로 $p-2=-\frac{3}{4}$ $\therefore p=\frac{5}{4}$

10 $y=7x+p$의 그래프를 y축의 방향으로 -2만큼 평행이동한 그래프의 식은 $y=7x+p-2$이고 $y=7x-\frac{9}{2}$와 같아지므로 $p-2=-\frac{9}{2}$ $\therefore p=-\frac{5}{2}$

D 평행이동한 그래프 위의 점 1 　89쪽

1 -1　2 2　3 -2　4 5
5 1　6 -3　7 -2　8 -4
9 0　10 $\frac{1}{2}$

1 $y=4x-2$의 그래프를 y축의 방향으로 p만큼 평행이동한 그래프의 식은 $y=4x-2+p$이므로 점 $(1,\ 1)$을 대입하면 $1=4-2+p$ $\therefore p=-1$

2 $y=4x-2$의 그래프를 y축의 방향으로 p만큼 평행이동한 그래프의 식은 $y=4x-2+p$이므로 점 $(-1,\ -4)$를 대입하면 $-4=4\times(-1)-2+p$ $\therefore p=2$

3 $y=4x-2$의 그래프를 y축의 방향으로 p만큼 평행이동한 그래프의 식은 $y=4x-2+p$이므로 점 $(3,\ 8)$을 대입하면 $8=12-2+p$ $\therefore p=-2$

4 $y=4x-2$의 그래프를 y축의 방향으로 p만큼 평행이동한 그래프의 식은 $y=4x-2+p$이므로 점 $\left(\frac{1}{2},\ 5\right)$를 대입하면 $5=4\times\frac{1}{2}-2+p$ $\therefore p=5$

5 $y=4x-2$의 그래프를 y축의 방향으로 p만큼 평행이동한 그래프의 식은 $y=4x-2+p$이므로 점 $\left(\frac{3}{4},\ 2\right)$를 대입하면 $2=4\times\frac{3}{4}-2+p$ $\therefore p=1$

6 $y=5x+k$의 그래프를 y축의 방향으로 -4만큼 평행이동한 그래프의 식은 $y=5x+k-4$이므로 점 $(1,\ -2)$를 대입하면 $-2=5+k-4$ $\therefore k=-3$

7 $y=5x+k$의 그래프를 y축의 방향으로 -4만큼 평행이동한 그래프의 식은 $y=5x+k-4$이므로 점 $(2,\ 4)$를 대입하면 $4=5\times2+k-4$ $\therefore k=-2$

8 $y=5x+k$의 그래프를 y축의 방향으로 -4만큼 평행이동한 그래프의 식은 $y=5x+k-4$이므로 점 $(3,\ 7)$을 대입하면 $7=15+k-4$ $\therefore k=-4$

9 $y=5x+k$의 그래프를 y축의 방향으로 -4만큼 평행이동한 그래프의 식은 $y=5x+k-4$이므로 점 $\left(\frac{2}{5},\ -2\right)$를 대입하면 $-2=2+k-4$ $\therefore k=0$

10 $y=5x+k$의 그래프를 y축의 방향으로 -4만큼 평행이동한 그래프의 식은 $y=5x+k-4$이므로 점 $\left(1,\ \frac{3}{2}\right)$을 대입하면

$\frac{3}{2}=5+k-4$ $\therefore k=\frac{1}{2}$

E 평행이동한 그래프 위의 점 2

90쪽

1 $p=1, q=-1$	2 $p=7, q=-3$
3 $p=-6, q=1$	4 $p=8, q=9$
5 $p=9, q=-2$	6 $a=-3, q=1$
7 $a=5, q=10$	8 $a=-4, q=11$
9 $a=1, q=0$	10 $a=-3, q=-1$

1 $y=5x$의 그래프를 y축의 방향으로 p만큼 평행이동한 그래프의 식은 $y=5x+p$이므로 점 $(1,\ 6)$을 대입하면
$6=5+p$ $\therefore p=1$
$y=5x+1$에 점 $(q,\ -4)$를 대입하면
$-4=5q+1$ $\therefore q=-1$

2 $y=5x$의 그래프를 y축의 방향으로 p만큼 평행이동한 그래프의 식은 $y=5x+p$이므로 점 $(-1,\ 2)$를 대입하면
$2=-5+p$ $\therefore p=7$
$y=5x+7$에 점 $(q,\ -8)$을 대입하면
$-8=5q+7$ $\therefore q=-3$

3 $y=5x$의 그래프를 y축의 방향으로 p만큼 평행이동한 그래프의 식은 $y=5x+p$이므로 점 $(3,\ 9)$를 대입하면
$9=15+p$ $\therefore p=-6$
$y=5x-6$에 점 $(q,\ -1)$을 대입하면
$-1=5q-6$ $\therefore q=1$

4 $y=5x$의 그래프를 y축의 방향으로 p만큼 평행이동한 그래프의 식은 $y=5x+p$이므로 점 $(-4,\ -12)$를 대입하면
$-12=-20+p$ $\therefore p=8$
$y=5x+8$에 점 $(2,\ 2q)$를 대입하면
$2q=10+8$ $\therefore q=9$

5 $y=5x$의 그래프를 y축의 방향으로 p만큼 평행이동한 그래프의 식은 $y=5x+p$이므로 점 $\left(-\frac{3}{5},\ 6\right)$을 대입하면
$6=-3+p$ $\therefore p=9$
$y=5x+9$에 점 $(-3, 3q)$를 대입하면
$3q=-15+9$ $\therefore q=-2$

6 $y=ax-3$의 그래프를 y축의 방향으로 -2만큼 평행이동한 그래프의 식은 $y=ax-3-2=ax-5$이므로 점 $(1,\ -8)$을 대입하면
$-8=a-5$ $\therefore a=-3$
$y=-3x-5$에 점 $(-2,\ q)$를 대입하면
$q=6-5=1$

7 $y=ax-3$의 그래프를 y축의 방향으로 -2만큼 평행이동한 그래프의 식은 $y=ax-3-2=ax-5$이므로 점 $(2,\ 5)$를 대입하면
$5=2a-5$ $\therefore a=5$
$y=5x-5$에 점 $(3,\ q)$를 대입하면
$q=5\times3-5=10$

8 $y=ax-3$의 그래프를 y축의 방향으로 -2만큼 평행이동한 그래프의 식은 $y=ax-3-2=ax-5$이므로 점 $(-2,\ 3)$을 대입하면
$3=-2a-5$ $\therefore a=-4$
$y=-4x-5$에 점 $(-4,\ q)$를 대입하면
$q=16-5=11$

9 $y=ax-3$의 그래프를 y축의 방향으로 -2만큼 평행이동한 그래프의 식은 $y=ax-3-2=ax-5$이므로 점 $(4,\ -1)$을 대입하면
$-1=4a-5$ $\therefore a=1$
$y=x-5$에 점 $(-2q,\ -5)$를 대입하면
$-2q-5=-5$
$\therefore q=0$

10 $y=ax-3$의 그래프를 y축의 방향으로 -2만큼 평행이동한 그래프의 식은 $y=ax-3-2=ax-5$이므로
점 $(-3,\ 4)$를 대입하면
$4=-3a-5$ $\therefore a=-3$
$y=-3x-5$에 점 $(4q,\ 7)$을 대입하면
$7=-12q-5$ $\therefore q=-1$

거저먹는 시험 문제

91쪽

1 ③	2 ⑤	3 -4	4 ②
5 -5			

1 x의 계수가 $\frac{1}{3}$인 것을 찾는다.
③ $y=-\frac{2}{3}(x-1)+x=\frac{1}{3}x+\frac{2}{3}$

2 일차함수 $y=2x$의 그래프를 y축의 방향으로 -3만큼 평행이동한 그래프를 찾는다.

3 일차함수 $y=4x+p$의 그래프를 y축의 방향으로 -5만큼 평행이동한 그래프의 식은 $y=4x+p-5$이고 $y=4x-9$와 같아지므로
$p-5=-9$ $\therefore p=-4$

4 일차함수 $y=-\frac{3}{8}x+1$의 그래프를 y축의 방향으로 p만큼 평행이동한 그래프의 식은 $y=-\frac{3}{8}x+1+p$이므로
점 $(-1,\ 2)$를 대입하면
$2=\frac{3}{8}+1+p$ $\therefore p=\frac{5}{8}$

5 $y=ax+6-4=ax+2$에 점 $(2,\ 4)$를 대입하면
$4=2a+2$ $\quad\therefore a=1$
$y=x+2$에 점 $(1,\ q)$를 대입하면
$q=1+2$ $\quad\therefore q=3$
$\therefore a-2q=1-2\times3=-5$

13 일차함수의 그래프의 x절편, y절편

A 일차함수의 그래프에서 x절편, y절편 구하기 93쪽

1 $-3,\ 3$ 2 $-1,\ -3$ 3 $1,\ -2$ 4 $-2,\ -1$
5 $-1,\ 4$ 6 $3,\ 1$

B 일차함수의 그래프의 x절편 94쪽

1 1 2 2 3 $\frac{1}{3}$ 4 4
5 $-\frac{5}{2}$ 6 10 7 3 8 -2
9 -8 10 $\frac{5}{3}$

1 $y=x-1$에 $y=0$을 대입하면 x절편은 1이다.
2 $y=-2x+4$에 $y=0$을 대입하면 x절편은 2이다.
3 $y=-3x+1$에 $y=0$을 대입하면 x절편은 $\frac{1}{3}$이다.
4 $y=2x-8$에 $y=0$을 대입하면 x절편은 4이다.
5 $y=4x+10$에 $y=0$을 대입하면 x절편은 $-\frac{5}{2}$이다.
6 $y=\frac{1}{5}x-2$에 $y=0$을 대입하면 x절편은 10이다.
7 $y=-\frac{1}{3}x+1$에 $y=0$을 대입하면 x절편은 3이다.
8 $y=-\frac{3}{2}x-3$에 $y=0$을 대입하면 x절편은 -2이다.
9 $y=\frac{3}{4}x+6$에 $y=0$을 대입하면 x절편은 -8이다.
10 $y=-\frac{9}{5}x+3$에 $y=0$을 대입하면 x절편은 $\frac{5}{3}$이다.

C 일차함수의 그래프의 y절편 95쪽

1 2 2 -3 3 -7 4 1
5 -12 6 9 7 8 8 -6
9 $\frac{3}{2}$ 10 $-\frac{1}{3}$

D x절편과 y절편을 이용하여 미지수 구하기 1 96쪽

1 5 2 -10 3 15 4 2
5 $-\frac{1}{2}$ 6 $a=-\frac{1}{2},\ b=1$ 7 $a=1,\ b=3$
8 $a=-4,\ b=-4$ 9 $a=3,\ b=6$
10 $a=\frac{5}{2},\ b=-10$

1 x절편이 1이므로 점 $(1,\ 0)$을 $y=-5x+b$에 대입하면 $b=5$
따라서 $y=-5x+5$의 y절편은 5이다.
2 x절편이 -2이므로 점 $(-2,\ 0)$을 $y=-5x+b$에 대입하면
$b=-10$
따라서 $y=-5x-10$의 y절편은 -10이다.
3 x절편이 3이므로 점 $(3,\ 0)$을 $y=-5x+b$에 대입하면 $b=15$
따라서 $y=-5x+15$의 y절편은 15이다.
4 x절편이 $\frac{2}{5}$이므로 점 $\left(\frac{2}{5},\ 0\right)$을 $y=-5x+b$에 대입하면
$b=2$
따라서 $y=-5x+2$의 y절편은 2이다.
5 x절편이 $-\frac{1}{10}$이므로 점 $\left(-\frac{1}{10},\ 0\right)$을 $y=-5x+b$에 대입하면 $b=-\frac{1}{2}$
따라서 $y=-5x-\frac{1}{2}$의 y절편은 $-\frac{1}{2}$이다.
6 x절편이 2이므로 점 $(2,\ 0)$을 $y=ax+b$에 대입하면
$0=2a+b$
y절편이 1이므로 $b=1$ $\quad\therefore a=-\frac{1}{2}$
7 x절편이 -3이므로 점 $(-3,\ 0)$을 $y=ax+b$에 대입하면
$-3a+b=0$
y절편이 3이므로 $b=3$ $\quad\therefore a=1$
8 x절편이 -1이므로 점 $(-1,\ 0)$을 $y=ax+b$에 대입하면
$0=-a+b$
y절편이 -4이므로 $b=-4$ $\quad\therefore a=-4$
9 x절편이 -2이므로 점 $(-2,\ 0)$을 $y=ax+b$에 대입하면
$-2a+b=0$
y절편이 6이므로 $b=6$ $\quad\therefore a=3$
10 x절편이 4이므로 점 $(4,\ 0)$을 $y=ax+b$에 대입하면
$4a+b=0$
y절편이 -10이므로 $b=-10$ $\quad\therefore a=\frac{5}{2}$

E x절편과 y절편을 이용하여 미지수 구하기 2 97쪽

1 2 2 6 3 -16 4 -8
5 $\frac{3}{2}$ 6 $a=2,\ b=4$
7 $a=-2,\ b=8$ 8 $a=2,\ b=10$
9 $a=-\frac{1}{8},\ b=1$ 10 $a=-1,\ b=-7$

1 $y=x-2$에 $y=0$을 대입하면 x절편은 2이므로
$y=-x+b$에 점 $(2,\ 0)$을 대입하면 $b=2$

2 $y=-2x-4$에 $y=0$을 대입하면 x절편은 -2이므로
$y=3x+b$에 점 $(-2,\ 0)$을 대입하면 $b=6$

3 $y=3x+12$에 $y=0$을 대입하면 x절편은 -4이므로
$y=-4x+b$에 점 $(-4,\ 0)$을 대입하면 $b=-16$

4 $y=\frac{5}{2}x-10$에 $y=0$을 대입하면 x절편은 4이므로
$y=2x+b$에 점 $(4,\ 0)$을 대입하면 $b=-8$

5 $y=\frac{10}{3}x+5$에 $y=0$을 대입하면 x절편은 $-\frac{3}{2}$이므로
$y=x+b$에 점 $\left(-\frac{3}{2},\ 0\right)$을 대입하면 $b=\frac{3}{2}$

6 $y=ax+3$의 그래프를 y축의 방향으로 1만큼 평행이동한 그래프의 식은 $y=ax+4$
x절편이 -2이므로 $y=ax+4$에 점 $(-2,\ 0)$을 대입하면
$a=2$
$y=2x+4$의 그래프의 y절편이 4이므로 $b=4$

7 $y=ax+3$의 그래프를 y축의 방향으로 5만큼 평행이동한 그래프의 식은 $y=ax+8$
x절편이 4이므로 $y=ax+8$에 점 $(4,\ 0)$을 대입하면 $a=-2$
$y=-2x+8$의 그래프의 y절편이 8이므로 $b=8$

8 $y=ax+3$의 그래프를 y축의 방향으로 7만큼 평행이동한 그래프의 식은 $y=ax+10$
x절편이 -5이므로 $y=ax+10$에 점 $(-5,\ 0)$을 대입하면
$a=2$
$y=2x+10$의 그래프의 y절편이 10이므로 $b=10$

9 $y=ax+3$의 그래프를 y축의 방향으로 -2만큼 평행이동한 그래프의 식은 $y=ax+1$
x절편이 8이므로 $y=ax+1$에 점 $(8,\ 0)$을 대입하면
$a=-\frac{1}{8}$
$y=-\frac{1}{8}x+1$의 그래프의 y절편이 1이므로 $b=1$

10 $y=ax+3$의 그래프를 y축의 방향으로 -10만큼 평행이동한 그래프의 식은 $y=ax-7$
x절편이 -7이므로 $y=ax-7$에 점 $(-7,\ 0)$을 대입하면
$a=-1$
$y=-x-7$의 y절편이 -7이므로 $b=-7$

거저먹는 시험 문제 98쪽

1 ②	2 ④	3 x절편: 3, y절편: -1
4 ④	5 ⑤	6 2

1 $y=3x+9$에 x절편을 구하기 위해 $y=0$을 대입하면
$0=3x+9,\ x=-3$ $\quad\therefore a=-3$
y절편은 9이므로 $b=9$
$\therefore a+b=6$

2 ①, ②, ③, ⑤ x절편은 2이다.
④ x절편은 -1이다.

3 $y=\frac{1}{3}x+2$의 그래프를 y축의 방향으로 -3만큼 평행이동한 그래프의 식은 $y=\frac{1}{3}x+2-3=\frac{1}{3}x-1$
x절편은 $y=0$을 대입하면 $x=3$, y절편은 -1이다.

4 $y=ax+b$에서 y절편이 1이므로 $b=1$
$y=ax+1$에 점 $\left(-\frac{1}{3},\ 0\right)$을 대입하면 $-\frac{1}{3}a+1=0$
$\therefore a=3$
$\therefore a+b=3+1=4$

5 $y=-4x+5$의 그래프의 y절편이 5이므로 $y=-\frac{2}{5}x+b$의 그래프의 x절편이 5이다.
따라서 $y=-\frac{2}{5}x+b$에 점 $(5,\ 0)$을 대입하면 $b=2$

6 $y=ax+7$의 그래프를 y축의 방향으로 -3만큼 평행이동하면
$y=ax+7-3=ax+4$
y절편이 b이므로 $b=4$
x절편이 2이므로 점 $(2,\ 0)$을 대입하면
$0=2a+4$ $\quad\therefore a=-2$
$\therefore a+b=-2+4=2$

14 일차함수의 그래프의 기울기

A 일차함수의 그래프의 기울기 1 100쪽

1 4	2 -6	3 $\frac{1}{2}$	4 $-\frac{4}{3}$
5 $-\frac{11}{4}$	6 3, 3	7 $-2,\ -2,\ -1$	8 3, 3

6 문제의 그림에서 오른쪽으로 3칸 증가했으므로 x의 값의 증가량은 3, 위쪽으로 2칸 증가했으므로 y의 값의 증가량은 2이다.
$\therefore (\text{기울기})=\frac{(y\text{의 값의 증가량})}{(x\text{의 값의 증가량})}=\frac{2}{3}$

7 문제의 그림에서 오른쪽으로 2칸 증가했으므로 x의 값의 증가량은 2, 아래쪽으로 2칸 감소했으므로 y의 값의 증가량은 -2이다.
$\therefore (\text{기울기})=\frac{(y\text{의 값의 증가량})}{(x\text{의 값의 증가량})}=\frac{-2}{2}=-1$

8 문제의 그림에서 오른쪽으로 3칸 증가했으므로 x의 값의 증가량은 3, 위쪽으로 4칸 증가했으므로 y의 값의 증가량은 4이다.
$\therefore (\text{기울기})=\frac{(y\text{의 값의 증가량})}{(x\text{의 값의 증가량})}=\frac{4}{3}$

B 일차함수의 그래프의 기울기 2 101쪽

1 3　2 15　3 -8　4 -2
5 -4　6 2　7 3　8 -2
9 -4　10 12

1 $y=x+1$에서 y의 값의 증가량을 k라 하면
(기울기)$=\dfrac{(y\text{의 값의 증가량})}{(x\text{의 값의 증가량})}$이므로 $1=\dfrac{k}{3}$
$\therefore k=3$

2 $y=3x-2$에서 y의 값의 증가량을 k라 하면
$3=\dfrac{k}{5}$　$\therefore k=15$

3 $y=-2x+1$에서 y의 값의 증가량을 k라 하면
$-2=\dfrac{k}{5-1}$　$\therefore k=-8$

4 $y=-\dfrac{1}{2}x+3$에서 y의 값의 증가량을 k라 하면
$-\dfrac{1}{2}=\dfrac{k}{7-3}$　$\therefore k=-2$

5 $y=-\dfrac{2}{3}x-5$에서 y의 값의 증가량을 k라 하면
$-\dfrac{2}{3}=\dfrac{k}{3-(-3)}$　$\therefore k=-4$

6 $y=-x+1$에서 x의 값의 증가량을 k라 하면
$-1=\dfrac{-2}{k}$　$\therefore k=2$

7 $y=3x-2$에서 x의 값의 증가량을 k라 하면
$3=\dfrac{9}{k}$　$\therefore k=3$

8 $y=-4x+2$에서 x의 값의 증가량을 k라 하면
$-4=\dfrac{10-2}{k}$　$\therefore k=-2$

9 $y=-\dfrac{7}{4}x+3$에서 x의 값의 증가량을 k라 하면
$-\dfrac{7}{4}=\dfrac{4-(-3)}{k}$　$\therefore k=-4$

10 $y=\dfrac{5}{6}x+\dfrac{1}{2}$에서 x의 값의 증가량을 k라 하면
$\dfrac{5}{6}=\dfrac{2-(-8)}{k}$　$\therefore k=12$

C 두 점을 지나는 일차함수의 그래프의 기울기 102쪽

1 1　2 3　3 -3　4 4
5 $-\dfrac{1}{2}$　6 6　7 4　8 -4
9 0　10 6

1 두 점 $(1,\ 4)$, $(3,\ 6)$을 지나는 일차함수의 그래프의 기울기는
$\dfrac{6-4}{3-1}=\dfrac{2}{2}=1$

2 두 점 $(2,\ 4)$, $(4,\ 10)$을 지나는 일차함수의 그래프의 기울기는
$\dfrac{10-4}{4-2}=\dfrac{6}{2}=3$

3 두 점 $(5,\ 1)$, $(1,\ 13)$을 지나는 일차함수의 그래프의 기울기는
$\dfrac{13-1}{1-5}=-3$

4 두 점 $(-2,\ 3)$, $(-4,\ -5)$를 지나는 일차함수의 그래프의 기울기는
$\dfrac{-5-3}{-4-(-2)}=\dfrac{-8}{-2}=4$

5 두 점 $(-3,\ 0)$, $(-7,\ 2)$를 지나는 일차함수의 그래프의 기울기는
$\dfrac{2-0}{-7-(-3)}=-\dfrac{1}{2}$

6 두 점 $(1,\ 2)$, $(3,\ k)$를 지나는 일차함수의 그래프의 기울기가 2이므로
$2=\dfrac{k-2}{3-1}$　$\therefore k=6$

7 두 점 $(1,\ 5)$, $(2,\ k)$를 지나는 일차함수의 그래프의 기울기가 -1이므로
$-1=\dfrac{k-5}{2-1}$, $k-5=-1$　$\therefore k=4$

8 두 점 $(-1,\ k)$, $(-3,\ 4)$를 지나는 일차함수의 그래프의 기울기가 -4이므로
$-4=\dfrac{4-k}{-3-(-1)}$, $4-k=8$　$\therefore k=-4$

9 두 점 $(k,\ 3)$, $(-1,\ 2)$를 지나는 일차함수의 그래프의 기울기가 1이므로
$1=\dfrac{2-3}{-1-k}$, $-1-k=-1$　$\therefore k=0$

10 두 점 $(k,\ 4)$, $(5,\ 1)$을 지나는 일차함수의 그래프의 기울기가 3이므로
$3=\dfrac{1-4}{5-k}$, $5-k=-1$　$\therefore k=6$

D 세 점이 한 직선 위에 있을 때, 미지수 구하기 103쪽

1 9　2 5　3 15　4 12
5 -2　6 1　7 $\dfrac{1}{2}$　8 -3
9 -6　10 12

1 세 점 $(1,\ 3)$, $(7,\ 6)$, $(k,\ 7)$ 중 어느 두 점을 선택해서 기울기를 구해도 모두 같다.
$\dfrac{6-3}{7-1}=\dfrac{7-6}{k-7}$, $\dfrac{1}{2}=\dfrac{1}{k-7}$　$\therefore k=9$

2 세 점 $(1,\ 2)$, $(-3,\ 0)$, $(k,\ 4)$ 중 어느 두 점을 선택해서 기울기를 구해도 모두 같다.
$\dfrac{0-2}{-3-1}=\dfrac{4-0}{k-(-3)}$, $\dfrac{1}{2}=\dfrac{4}{k+3}$　$\therefore k=5$

3 세 점 $(-2,\ 5)$, $(0,\ 9)$, $(3,\ k)$ 중 어느 두 점을 선택해서 기울기를 구해도 모두 같다.

$\frac{9-5}{0-(-2)}=\frac{k-9}{3-0}$, $2=\frac{k-9}{3}$　　$\therefore k=15$

4 세 점 $(-3,\ 3)$, $(2,\ 4)$, $(k,\ 6)$ 중 어느 두 점을 선택해서 기울기를 구해도 모두 같다.

$\frac{4-3}{2-(-3)}=\frac{6-4}{k-2}$, $\frac{1}{5}=\frac{2}{k-2}$　　$\therefore k=12$

5 세 점 $(4,\ 1)$, $(-2,\ -5)$, $(1,\ k)$ 중 어느 두 점을 선택해서 기울기를 구해도 모두 같다.

$\frac{-5-1}{-2-4}=\frac{k-(-5)}{1-(-2)}$, $1=\frac{k+5}{3}$　　$\therefore k=-2$

6 세 점 $(k,\ k+4)$, $(2,\ -1)$, $(3,\ -7)$ 중 어느 두 점을 선택해서 기울기를 구해도 모두 같다.

$\frac{-7-(-1)}{3-2}=\frac{k+4-(-1)}{k-2}$, $-6=\frac{k+5}{k-2}$

$-6k+12=k+5$　　$\therefore k=1$

7 세 점 $(-k+2,\ k)$, $(3,\ -4)$, $(1,\ 2)$ 중 어느 두 점을 선택해서 기울기를 구해도 모두 같다.

$\frac{2-(-4)}{1-3}=\frac{2-k}{1-(-k+2)}$, $-3=\frac{2-k}{k-1}$

$-3k+3=2-k$　　$\therefore k=\frac{1}{2}$

8 세 점 $(-4,\ 0)$, $(2k,\ k+1)$, $(2,\ 6)$ 중 어느 두 점을 선택해서 기울기를 구해도 모두 같다.

$\frac{6}{2-(-4)}=\frac{k+1}{2k-(-4)}$, $1=\frac{k+1}{2k+4}$

$2k+4=k+1$　　$\therefore k=-3$

9 세 점 $(-6,\ 3)$, $(-k,\ k+3)$, $(2,\ -1)$ 중 어느 두 점을 선택해서 기울기를 구해도 모두 같다.

$\frac{-1-3}{2-(-6)}=\frac{-1-(k+3)}{2-(-k)}$, $-\frac{1}{2}=\frac{-k-4}{2+k}$

$2k+8=2+k$　　$\therefore k=-6$

10 세 점 $(2,\ -6)$, $(-3,\ 4)$, $(k-7,\ -k)$ 중 어느 두 점을 선택해서 기울기를 구해도 모두 같다.

$\frac{-6-4}{2-(-3)}=\frac{-k-4}{k-7-(-3)}$, $-2=\frac{-k-4}{k-4}$

$-2k+8=-k-4$　　$\therefore k=12$

E 일차함수의 그래프의 기울기, x절편, y절편 104쪽

1 2, 1, -2　2 -3, 3, 9　3 $\frac{1}{2}$, -16, 8　4 $\frac{3}{4}$, 8, -6

5 $\frac{2}{3}$, -15, 10　6 -2, 2, 4　7 1, -3, 3

8 $-\frac{5}{2}$, -2, -5　9 $\frac{1}{4}$, -4, 1

1 일차함수 $y=2x-2$의 식에서 x의 계수가 기울기이므로 기울기는 2, x절편은 $y=0$을 대입하면 1, y절편은 상수항이므로 -2이다.

2 일차함수 $y=-3x+9$의 식에서 x의 계수가 기울기이므로 기울기는 -3, x절편은 $y=0$을 대입하면 3, y절편은 상수항이므로 9이다.

3 일차함수 $y=\frac{1}{2}x+8$의 식에서 x의 계수가 기울기이므로 기울기는 $\frac{1}{2}$, x절편은 $y=0$을 대입하면 -16, y절편은 상수항이므로 8이다.

4 일차함수 $y=\frac{3}{4}x-6$의 식에서 x의 계수가 기울기이므로 기울기는 $\frac{3}{4}$, x절편은 $y=0$을 대입하면 8, y절편은 상수항이므로 -6이다.

5 일차함수 $y=\frac{2}{3}x+10$의 식에서 x의 계수가 기울기이므로 기울기는 $\frac{2}{3}$, x절편은 $y=0$을 대입하면 -15, y절편은 상수항이므로 10이다.

6 두 점 $(2,\ 0)$, $(0,\ 4)$를 지나므로

기울기는 $\frac{4-0}{0-2}=-2$, x절편은 2, y절편은 4이다.

7 두 점 $(-3,\ 0)$, $(0,\ 3)$을 지나므로

기울기는 $\frac{3-0}{0-(-3)}=1$, x절편은 -3, y절편은 3이다.

8 두 점 $(-2,\ 0)$, $(0,\ -5)$를 지나므로

기울기는 $\frac{-5-0}{0-(-2)}=-\frac{5}{2}$, x절편은 -2, y절편은 -5이다.

9 두 점 $(-4,\ 0)$, $(0,\ 1)$을 지나므로

기울기는 $\frac{1-0}{0-(-4)}=\frac{1}{4}$, x절편은 -4, y절편은 1이다.

거저먹는 시험 문제 105쪽

1 ①　2 ①　3 ⑤

4 (1) $\frac{1}{4}$ (2) -2　5 ③　6 -4

1 x의 값이 3만큼 감소할 때, y의 값이 12만큼 감소하므로 기울기는 $\frac{-12}{-3}=4$

2 x의 값이 2만큼 증가할 때, y의 값은 1만큼 감소하므로 기울기는 $\frac{-1}{2}$

따라서 $\frac{a}{6}=-\frac{1}{2}$이므로 $a=-3$

3 두 점 $(-2,\ 8)$, $(1,\ k)$를 지나는 일차함수의 그래프의 기울기는

$\frac{k-8}{1-(-2)}=-\frac{1}{3}$　　$\therefore k=7$

4 (1) 두 점 $(-3,\ -1)$, $(1,\ 0)$을 지나므로

$(\text{기울기})=\frac{0-(-1)}{1-(-3)}=\frac{1}{4}$

(2) 두 점 $(-2,\ 7)$, $(4,\ -5)$를 지나므로

$(\text{기울기})=\frac{-5-7}{4-(-2)}=-2$

5 세 점 $(2,\ -3)$, $(-1,\ 9)$, $(k,\ 4)$ 중 어느 두 점을 선택해서 기울기를 구해도 모두 같다.

$\frac{-3-9}{2-(-1)}=\frac{4-(-3)}{k-2}$이므로 $\frac{-12}{3}=\frac{7}{k-2}$

$-4(k-2)=7 \qquad \therefore k=\frac{1}{4}$

6 두 점 $(-5, -8)$, $(1, -2)$를 지나는 직선 위에 점 $(k,\ 2k+1)$이 있다는 뜻은 세 점이 한 직선 위에 있다는 것이다.
따라서 세 점 $(-5, -8)$, $(1, -2)$, $(k, 2k+1)$ 중 어느 두 점을 선택해서 기울기를 구해도 모두 같다.

$\frac{-2-(-8)}{1-(-5)}=\frac{2k+1-(-2)}{k-1}$, $1=\frac{2k+3}{k-1}$

$2k+3=k-1 \qquad \therefore k=-4$

15 일차함수의 그래프 그리기

A 두 점을 이용하여 일차함수의 그래프 그리기 107쪽

1 -4, 1, 풀이 참조 2 2, 4, 풀이 참조
3 -5, -3, 풀이 참조 4 풀이 참조
5 풀이 참조 6 풀이 참조

1 $y=3x-1$의 그래프는 두 점 $(-1,\ -4)$, $(1,\ 2)$를 지나므로 오른쪽 그림과 같다.

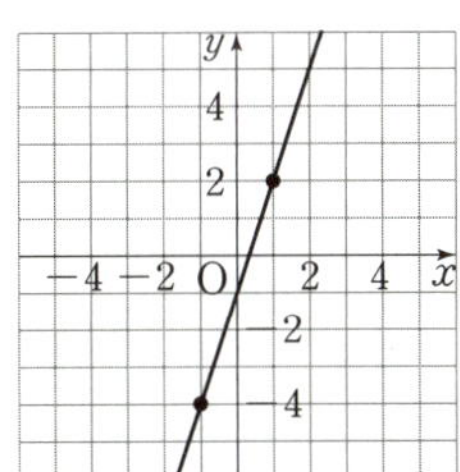

2 $y=-\frac{1}{2}x+3$의 그래프는 두 점 $(2,\ 2)$, $(4,\ 1)$을 지나므로 오른쪽 그림과 같다.

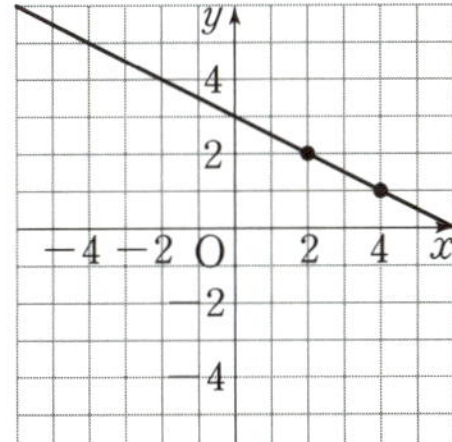

3 $y=-\frac{4}{5}x+1$의 그래프는 두 점 $(-5,\ 5)$, $(5,\ -3)$을 지나므로 오른쪽 그림과 같다.

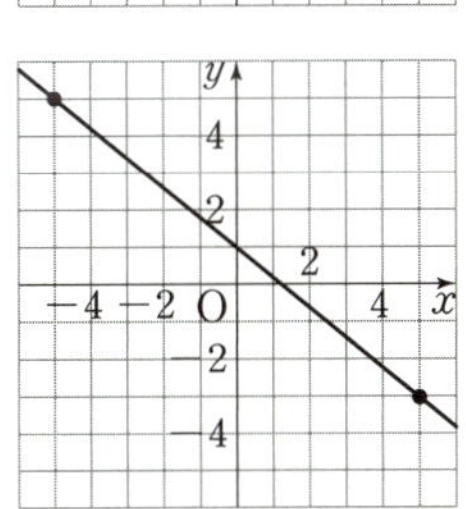

4 $y=-x+2$의 그래프는 그래프 위의 어떤 두 점을 잡아서 연결해도 된다.
$y=-x+2$의 그래프는 두 점 $(-1,\ 3)$, $(1,\ 1)$을 지나므로 오른쪽 그림과 같다.

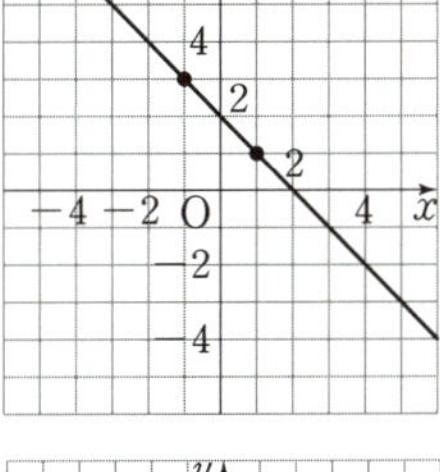

5 $y=\frac{2}{3}x+1$의 그래프는 그래프 위의 어떤 두 점을 잡아서 연결해도 되지만 좌표가 정수가 되도록 점을 잡으면 편리하다.
$y=\frac{2}{3}x+1$의 그래프는 두 점 $(-3,\ -1)$, $(3,\ 3)$을 지나므로 오른쪽 그림과 같다.

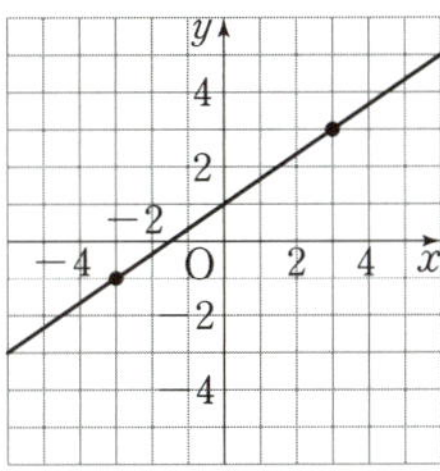

6 $y=-\frac{1}{4}x-2$의 그래프는 그래프 위의 어떤 두 점을 잡아서 연결해도 되지만 좌표가 정수가 되도록 점을 잡으면 편리하다.
$y=-\frac{1}{4}x-2$의 그래프는 두 점 $(-4,\ -1)$, $(4,\ -3)$을 지나므로 오른쪽 그림과 같다.

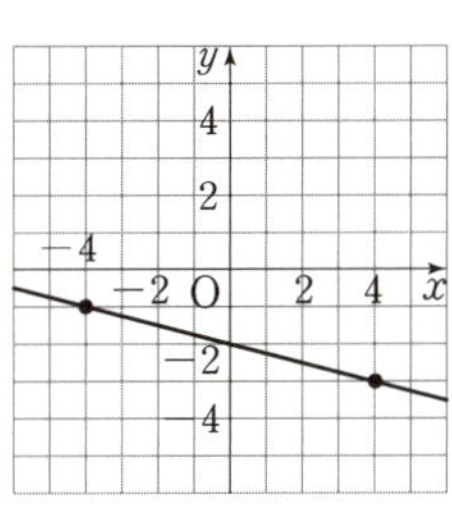

B x절편과 y절편을 이용하여 그래프 그리기 108쪽

1 2, -2, 풀이 참조 2 1, 3, 풀이 참조
3 -2, 1, 풀이 참조 4 풀이 참조
5 풀이 참조 6 풀이 참조

1 $y=x-2$의 x절편은 2, y절편은 -2이므로 그래프는 오른쪽 그림과 같다.

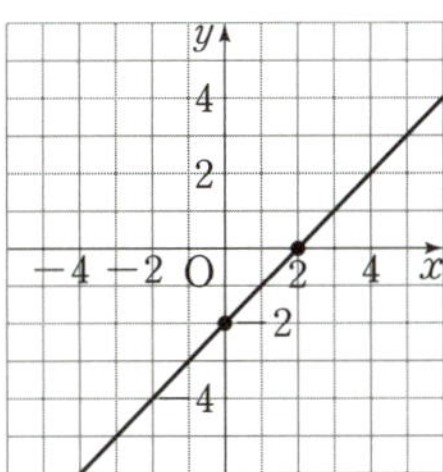

2 $y=-3x+3$의 x절편은 1, y절편은 3이므로 그래프는 오른쪽 그림과 같다.

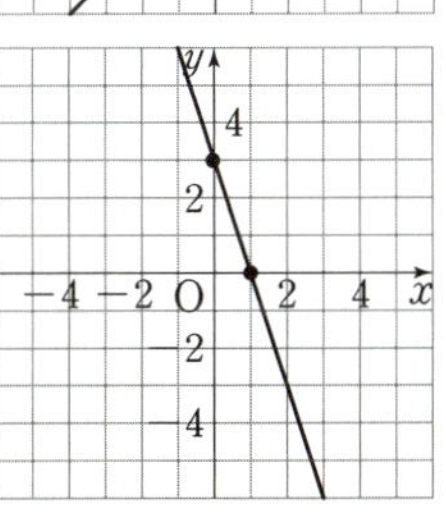

3 $y=\frac{1}{2}x+1$의 x절편은 -2, y절편은 1이므로 그래프는 오른쪽 그림과 같다.

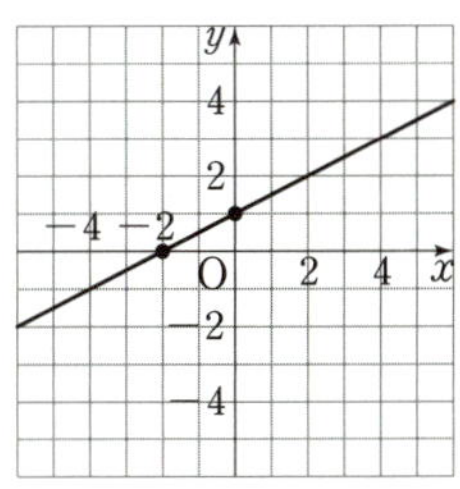

4 $y=-\frac{1}{5}x-1$의 x절편은 -5, y절편은 -1이므로 그래프는 오른쪽 그림과 같다.

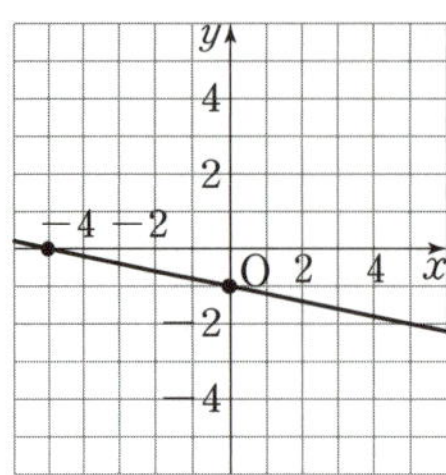

5 $y=2x+4$의 x절편은 -2, y절편은 4이므로 그래프는 오른쪽 그림과 같다.

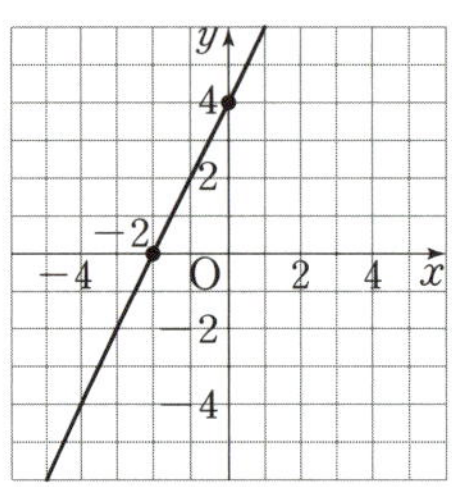

6 $y=-\frac{4}{3}x-4$의 x절편은 -3, y절편은 -4이므로 그래프는 오른쪽 그림과 같다.

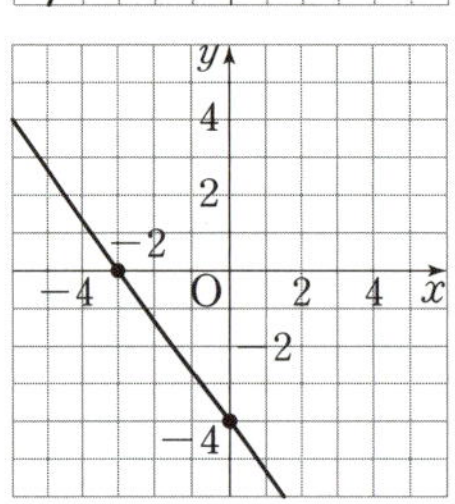

C 기울기와 y절편을 이용하여 그래프 그리기 109쪽

1 4, 1, 풀이 참조　　2 -2, 3, 풀이 참조

3 $\frac{2}{3}$, 2, 풀이 참조　　4 풀이 참조

5 풀이 참조　　6 풀이 참조

1 $y=4x+1$에서 기울기는 4이고 y절편은 1이므로 y절편에서 시작해서 x의 값을 1만큼 증가(오른쪽)시키고 y의 값을 4만큼 증가(위쪽)시킨 점을 그리고 y절편과 연결한다.

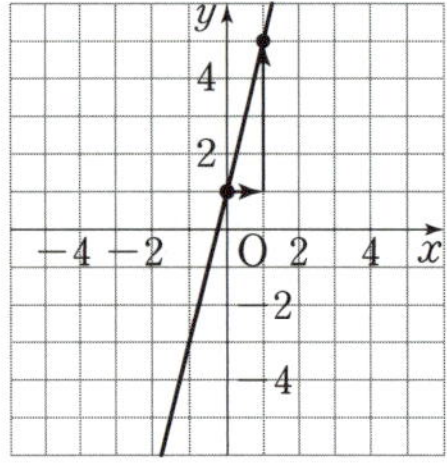

2 $y=-2x+3$에서 기울기는 -2이고 y절편은 3이므로 y절편에서 시작해서 x의 값을 1만큼 증가(오른쪽)시키고 y의 값을 2만큼 감소(아래쪽)시킨 점을 그리고 y절편과 연결한다.

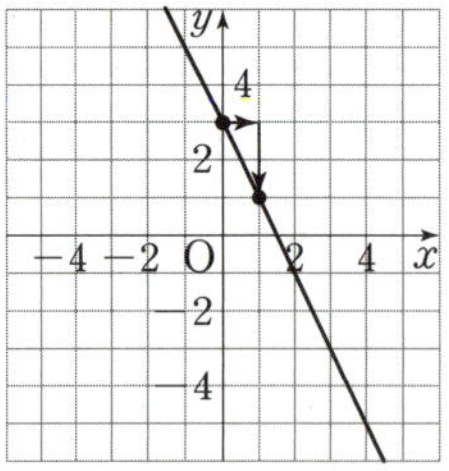

3 $y=\frac{2}{3}x+2$에서 기울기는 $\frac{2}{3}$이고 y절편은 2이므로 y절편에서 시작해서 x의 값을 3만큼 증가(오른쪽)시키고 y의 값을 2만큼 증가(위쪽)시킨 점을 그리고 y절편과 연결한다.

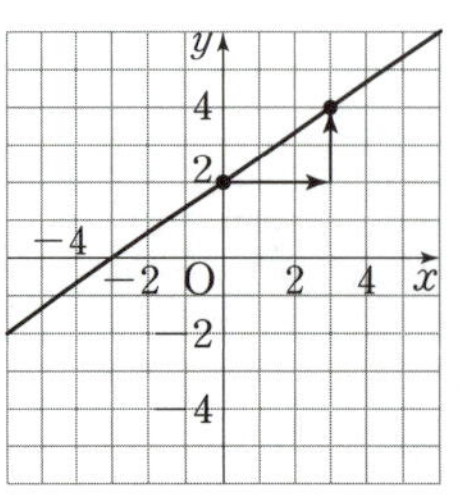

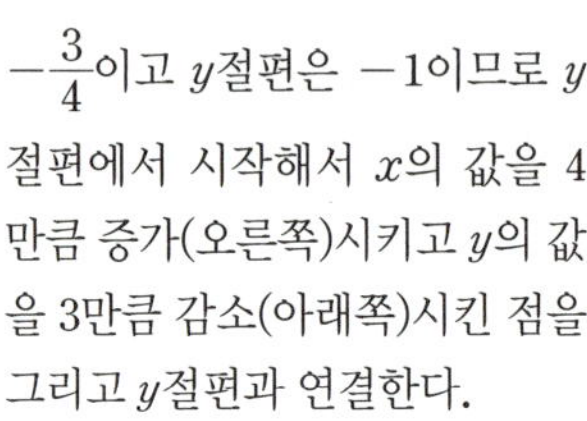

4 $y=-\frac{3}{4}x-1$에서 기울기는 $-\frac{3}{4}$이고 y절편은 -1이므로 y절편에서 시작해서 x의 값을 4만큼 증가(오른쪽)시키고 y의 값을 3만큼 감소(아래쪽)시킨 점을 그리고 y절편과 연결한다.

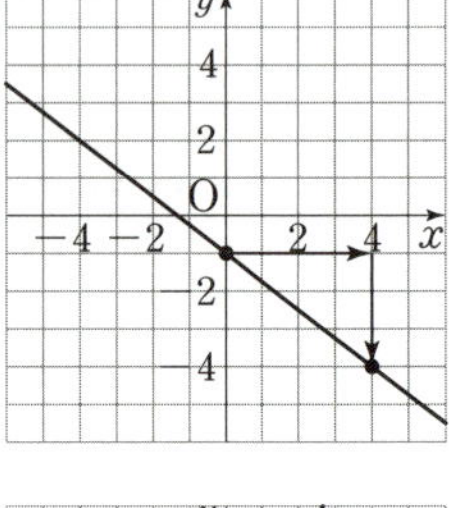

5 $y=3x-2$에서 기울기는 3이고 y절편은 -2이므로 y절편에서 시작해서 x의 값을 1만큼 증가(오른쪽)시키고 y의 값을 3만큼 증가(위쪽)시킨 점을 그리고 y절편과 연결한다.

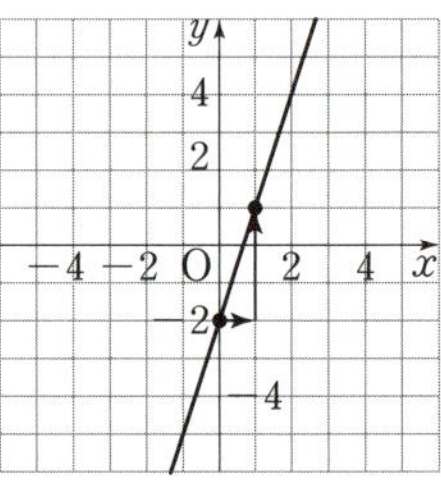

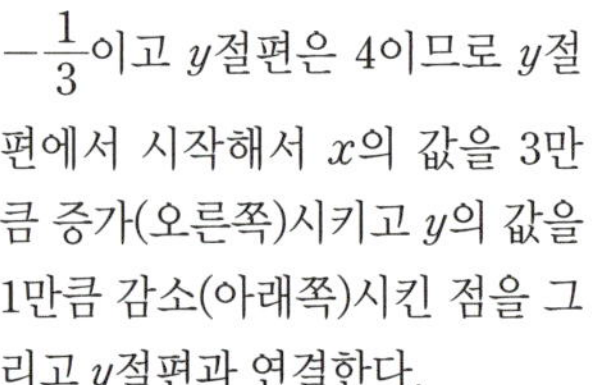

6 $y=-\frac{1}{3}x+4$에서 기울기는 $-\frac{1}{3}$이고 y절편은 4이므로 y절편에서 시작해서 x의 값을 3만큼 증가(오른쪽)시키고 y의 값을 1만큼 감소(아래쪽)시킨 점을 그리고 y절편과 연결한다.

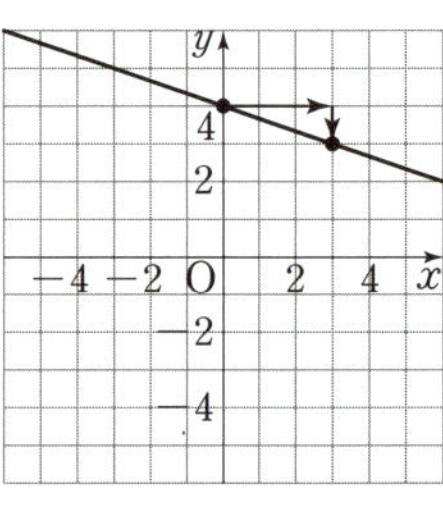

D 일차함수의 그래프와 x축, y축으로 둘러싸인 도형의 넓이 110쪽

1 8　　2 $\frac{25}{4}$　　3 6　　4 6

5 $\frac{9}{8}$　　6 10

1 $y=x+4$의 그래프의 x절편은 -4, y절편은 4이므로 넓이는
$\frac{1}{2}\times4\times4=8$

2 $y=-2x+5$의 그래프의 x절편은 $\frac{5}{2}$, y절편은 5이므로 넓이는
$\frac{1}{2}\times\frac{5}{2}\times5=\frac{25}{4}$

3 $y=\frac{1}{3}x+2$의 그래프의 x절편은 -6, y절편은 2이므로 넓이는
$\frac{1}{2}\times6\times2=6$

4 $y=-3x-6$의 그래프의 x절편은 -2, y절편은 -6이므로 넓이는
$\frac{1}{2}\times2\times6=6$

5 $y=4x-3$의 그래프의 x절편은 $\frac{3}{4}$, y절편은 -3이므로 넓이는
$\frac{1}{2}\times\frac{3}{4}\times3=\frac{9}{8}$

6 $y=-\frac{4}{5}x-4$의 그래프의 x절편은 -5, y절편은 -4이므로 넓이는

$\frac{1}{2}\times5\times4=10$

E 두 일차함수의 그래프와 x축 또는 y축으로 둘러싸인 도형의 넓이 111쪽

1 9　2 18　3 9　4 6
5 10　6 $\frac{33}{2}$

1 $y=-x+3$의 그래프의 x절편이 3, y절편이 3이고 $y=x+3$의 그래프의 x절편이 -3, y절편이 3이므로 넓이는

$\frac{1}{2}\times\{3-(-3)\}\times3=9$

2 $y=3x-6$의 그래프의 x절편이 2, y절편이 -6이고

$y=-\frac{3}{2}x-6$의 그래프의 x절편이 -4, y절편이 -6이므로 넓이는

$\frac{1}{2}\times\{2-(-4)\}\times6=18$

3 $y=-\frac{1}{2}x+2$의 그래프의 x절편이 4, y절편이 2이고

$y=\frac{2}{5}x+2$의 그래프의 x절편이 -5, y절편이 2이므로 넓이는

$\frac{1}{2}\times\{4-(-5)\}\times2=9$

4 $y=-x+2$의 그래프의 x절편이 2, y절편이 2이고
$y=2x-4$의 그래프의 x절편이 2, y절편이 -4이므로 넓이는

$\frac{1}{2}\times\{2-(-4)\}\times2=6$

5 $y=x+4$의 그래프의 x절편이 -4, y절편이 4이고

$y=-\frac{1}{4}x-1$의 그래프의 x절편이 -4, y절편이 -1이므로 넓이는

$\frac{1}{2}\times\{4-(-1)\}\times4=10$

6 $y=2x-6$의 그래프의 x절편이 3, y절편이 -6이고

$y=-\frac{5}{3}x+5$의 그래프의 x절편이 3, y절편이 5이므로 넓이는

$\frac{1}{2}\times\{5-(-6)\}\times3=\frac{33}{2}$

거저먹는 시험 문제 112쪽

1 ①　2 ③　3 ②　4 ⑤
5 $\frac{45}{2}$

1 $y=\frac{5}{3}x+10$의 그래프는 x절편이 -6, y절편이 10인 그래프를 찾으면 된다.

2 ③

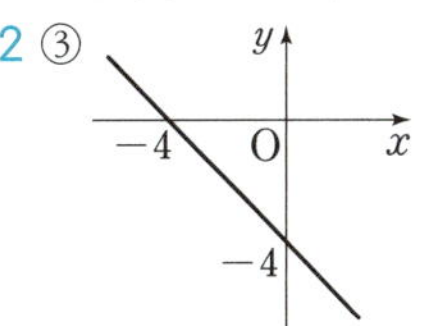

3 $y=-4x-8$의 그래프의 x절편은 -2, y절편이 -8이므로 넓이는 $\frac{1}{2}\times2\times8=8$

4 $y=-\frac{2}{3}x+6$의 그래프는 x절편이 9, y절편이 6이므로

(넓이)$=\frac{1}{2}\times9\times6=27$

5 $y=x+5$의 그래프는 x절편이 -5, y절편이 5이고

$y=-\frac{5}{4}x+5$의 x절편이 4, y절편이 5이므로 넓이는

$\frac{1}{2}\times\{4-(-5)\}\times5=\frac{45}{2}$

16 일차함수 $y=ax+b$의 그래프

A 일차함수 $y=ax+b$의 그래프의 성질 114쪽

1 ㄱ, ㄴ, ㅁ　2 ㄱ, ㄴ, ㅁ　3 ㄷ, ㄹ　4 ㄹ
5 ㄷ　6 ㄷ　7 ㄷ, ㄹ　8 ㄴ
9 ㄱ, ㅁ　10 ㄱ, ㅁ

1 기울기가 양수인 그래프이므로 ㄱ, ㄴ, ㅁ이다.
2 기울기가 양수인 그래프이므로 ㄱ, ㄴ, ㅁ이다.
3 기울기가 음수인 그래프이므로 ㄷ, ㄹ이다.
4 기울기의 절댓값이 가장 큰 그래프이므로 ㄹ이다.
5 기울기가 음수이고 y절편이 양수인 그래프이므로 ㄷ이다.
6 기울기가 -1인 그래프이므로 ㄷ이다.
7 기울기가 음수인 그래프이므로 ㄷ, ㄹ이다.
8 기울기의 절댓값이 가장 작은 그래프이므로 ㄴ이다.
9 기울기가 양수이고 y절편이 양수인 그래프이므로 ㄱ, ㅁ이다.
10 y절편이 4인 그래프이므로 ㄱ, ㅁ이다.

B 일차함수 $y=ax+b$의 그래프에서 a, b의 부호 구하기 115쪽

1 $<$, $>$　2 $>$, $>$　3 $>$, $<$　4 $<$, $<$
5 $<$, $>$　6 $>$, $>$　7 $>$, $<$　8 $<$, $<$

1 주어진 그래프에서 기울기가 음수이고 y절편이 양수이므로 $a<0, b>0$
2 주어진 그래프에서 기울기가 양수이고 y절편이 양수이므로 $a>0, b>0$
3 주어진 그래프에서 기울기가 양수이고 y절편이 음수이므로 $a>0, b<0$
4 주어진 그래프에서 기울기가 음수이고 y절편이 음수이므로 $a<0, b<0$
5 주어진 그래프에서 기울기가 양수이고 y절편이 양수이므로 $-a>0, b>0$
$\therefore a<0, b>0$
6 주어진 그래프에서 기울기가 음수이고 y절편이 양수이므로 $-a<0, b>0$
$\therefore a>0, b>0$
7 주어진 그래프에서 기울기가 음수이고 y절편이 음수이므로 $-a<0, b<0$
$\therefore a>0, b<0$
8 주어진 그래프에서 기울기가 양수이고 y절편이 음수이므로 $-a>0, b<0$
$\therefore a<0, b<0$

C 일차함수 $y=ax+b$의 그래프에서 a, b의 부호로 그래프 모양 알기 116쪽

1 제3사분면 2 제4사분면 3 제2사분면 4 제1사분면
5 Help $<, >$ / ㄱ 6 Help $>, <$ / ㄷ
7 ㄴ 8 ㄹ

1 $y=ax+b$에서 $a<0, b>0$이므로 그래프로 나타내면 오른쪽 그림과 같으므로 제3사분면을 지나지 않는다.

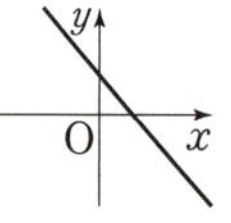

2 $y=ax+b$에서 $a>0, b>0$이므로 그래프로 나타내면 오른쪽 그림과 같으므로 제4사분면을 지나지 않는다.
3 $y=ax+b$에서 $a>0, b<0$이므로 그래프로 나타내면 오른쪽 그림과 같으므로 제2사분면을 지나지 않는다.
4 $y=ax+b$에서 $a<0, b<0$이므로 그래프로 나타내면 오른쪽 그림과 같으므로 제1사분면을 지나지 않는다.
5 주어진 그래프에서 기울기가 음수이고 y절편이 음수이므로 $a<0, b<0 \quad \therefore a+b<0, ab>0$
6 주어진 그래프에서 기울기가 양수이고 y절편이 음수이므로 $a>0,\ b<0 \quad \therefore a-b>0, ab<0$
7 주어진 그래프에서 기울기가 양수이고 y절편이 양수이므로 $a>0, b>0 \quad \therefore a+b>0, ab>0$
8 주어진 그래프에서 기울기가 음수이고 y절편이 양수이므로 $a<0, b>0 \quad \therefore a-b<0, ab<0$

D 일차함수의 그래프의 평행 117쪽

1 1 2 -2 3 $\frac{1}{5}$ 4 2
5 -10 6 ㄹ 7 ㄴ 8 ㅁ
9 ㄱ 10 ㄷ

4 두 일차함수의 그래프가 평행하므로 기울기가 같다.
$3a=6 \quad \therefore a=2$
6 기울기가 4인 그래프이므로 ㄹ이다.
8 기울기가 $\frac{5}{6}$인 그래프이므로 ㅁ이다

E 일차함수의 그래프의 일치 118쪽

1 $a=-1, b=5$ 2 $a=-4, b=-8$
3 $a=-7, b=-12$ 4 $a=-\frac{2}{3}, b=-\frac{1}{2}$
5 $a=-\frac{5}{7}, b=\frac{7}{10}$ 6 $a=3, b=\frac{3}{5}$
7 $a=-4, b=-3$ 8 $a=\frac{1}{8}, b=-4$
9 $a=-12, b=3$ 10 $a=\frac{7}{2}, b=-\frac{3}{2}$

거저먹는 시험 문제 119쪽

1 ④ 2 ② 3 ⑤ 4 ③
5 $\frac{1}{2}$ 6 ①

1 ④ $y=-2x+\frac{2}{3}$의 x절편은 $\frac{1}{3}$이다.
2 일차함수의 그래프의 기울기는 음수이고 y절편은 양수이므로 $-a<0, -b>0$
$\therefore a>0, b<0$
3 일차함수 중 그 그래프가 y축에 가장 가까운 것은 기울기의 절댓값이 가장 큰 것이다.
4 $y=-4x+6$과 평행하기 위해서는 기울기가 -4이고 y절편이 6이 아니어야 하는데 ②, ⑤는 y절편이 6이 되므로 평행이 아니고 일치한다.
5 두 그래프가 평행하므로
$a=-\frac{3}{4}$
$y=-\frac{3}{4}x+2$에 점 $(1, b)$를 대입하면
$b=\frac{5}{4}$
$\therefore a+b=-\frac{3}{4}+\frac{5}{4}=\frac{1}{2}$

6 $y=ax+3$의 그래프를 y축의 방향으로 -4만큼 평행이동한 그래프의 식은 $y=ax-1$
이 그래프와 $y=-5x+b$의 그래프가 일치하므로
$a=-5$, $b=-1$
$\therefore a+b=-5-1$
$=-6$

17 일차함수의 식 구하기

A 기울기와 y절편이 주어질 때, 일차함수의 식 구하기 121쪽

1 $y=2x-1$
2 $y=-3x+2$
3 $y=5x-\frac{1}{2}$
4 $y=\frac{3}{4}x-5$
5 $y=-\frac{5}{2}x-3$
6 $y=-3x+2$
7 $y=\frac{1}{4}x-1$
8 $y=-2x+5$
9 $y=\frac{3}{5}x-4$
10 $y=-\frac{2}{7}x+6$

6 x의 값이 1만큼 증가할 때 y의 값이 3만큼 감소하므로
(기울기)$=\frac{-3}{1}=-3$
y절편이 2이므로 일차함수의 식은
$y=-3x+2$
7 x의 값이 4만큼 증가할 때 y의 값이 1만큼 증가하므로
(기울기)$=\frac{1}{4}$
y절편이 -1이므로 일차함수의 식은
$y=\frac{1}{4}x-1$
8 x의 값이 3만큼 감소할 때 y의 값이 6만큼 증가하므로
(기울기)$=\frac{6}{-3}=-2$
y절편이 5이므로 일차함수의 식은
$y=-2x+5$
9 x의 값이 5만큼 감소할 때 y의 값이 3만큼 감소하므로
(기울기)$=\frac{-3}{-5}=\frac{3}{5}$
y절편이 -4이므로 일차함수의 식은
$y=\frac{3}{5}x-4$
10 x의 값이 7만큼 증가할 때 y의 값이 2만큼 감소하므로
(기울기)$=\frac{-2}{7}$
y절편이 6이므로 일차함수의 식은
$y=-\frac{2}{7}x+6$

B 기울기와 한 점이 주어질 때, 일차함수의 식 구하기 122쪽

1 $y=-4x+6$
2 $y=6x-8$
3 $y=-3x+2$
4 $y=-\frac{3}{2}x+1$
5 $y=\frac{4}{3}x-\frac{7}{3}$
6 $y=-2x+3$
7 $y=4x-10$
8 $y=-5x-11$
9 $y=-\frac{1}{2}x-\frac{9}{2}$
10 $y=\frac{5}{3}x-8$

1 $y=-4x+b$로 놓고 점 $(1,\ 2)$를 대입하면
$2=-4+b$, $b=6$ $\quad\therefore y=-4x+6$
2 $y=6x+b$로 놓고 점 $(2, 4)$를 대입하면
$4=12+b$, $b=-8$ $\quad\therefore y=6x-8$
3 $y=-3x+b$로 놓고 점 $(-1,\ 5)$를 대입하면
$5=3+b$, $b=2$ $\quad\therefore y=-3x+2$
4 $y=-\frac{3}{2}x+b$로 놓고 점 $(4,\ -5)$를 대입하면
$-5=-6+b$, $b=1$ $\quad\therefore y=-\frac{3}{2}x+1$
5 $y=\frac{4}{3}x+b$로 놓고 점 $(4,\ 3)$을 대입하면
$3=\frac{4}{3}\times4+b$, $b=-\frac{7}{3}$ $\quad\therefore y=\frac{4}{3}x-\frac{7}{3}$
6 기울기가 -2이므로 $y=-2x+b$로 놓고 점 $(1,\ 1)$을 대입하면
$1=-2+b$, $b=3$ $\quad\therefore y=-2x+3$
7 기울기가 4이므로 $y=4x+b$로 놓고 점 $(2,\ -2)$를 대입하면 $-2=4\times2+b$, $b=-10$ $\quad\therefore y=4x-10$
8 기울기가 -5이므로 $y=-5x+b$로 놓고
점 $(-3,\ 4)$를 대입하면 $4=15+b$, $b=-11$
$\therefore y=-5x-11$
9 기울기가 $-\frac{1}{2}$이므로 $y=-\frac{1}{2}x+b$로 놓고 점 $(3,\ -6)$을
대입하면 $-6=-\frac{1}{2}\times3+b$, $b=-\frac{9}{2}$
$\therefore y=-\frac{1}{2}x-\frac{9}{2}$
10 기울기가 $\frac{5}{3}$이므로 $y=\frac{5}{3}x+b$로 놓고 점 $(6,\ 2)$를 대입하면
$2=\frac{5}{3}\times6+b$, $b=-8$ $\quad\therefore y=\frac{5}{3}x-8$

C 서로 다른 두 점이 주어질 때, 일차함수의 식 구하기 123쪽

1 $y=2x$
2 $y=-2x+1$
3 $y=-3x-1$
4 $y=3x+16$
5 $y=-4x-11$
6 $y=\frac{1}{2}x+\frac{7}{2}$
7 $y=\frac{1}{3}x+3$
8 $y=3x-14$
9 $y=-\frac{3}{2}x-10$
10 $y=-5x+7$

1 두 점 $(1,\ 2)$, $(3,\ 6)$을 지나면 기울기는 $\frac{6-2}{3-1}=2$이므로
$y=2x+b$로 놓고 점 $(1,\ 2)$를 대입하면 $b=0$
$\therefore y=2x$

2 두 점 $(-1,\ 3)$, $(-3,\ 7)$을 지나면 기울기는
$\frac{7-3}{-3-(-1)}=-2$이므로 $y=-2x+b$로 놓고
점 $(-1,\ 3)$을 대입하면 $b=1$
$\therefore y=-2x+1$

3 두 점 $(-2,\ 5)$, $(1,\ -4)$를 지나면 기울기는
$\frac{-4-5}{1-(-2)}=-3$이므로 $y=-3x+b$로 놓고
점 $(1,\ -4)$를 대입하면 $b=-1$
$\therefore y=-3x-1$

4 두 점 $(-5,\ 1)$, $(-1,\ 13)$을 지나면 기울기는
$\frac{13-1}{-1-(-5)}=3$이므로 $y=3x+b$로 놓고
점 $(-1,\ 13)$을 대입하면 $b=16$
$\therefore y=3x+16$

5 두 점 $(-2,\ -3)$, $(-4,\ 5)$를 지나면 기울기는
$\frac{5-(-3)}{-4-(-2)}=-4$이므로 $y=-4x+b$로 놓고
점 $(-2,\ -3)$을 대입하면 $b=-11$
$\therefore y=-4x-11$

6 두 점 $(-7,\ 0)$, $(1,\ 4)$를 지나면 기울기는
$\frac{4-0}{1-(-7)}=\frac{1}{2}$이므로 $y=\frac{1}{2}x+b$로 놓고
점 $(-7,\ 0)$을 대입하면 $b=\frac{7}{2}$
$\therefore y=\frac{1}{2}x+\frac{7}{2}$

7 두 점 $(-3,\ 2)$, $(3,\ 4)$를 지나면 기울기는
$\frac{4-2}{3-(-3)}=\frac{1}{3}$이므로 $y=\frac{1}{3}x+b$로 놓고
점 $(-3,\ 2)$를 대입하면 $b=3$
$\therefore y=\frac{1}{3}x+3$

8 두 점 $(2,\ -8)$, $(3,\ -5)$를 지나면 기울기는
$\frac{-5-(-8)}{3-2}=3$이므로 $y=3x+b$로 놓고
점 $(2,\ -8)$을 대입하면 $b=-14$
$\therefore y=3x-14$

9 두 점 $(-10,\ 5)$, $(-6,\ -1)$을 지나면 기울기는
$\frac{-1-5}{-6-(-10)}=-\frac{3}{2}$이므로 $y=-\frac{3}{2}x+b$로 놓고
점 $(-10,\ 5)$를 대입하면 $b=-10$
$\therefore y=-\frac{3}{2}x-10$

10 두 점 $(1,\ 2)$, $(-2,\ 17)$을 지나면 기울기는
$\frac{17-2}{-2-1}=-5$이므로 $y=-5x+b$로 놓고
점 $(1,\ 2)$를 대입하면 $b=7$
$\therefore y=-5x+7$

D 한 점과 x절편 또는 y절편이 주어질 때, 일차함수의 식 구하기 124쪽

1 $y=-x+2$
2 $y=2x+6$
3 $y=-\frac{1}{3}x+\frac{4}{3}$
4 $y=-2x+2$
5 $y=x+2$
6 $y=-7x+10$
7 $y=13x-8$
8 $y=-x-4$
9 $y=\frac{1}{8}x+2$
10 $y=3x-7$

1 두 점 $(-1,\ 3)$, $(2,\ 0)$을 지나므로 기울기는
$\frac{0-3}{2-(-1)}=-1$
따라서 $y=-x+b$로 놓고 점 $(2,\ 0)$을 대입하면 $b=2$이므로
$y=-x+2$

2 두 점 $(2,\ 10)$, $(-3,\ 0)$을 지나므로 기울기는
$\frac{0-10}{-3-2}=2$
따라서 $y=2x+b$로 놓고 점 $(-3,\ 0)$을 대입하면 $b=6$이므로 $y=2x+6$

3 두 점 $(-5,\ 3)$, $(4,\ 0)$을 지나므로 기울기는
$\frac{0-3}{4-(-5)}=-\frac{1}{3}$
따라서 $y=-\frac{1}{3}x+b$로 놓고 점 $(4,\ 0)$을 대입하면 $b=\frac{4}{3}$이므로 $y=-\frac{1}{3}x+\frac{4}{3}$

4 두 점 $(-3,\ 8)$, $(1,\ 0)$을 지나므로 기울기는
$\frac{0-8}{1-(-3)}=-2$
따라서 $y=-2x+b$로 놓고 점 $(1,\ 0)$을 대입하면 $b=2$이므로 $y=-2x+2$

5 두 점 $(7,\ 9)$, $(-2,\ 0)$을 지나므로 기울기는
$\frac{0-9}{-2-7}=1$
따라서 $y=x+b$로 놓고 점 $(-2,\ 0)$을 대입하면 $b=2$이므로 $y=x+2$

6 두 점 $(2,\ -4)$, $(0,\ 10)$을 지나므로 기울기는
$\frac{10-(-4)}{0-2}=-7$ $\quad\therefore y=-7x+10$

7 두 점 $(1,\ 5)$, $(0,\ -8)$을 지나므로 기울기는
$\frac{-8-5}{0-1}=13$ $\quad\therefore y=13x-8$

8 두 점 $(-6,\ 2)$, $(0,\ -4)$를 지나므로 기울기는
$\frac{-4-2}{0-(-6)}=-1$ $\quad\therefore y=-x-4$

9 두 점 $(-8,\ 1)$, $(0,\ 2)$를 지나므로 기울기는
$\frac{2-1}{0-(-8)}=\frac{1}{8}$ $\quad\therefore y=\frac{1}{8}x+2$

10 두 점 $(4,\ 5)$, $(0,\ -7)$을 지나므로 기울기는
$\frac{-7-5}{0-4}=3$ $\quad\therefore y=3x-7$

E x절편과 y절편이 주어질 때, 일차함수의 식 구하기 125쪽

1 $y=4x+4$ 2 $y=\frac{2}{3}x-2$

3 $y=-2x+8$ 4 $y=\frac{2}{5}x+2$

5 $y=5x-10$ 6 $y=-\frac{1}{2}x-3$

7 $y=x-4$ 8 $y=4x+8$

9 $y=7x-7$ 10 $y=\frac{1}{3}x-3$

1 두 점 $(-1,\ 0)$, $(0,\ 4)$를 지나므로 기울기는

$\frac{4-0}{0-(-1)}=4$ $\therefore y=4x+4$

2 두 점 $(3,\ 0)$, $(0,\ -2)$를 지나므로 기울기는

$\frac{-2-0}{0-3}=\frac{2}{3}$ $\therefore y=\frac{2}{3}x-2$

3 두 점 $(4,\ 0)$, $(0,\ 8)$을 지나므로 기울기는

$\frac{8-0}{0-4}=-2$ $\therefore y=-2x+8$

4 두 점 $(-5, 0)$, $(0, 2)$를 지나므로 기울기는

$\frac{2-0}{0-(-5)}=\frac{2}{5}$ $\therefore y=\frac{2}{5}x+2$

5 두 점 $(2,\ 0)$, $(0,\ -10)$을 지나므로 기울기는

$\frac{-10-0}{0-2}=5$ $\therefore y=5x-10$

6 두 점 $(-6,\ 0)$, $(0,\ -3)$을 지나므로 기울기는

$\frac{-3-0}{0-(-6)}=-\frac{1}{2}$ $\therefore y=-\frac{1}{2}x-3$

7 두 점 $(4,\ 0)$, $(0,\ -4)$를 지나므로 기울기는

$\frac{-4-0}{0-4}=1$ $\therefore y=x-4$

8 두 점 $(-2, 0)$, $(0, 8)$을 지나므로 기울기는

$\frac{8-0}{0-(-2)}=4$ $\therefore y=4x+8$

9 두 점 $(1,\ 0)$, $(0,\ -7)$을 지나므로 기울기는

$\frac{-7-0}{0-1}=7$ $\therefore y=7x-7$

10 두 점 $(9,\ 0)$, $(0,\ -3)$을 지나므로 기울기는

$\frac{-3-0}{0-9}=\frac{1}{3}$ $\therefore y=\frac{1}{3}x-3$

거저먹는 시험 문제 126쪽

1 $y=2x+6$ 2 ① 3 ⑤ 4 ②

5 1 6 ③

1 두 점 $(-3,\ -6)$, $(2,\ 4)$를 지나는 직선과 평행하므로

기울기는 $\frac{4-(-6)}{2-(-3)}=\frac{10}{5}=2$, y절편이 6

따라서 일차함수의 식은 $y=2x+6$

2 $y=-3x+7$의 그래프와 평행하므로 기울기는 -3

$y=\frac{1}{8}x-4$의 그래프와 y축 위에서 만나므로 y절편은 -4

$\therefore y=-3x-4$

3 기울기가 $\frac{1}{3}$이고, y절편이 5이므로

$y=\frac{1}{3}x+5$

점 $(k, k+3)$을 지나므로 $k+3=\frac{1}{3}k+5$

$\therefore k=3$

4 구하는 직선을 그래프로 하는 일차함수의 기울기는 일차함수 $y=9x-1$의 그래프와 평행하므로 9이다.

따라서 $y=9x+b$로 놓고 점 $(-1,\ -4)$를 대입하면

$-4=-9+b$

$\therefore b=5$

$\therefore y=9x+5$

5 두 점 $(-4,\ 1)$, $(-2,\ 13)$을 지나므로 기울기는

$\frac{13-1}{-2-(-4)}=6$

$\therefore a=6$

따라서 $y=6x+b$에 점 $(-4,\ 1)$을 대입하면

$b=25$

$\therefore b-4a=25-24=1$

6 x절편은 4, y절편은 5이므로 두 점 $(4,\ 0)$, $(0,\ 5)$를 지난다.

따라서 (기울기)$=\frac{0-5}{4-0}=-\frac{5}{4}$이므로 일차함수의 식은

$y=-\frac{5}{4}x+5$

18 일차함수의 활용

A 온도에 대한 일차함수의 활용 128쪽

1 $6x$ ℃ 2 20 ℃ 3 $y=20-6x$ 4 -10 ℃

5 2 km 6 초속 $0.6x$ m 7 초속 331 m

8 $y=331+0.6x$ 9 초속 340 m 10 10 ℃

4 $y=20-6x$에 $x=5$를 대입하면

$y=20-30=-10$

따라서 높이가 5 km인 지점에서의 기온은 -10 ℃이다.

5 $y=20-6x$에 $y=8$을 대입하면 $8=20-6x$

$\therefore x=2$

따라서 기온이 8 ℃인 지점에서의 높이는 2 km이다.

9 $y=331+0.6x$에 $x=15$를 대입하면

$y=331+0.6\times15=340$

따라서 기온이 15 ℃일 때의 소리의 속력은 초속 340 m이다.

10 $y=331+0.6x$에 $y=337$을 대입하면

$337=331+0.6x$

$\therefore x=10$

따라서 소리의 속력이 초속 337 m일 때의 기온은 10 ℃이다.

B 길이에 대한 일차함수의 활용 129쪽

1 $\frac{1}{5}$ cm 2 $\frac{1}{5}x$ cm 3 $y=8+\frac{1}{5}x$ 4 11 cm
5 60 g 6 $\frac{1}{4}$ cm 7 $\frac{1}{4}x$ cm 8 $y=30-\frac{1}{4}x$
9 26 cm 10 100분

1 추의 무게가 10 g 증가할 때마다 용수철의 길이가 2 cm씩 늘어나므로 1 g 증가할 때마다 $2\times\frac{1}{10}=\frac{1}{5}$(cm)씩 늘어난다.

4 $y=8+\frac{1}{5}x$에 $x=15$를 대입하면

$y=8+\frac{1}{5}\times15=11$

따라서 추의 무게가 15 g일 때 용수철의 길이는 11 cm이다.

5 $y=8+\frac{1}{5}x$에 $y=20$을 대입하면

$20=8+\frac{1}{5}x$

$\therefore x=60$

따라서 용수철의 길이가 20 cm일 때 추의 무게는 60 g이다.

6 양초의 길이가 4분에 1 cm씩 짧아지므로 1분에는

$1\times\frac{1}{4}=\frac{1}{4}$(cm)씩 짧아진다.

9 $y=30-\frac{1}{4}x$에 $x=16$을 대입하면

$y=30-\frac{1}{4}\times16=26$

따라서 불을 붙인 지 16분 후의 양초의 길이는 26 cm이다.

10 $y=30-\frac{1}{4}x$에 $y=5$를 대입하면

$5=30-\frac{1}{4}x$

$\therefore x=100$

따라서 양초의 길이가 5 cm일 때는 양초에 불을 붙인 지 100분 후이다.

C 액체에 대한 일차함수의 활용 130쪽

1 4 L 2 $4x$ L 3 $y=100-4x$ 4 20 L
5 10분 6 $\frac{1}{9}$ L 7 $\frac{1}{9}x$ L
8 $y=45-\frac{1}{9}x$ 9 33 L 10 72 km

1 3분에 12 L의 일정한 물을 내보내므로 1분에는

$12\times\frac{1}{3}=4$(L)의 물을 내보낸다.

4 $y=100-4x$에 $x=20$을 대입하면

$y=100-4\times20$

$=20$

따라서 20분 후에 물통에 남은 물의 양은 20 L이다.

5 $y=100-4x$에 $y=60$을 대입하면

$60=100-4x$

$\therefore x=10$

따라서 물통에 남은 물의 양이 60 L일 때는 물을 내보내기 시작한 지 10분 후이다.

6 1 L의 휘발유로 9 km를 달릴 수 있으므로 1 km를 달릴 때는

$\frac{1}{9}$ L를 사용한다.

9 $y=45-\frac{1}{9}x$에 $x=108$을 대입하면

$y=45-\frac{1}{9}\times108$

$=33$

따라서 108 km를 달린 후에 남은 휘발유의 양은 33 L이다.

10 $y=45-\frac{1}{9}x$에 $y=37$을 대입하면

$37=45-\frac{1}{9}x$

$\therefore x=72$

따라서 남은 휘발유의 양이 37 L일 때는 72 km를 달린 것이다.

D 속력에 대한 일차함수의 활용 131쪽

1 $\frac{3}{2}x$ km 2 $y=300-\frac{3}{2}x$ 3 240 km
4 120분 5 200분 6 $30x$ km
7 $y=630-30x$ 8 360 km 9 14시간
10 21시간

3 $y=300-\frac{3}{2}x$에 $x=40$을 대입하면

$y=300-\frac{3}{2}\times40$

$=240$

따라서 출발한 지 40분 후에 할머니 댁까지 남은 거리는 240 km이다.

4 $y=300-\frac{3}{2}x$에 $y=120$을 대입하면

$120=300-\frac{3}{2}x$

$\therefore x=120$

따라서 할머니 댁이 120 km 남았을 때까지 달린 시간은 120분이다.

5 $y=300-\frac{3}{2}x$에 $y=0$을 대입하면

$0=300-\frac{3}{2}x$

$\therefore x=200$

따라서 할머니 댁에 도착했을 때까지 달린 시간은 200분이다.

8 $y=630-30x$에 $x=9$를 대입하면

$y=630-30\times9=360$

따라서 9시간 후에 태풍과 서울 사이의 거리는 360 km이다.

9 $y=630-30x$에 $y=210$을 대입하면

$210=630-30x$

$\therefore x=14$

따라서 태풍과 서울 사이의 거리가 210 km 남았을 때는 태풍이 북상한 지 14시간 후이다.

10 $y=630-30x$에 $y=0$을 대입하면

$0=630-30x$

$\therefore x=21$

따라서 태풍이 서울에 도착하는 것은 21시간 후이다.

E 도형에서의 일차함수의 활용 132쪽

1 $2x$ cm　2 $2x$ cm　3 $y=10x$　4 40 cm^2
5 2초　6 $3x$ cm　7 $15-3x$　8 $y=90-9x$
9 63 cm^2　10 4초

3 $\triangle ABP=\frac{1}{2}\times\overline{BP}\times\overline{AB}$

$\therefore y=\frac{1}{2}\times2x\times10=10x$

4 $y=10x$에 $x=4$를 대입하면 $y=40$

따라서 점 P가 점 B를 출발한 지 4초 후의 삼각형 ABP의 넓이는 40 cm^2이다.

5 $y=10x$에 $y=20$을 대입하면 $x=2$

따라서 삼각형 ABP의 넓이가 20 cm^2일 때는 점 P가 점 B를 출발한 지 2초 후이다.

7 $\overline{PC}=15-\overline{BP}=15-3x$

8 (사다리꼴의 넓이)

$=\frac{1}{2}\times$(높이)$\times${(윗변의 길이)+(아랫변의 길이)}이므로

$y=\frac{1}{2}\times\overline{AB}\times(\overline{AD}+\overline{PC})$

$=\frac{1}{2}\times6\times(15+15-3x)$

$\therefore y=90-9x$

9 $y=90-9x$에 $x=3$을 대입하면 $y=63$

따라서 3초 후의 넓이는 63 cm^2이다.

10 $y=90-9x$에 $y=54$를 대입하면

$54=90-9x$　　$\therefore x=4$

따라서 사다리꼴 APCD의 넓이가 54 cm^2일 때는 점 P가 점 B를 출발한 지 4초 후이다.

거저먹는 시험 문제 133쪽

1 ①　2 60 g　3 ④　4 22 L
5 ⑤　6 ③

1 4분에 2 cm가 짧아지므로 1분에 $\frac{1}{2}$ cm가 짧아진다.

양초에 불을 붙인 지 x초 후 남은 양초의 길이를 y cm라 하면

$y=20-\frac{1}{2}x$

양초의 길이가 14 cm이므로 $y=14$를 대입하면

$14=20-\frac{1}{2}x$　　$\therefore x=12$

따라서 양초의 길이가 14 cm가 되는 것은 불을 붙인지 12분 후이다.

2 10 g인 물건을 달 때마다 4 cm씩 늘어나므로 1 g인 물건을 달 때마다 $\frac{4}{10}=\frac{2}{5}$ (cm)씩 늘어난다.

무게가 x g인 물건을 매달았을 때의 용수철의 길이를 y cm라 하면 $y=12+\frac{2}{5}x$

$y=36$을 대입하면

$36=12+\frac{2}{5}x$　　$\therefore x=60$

따라서 용수철의 길이가 36 cm가 되었을 때 물건의 무게는 60 g이다.

3 5분에 10 ℃가 내려가므로 1분에 2 ℃가 내려간다.

실온에 둔 지 x분 후의 물의 온도를 y ℃라 하면

$y=100-2x$

$y=64$를 대입하면

$64=100-2x$　　$\therefore x=18$

따라서 물의 온도가 64 ℃이면 실온에 둔지 18분 후이다.

4 휘발유 1 L로 10 km를 갈 수 있으므로 1 km를 갈 때마다 $\frac{1}{10}$ L씩 사용한다.

$\therefore y=40-\frac{1}{10}x$

$x=180$을 대입하면 $y=40-\frac{180}{10}=22$

따라서 180 km를 달린 후에 남은 휘발유의 양은 22 L이다.

5 10 km=10000 m 단축 마라톤이고, 지윤이는 분속 240 m로 달리고 있으므로 x분 동안 달린 거리는 $240x$ m이다.

따라서 결승점까지의 거리 y를 구하면 $y=10000-240x$

6 매초 $\frac{1}{2}$ cm씩 움직이므로 x초 후에는 $\frac{1}{2}x$ cm 움직인다.

따라서 삼각형 ABP의 넓이 y는

$y=\frac{1}{2}\times\frac{1}{2}x\times8=2x$

$y=16$을 대입하면

$16=2x$　　$\therefore x=8$

따라서 $\triangle ABP$의 넓이가 16 cm^2가 되는 것은 점 P가 점 A를 출발한 지 8초 후이다.

19 일차함수와 일차방정식

A 일차방정식을 $y=ax+b$로 나타내기 135쪽

1 $y=-2x+1$ 2 $y=3x-5$
3 $y=5x+6$ 4 $y=4x+3$
5 $y=7x+9$ 6 $y=-2x-4$
7 $y=x-3$ 8 $y=\frac{5}{4}x-3$
9 $y=-\frac{8}{5}x+4$ 10 $y=7x-\frac{7}{3}$

B 일차함수와 일차방정식의 관계 136쪽

1 ○ 2 × 3 ○ 4 ×
5 ○ 6 × 7 ○ 8 ○
9 × 10 ○

1 $-8x-2y+10=0$에서
$y=-4x+5$
$y=0$을 대입하면 $x=\frac{5}{4}$
따라서 x절편은 $\frac{5}{4}$, y절편은 5이다.
2 기울기가 음수이므로 오른쪽 아래로 향하는 직선이다.
3 기울기가 -4이므로 x의 값이 1만큼 증가할 때, y의 값은 4만큼 감소한다.
4 기울기는 -4이다.
5 그래프를 그리면 오른쪽 그림과 같으므로 제1, 2, 4사분면을 지난다.

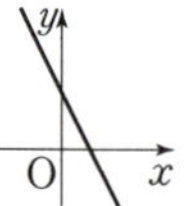

6 $5x-6y+18=0$에서
$y=\frac{5}{6}x+3$
이 그래프는 $y=-\frac{5}{6}x+1$과 기울기가 다르므로 평행하지 않는다.
7 기울기가 $\frac{5}{6}$이므로 x의 값이 6만큼 증가할 때, y의 값도 5만큼 증가한다.
8 기울기가 양수이므로 오른쪽 위로 향하는 직선이다.
9 $y=0$을 대입하면 $x=-\frac{18}{5}$
따라서 x절편은 $-\frac{18}{5}$, y절편은 3이다.
10 그래프를 그리면 오른쪽 그림과 같으므로 제4사분면을 지나지 않는다.

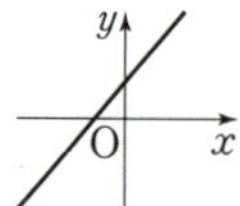

C 일차방정식의 그래프 위의 한 점 137쪽

1 × 2 × 3 ○ 4 ×
5 ○ 6 -1 7 $\frac{3}{2}$ 8 6
9 -2 10 10

1 $x-4y+2=0$에 점 $(1,\ 1)$을 대입하면
$1-4+2\neq0$이므로 이 그래프 위의 점이 아니다.
2 $2x+5y+2=0$에 점 $(2,\ -3)$을 대입하면
$4-15+2\neq0$이므로 이 그래프 위의 점이 아니다.
3 $-x-3y+2=0$에 점 $(-4,\ 2)$를 대입하면
$4-6+2=0$이므로 이 그래프 위의 점이다.
4 $\frac{1}{2}x-y+8=0$에 점 $(-2,\ -5)$를 대입하면
$\frac{1}{2}\times(-2)-(-5)+8\neq0$이므로 이 그래프 위의 점이 아니다.
5 $8x-5y-1=0$에 점 $\left(\frac{1}{4},\ \frac{1}{5}\right)$을 대입하면
$8\times\frac{1}{4}-5\times\frac{1}{5}-1=0$이므로 이 그래프 위의 점이다.
6 $3x-y+3=0$에 점 $(a,\ a+1)$을 대입하면
$3a-(a+1)+3=0$, $2a=-2$ $\therefore a=-1$
7 $-4x+2y+3=0$에 점 $(2a,\ 3a)$를 대입하면
$-8a+6a+3=0$, $-2a=-3$ $\therefore a=\frac{3}{2}$
8 $2x-5y+1=0$에 점 $(2a,\ a-1)$을 대입하면
$4a-5(a-1)+1=0$, $-a+6=0$ $\therefore a=6$
9 $4x+\frac{1}{3}y-5=0$에 점 $(-a,\ 4a-1)$을 대입하면
$-4a+\frac{1}{3}(4a-1)-5=0$
$-4a+\frac{4}{3}a-\frac{1}{3}-5=0$
$-\frac{8}{3}a=\frac{16}{3}$ $\therefore a=-2$
10 $-\frac{1}{5}x-\frac{1}{2}y+3=0$에 점 $(3a,\ -a+4)$를 대입하면
$-\frac{1}{5}\times3a-\frac{1}{2}(-a+4)+3=0$
$-\frac{3}{5}a+\frac{1}{2}a-2+3=0$, $-\frac{1}{10}a=-1$
$\therefore a=10$

D 일차방정식의 미지수의 값 구하기 138쪽

1 $a=-1, b=-1$ 2 $a=2, b=4$
3 $a=-3, b=\frac{3}{2}$ 4 $a=-1, b=1$
5 $a=\frac{1}{4}, b=\frac{1}{2}$ 6 $a=1, b=-\frac{1}{3}$

1 일차방정식 $ax+by+2=0$의 그래프가 두 점 $(2,\ 0)$, $(0,\ 2)$를 지나므로

$2a+2=0$, $2b+2=0$

$\therefore a=-1, b=-1$

2 일차방정식 $-x+2ay-b=0$의 그래프가 두 점 $(-4,\ 0)$, $(0,\ 1)$을 지나므로

$4-b=0$, $2a-b=0$

$\therefore a=2, b=4$

3 일차방정식 $-ax+3by+9=0$의 그래프가 두 점 $(-3,\ 0)$, $(0,\ -2)$를 지나므로

$3a+9=0$, $-6b+9=0$

$\therefore a=-3, b=\frac{3}{2}$

4 일차방정식 $ax+y-4b=0$의 그래프가 두 점 $(0,\ 4)$, $(-2,\ 2)$를 지나므로

$4-4b=0$, $-2a+2-4b=0$

$b=1, a=-1$

5 일차방정식 $-x-4ay+6b=0$의 그래프가 두 점 $(-1,\ 4)$, $(3,\ 0)$을 지나므로

$1-16a+6b=0$, $-3+6b=0$

$\therefore a=\frac{1}{4}, b=\frac{1}{2}$

6 일차방정식 $-ax-4by+5=0$의 그래프가 두 점 $(5,\ 0)$, $(-3,\ -6)$을 지나므로

$-5a+5=0$, $3a+24b+5=0$

$\therefore a=1, b=-\frac{1}{3}$

E 일차방정식의 그래프의 모양 139쪽

1 $>, >$ 2 $>, <$ 3 $<, <$ 4 $>, <$
5 $>, >$ 6 $>, <$

1 일차방정식 $-ax-2y+b=0$에서

$y=-\frac{a}{2}x+\frac{b}{2}$

이 그래프의 기울기는 음수이므로

$-\frac{a}{2}<0 \quad \therefore a>0$

y절편은 양수이므로 $\frac{b}{2}>0 \quad \therefore b>0$

2 일차방정식 $ax+3y-b=0$에서

$y=-\frac{a}{3}x+\frac{b}{3}$

이 그래프의 기울기는 음수이므로

$-\frac{a}{3}<0 \quad \therefore a>0$

y절편은 음수이므로 $\frac{b}{3}<0 \quad \therefore b<0$

3 일차방정식 $-ax-4y+b=0$에서 $y=-\frac{a}{4}x+\frac{b}{4}$

이 그래프의 기울기는 양수이므로

$-\frac{a}{4}>0 \quad \therefore a<0$

y절편은 음수이므로 $\frac{b}{4}<0 \quad \therefore b<0$

4 일차방정식 $-x+ay-5b=0$에서 $y=\frac{1}{a}x+\frac{5b}{a}$

이 그래프의 기울기는 양수이므로

$\frac{1}{a}>0 \quad \therefore a>0$

y절편은 음수이므로 $\frac{5b}{a}<0 \quad \therefore b<0$

5 일차방정식 $4x-5ay+b=0$에서 $y=\frac{4}{5a}x+\frac{b}{5a}$

이 그래프의 기울기는 양수이므로

$\frac{4}{5a}>0 \quad \therefore a>0$

y절편은 양수이므로 $\frac{b}{5a}>0 \quad \therefore b>0$

6 일차방정식 $2ax-by-4=0$에서 $y=\frac{2a}{b}x-\frac{4}{b}$

이 그래프의 y절편은 양수이므로

$-\frac{4}{b}>0 \quad \therefore b<0$

기울기는 음수이므로 $\frac{2a}{b}<0 \quad \therefore a>0$

F 직선의 방정식 140쪽

1 $a=1, b=-4$ 2 $a=4, b=3$
3 $a=2, b=-1$ 4 $a=3, b=1$
5 $a=1, b=2$ 6 $a=5, b=2$
7 $a=4, b=-1$ 8 $a=-3, b=1$

1 두 점 $(3,\ 2)$, $(-1,\ 1)$을 지나는 직선의 기울기는

$\frac{2-1}{3-(-1)}=\frac{1}{4}$

이 직선과 평행한 직선의 방정식을 $y=\frac{1}{4}x+k$로 놓고 점 $(4,\ -2)$를 대입하면

$-2=1+k \quad \therefore k=-3$

따라서 $y=\frac{1}{4}x-3$이므로 직선의 방정식은

$x-4y-12=0 \quad \therefore a=1, b=-4$

2 두 점 $(-2,\ 6)$, $(1,\ 2)$를 지나는 직선의 기울기는

$\frac{2-6}{1-(-2)}=-\frac{4}{3}$

이 직선과 평행한 직선의 방정식을 $y=-\frac{4}{3}x+k$로 놓고 점 $(-3,\ 6)$을 대입하면

$6=4+k \quad \therefore k=2$

따라서 $y=-\frac{4}{3}x+2$이므로 직선의 방정식은

$4x+3y-6=0 \quad \therefore a=4, b=3$

3 $-4x+2y+1=0$에서 $y=2x-\frac{1}{2}$

이 그래프와 평행한 직선의 방정식을 $y=2x+k$로 놓고 점 (1, 5)를 대입하면

$5=2+k$ $\therefore k=3$

따라서 $y=2x+3$이므로 직선의 방정식은 $2x-y+3=0$

$\therefore a=2, b=-1$

4 $-9x-3y+2=0$에서 $y=-3x+\frac{2}{3}$

이 그래프와 평행한 직선의 방정식을 $y=-3x+k$로 놓고 점 (1, −7)을 대입하면

$-7=-3+k$ $\therefore k=-4$

따라서 $y=-3x-4$이므로 직선의 방정식은 $3x+y+4=0$

$\therefore a=3, b=1$

5 $2x+4y-1=0$에서 $y=-\frac{1}{2}x+\frac{1}{4}$

이 그래프와 평행한 직선의 기울기는 $-\frac{1}{2}$

$x-y-3=0$에서 $y=x-3$이므로 y절편은 -3

이 그래프와 y축에서 만나는 직선의 y절편은 -3

따라서 $y=-\frac{1}{2}x-3$에서

$x+2y+6=0$

$\therefore a=1, b=2$

6 $5x+2y+6=0$에서 $y=-\frac{5}{2}x-3$

이 그래프와 평행한 직선의 기울기는 $-\frac{5}{2}$

$x+5y-10=0$에서 $y=-\frac{1}{5}x+2$이므로 y절편은 2

이 그래프와 y축에서 만나는 직선의 y절편은 2

따라서 $y=-\frac{5}{2}x+2$에서

$5x+2y-4=0$

$\therefore a=5, b=2$

7 $4x-y+1=0$에서 $y=4x+1$

이 그래프와 평행한 직선의 기울기는 4

$3x-2y-6=0$에서 $y=\frac{3}{2}x-3$이므로 x절편은 2

이 그래프와 x축에서 만나는 직선의 x절편은 2

$y=4x+k$로 놓고 점 (2, 0)을 대입하면

$0=8+k$ $\therefore k=-8$

따라서 $y=4x-8$에서

$4x-y-8=0$

$\therefore a=4, b=-1$

8 $-6x+2y-1=0$에서 $y=3x+\frac{1}{2}$

이 그래프와 평행한 직선의 기울기는 3

$2x+y-8=0$에서 $y=-2x+8$이므로 x절편은 4

이 그래프와 x축에서 만나는 직선의 x절편은 4

$y=3x+k$로 놓고 점 (4, 0)을 대입하면

$0=12+k$ $\therefore k=-12$

따라서 $y=3x-12$에서

$-3x+y+12=0$

$\therefore a=-3, b=1$

거저먹는 시험 문제 141쪽

1 ② 2 ⑤ 3 −5 4 ⑤
5 ④

1 $-3x+4y-8=0$에서 $y=\frac{3}{4}x+2$이므로

① x절편은 $-\frac{8}{3}$, y절편은 2이다.

② 기울기가 양수, y절편도 양수이므로 제1, 2, 3사분면을 지난다.

③ $y=-\frac{3}{4}x-8$의 그래프와 한 점에서 만난다.

④ x의 값이 4만큼 증가할 때, y의 값은 3만큼 증가한다.

⑤ 오른쪽 위로 향하는 직선이다.

따라서 옳은 것은 ②이다.

2 일차방정식 $3x-2y-6=0$에서 $y=\frac{3}{2}x-3$이므로

x절편은 2, y절편은 -3이다.

3 일차방정식 $3x-by=18$의 그래프가 두 점 (3, 1), (−6, a)를 지나므로 $9-b=18$에서 $b=-9$

$-18+9a=18$에서 $a=4$

$\therefore a+b=-5$

4 일차방정식 $-2x+ay-8=0$에 점 (0, −4)를 대입하면

$a=-2$ $\therefore -2x-2y-8=0$

이 일차방정식에 점 (b, 0)을 대입하면 $b=-4$

$\therefore a-b=-2-(-4)=2$

5 일차방정식 $ax-by-2=0$에서 $y=\frac{a}{b}x-\frac{2}{b}$

이 그래프의 y절편은 양수이므로 $-\frac{2}{b}>0$ $\therefore b<0$

기울기는 양수이므로 $\frac{a}{b}>0$ $\therefore a<0$

20 좌표축에 평행한 직선의 방정식

A x축에 평행, y축에 수직인 직선의 방정식 143쪽

1 풀이 참조 2 풀이 참조 3 $y=1$ 4 $y=-5$
5 $y=2$ 6 $y=3$ 7 $y=5$ 8 $y=\frac{1}{4}$
9 $y=\frac{5}{8}$

1

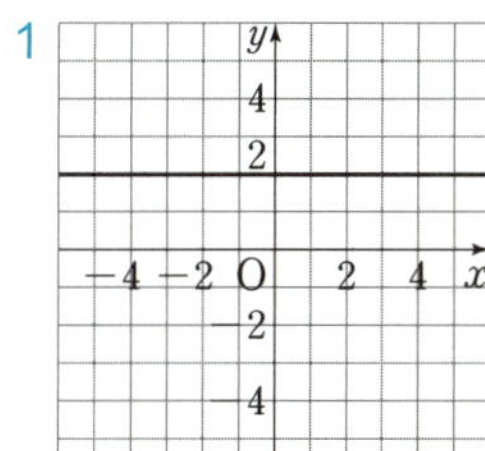

2

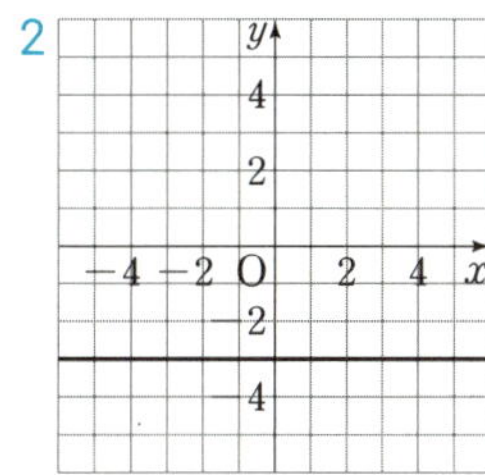

5 점 $(-1,\ 2)$를 지나고 x축에 평행한 직선은 y좌표가 2이므로 $y=2$

6 점 $(5,\ 3)$을 지나고 x축에 평행한 직선은 y좌표가 3이므로 $y=3$

7 점 $(-7,\ 5)$를 지나고 y축에 수직인 직선은 y좌표가 5이므로 $y=5$

8 점 $\left(\frac{3}{2},\ \frac{1}{4}\right)$을 지나고 x축에 평행한 직선은 y좌표가 $\frac{1}{4}$이므로 $y=\frac{1}{4}$

9 점 $\left(-\frac{4}{7},\ \frac{5}{8}\right)$를 지나고 y축에 수직인 직선은 y좌표가 $\frac{5}{8}$이므로 $y=\frac{5}{8}$

B y축에 평행, x축에 수직인 직선의 방정식 144쪽

1 풀이 참조 2 풀이 참조 3 $x=-3$ 4 $x=5$
5 $x=3$ 6 $x=-4$ 7 $x=-10$ 8 $x=\frac{1}{6}$
9 $x=-\frac{9}{5}$

1

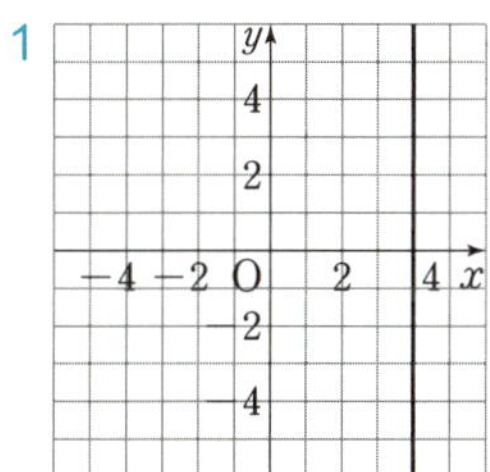

2

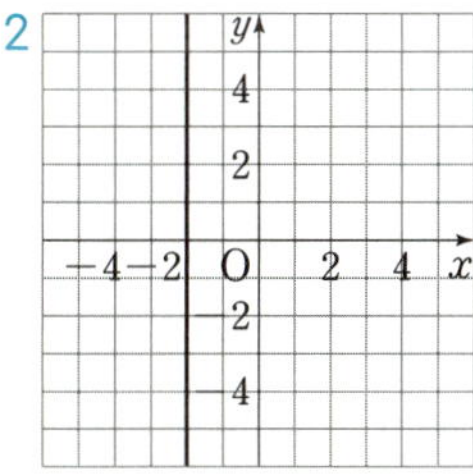

5 점 $(3,\ -3)$을 지나고 y축에 평행한 직선은 x좌표가 3이므로 $x=3$

6 점 $(-4,\ 1)$을 지나고 y축에 평행한 직선은 x좌표가 -4이므로 $x=-4$

7 점 $(-10,\ -7)$을 지나고 x축에 수직인 직선은 x좌표가 -10이므로 $x=-10$

8 점 $\left(\frac{1}{6},\ \frac{3}{7}\right)$을 지나고 y축에 평행한 직선은 x좌표가 $\frac{1}{6}$이므로 $x=\frac{1}{6}$

9 점 $\left(-\frac{9}{5},\ 9\right)$를 지나고 x축에 수직인 직선은 x좌표가 $-\frac{9}{5}$이므로 $x=-\frac{9}{5}$

C 좌표축에 평행한 네 직선으로 둘러싸인 도형의 넓이 145쪽

1 풀이 참조, 24 2 풀이 참조, 18
3 풀이 참조, 4 4 풀이 참조, 25
5 15 6 12 7 10 8 30

1

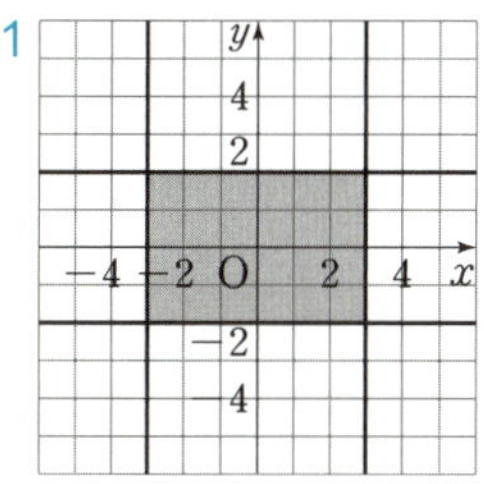

(넓이)$=6\times4=24$

2

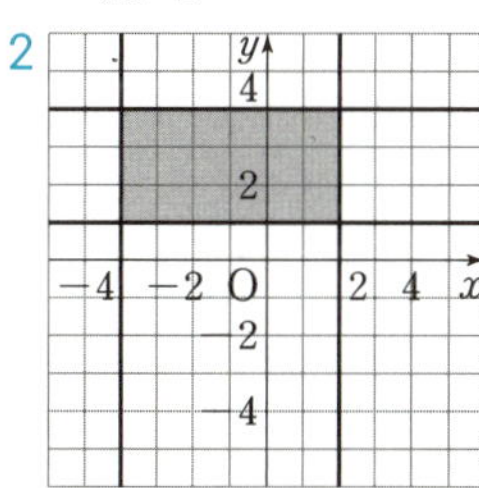

(넓이)$=6\times3=18$

3

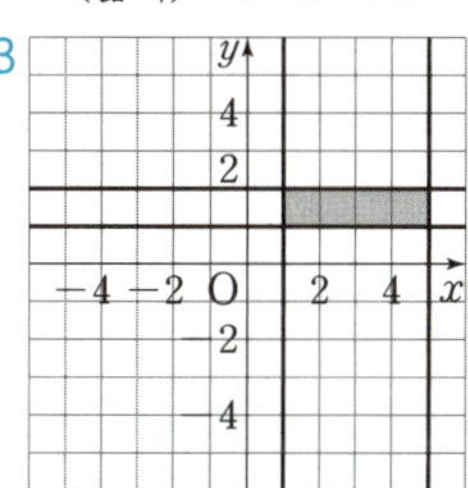

(넓이)$=4\times1=4$

4

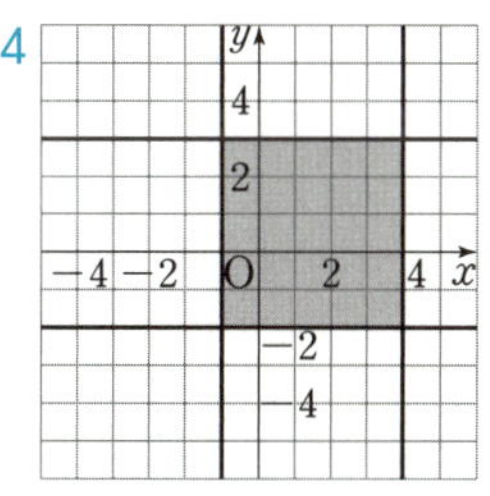

(넓이)$=5\times5=25$

5 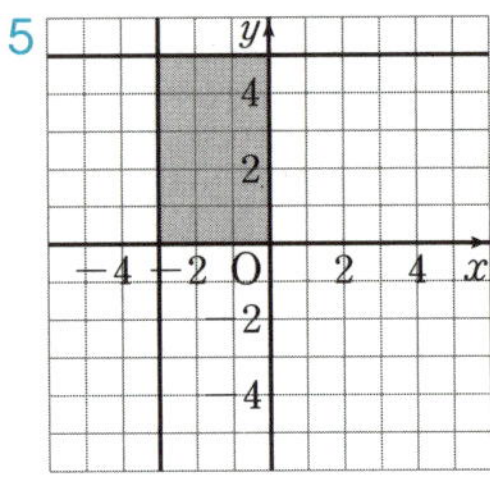

(넓이)$=3\times5=15$

6 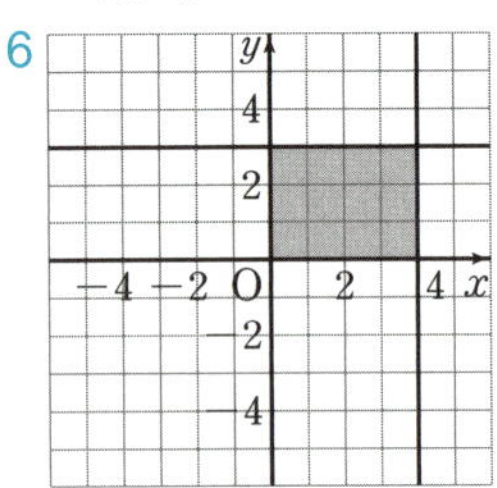

(넓이)$=4\times3=12$

7 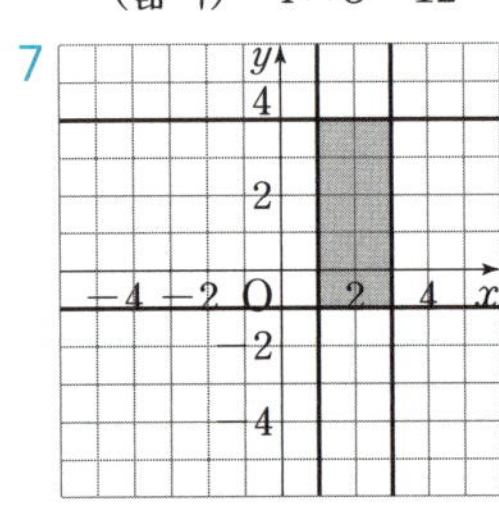

(넓이)$=2\times5=10$

8 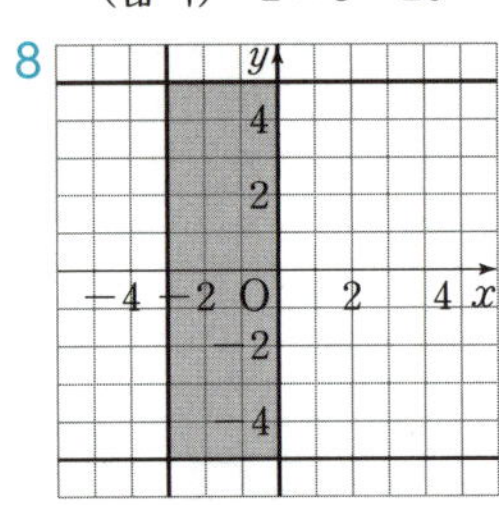

(넓이)$=3\times10=30$

D 세 직선으로 둘러싸인 도형의 넓이 146쪽

1 8	2 9	3 4	4 6
5 8	6 24	7 9	8 4

1 직선 $y=x$와 $x=4$가 만나는 점의 좌표는 $(4,\ 4)$이므로

(넓이)$=\frac{1}{2}\times4\times4=8$

2 직선 $y=2x$와 $x=3$이 만나는 점의 좌표는 $(3,\ 6)$이므로

(넓이)$=\frac{1}{2}\times3\times6=9$

3 직선 $y=\frac{1}{2}x$와 $y=2$가 만나는 점의 좌표는 $(4,\ 2)$이므로

(넓이)$=\frac{1}{2}\times4\times2=4$

4 직선 $y=3x$와 $y=6$이 만나는 점의 좌표는 $(2,\ 6)$이므로

(넓이)$=\frac{1}{2}\times2\times6=6$

5 직선 $y=x$와 $y=1$이 만나는 점의 좌표는 $(1,\ 1)$, 직선 $y=x$와 $x=5$가 만나는 점의 좌표는 $(5,\ 5)$이므로

(넓이)$=\frac{1}{2}\times(5-1)\times(5-1)=8$

6 직선 $y=3x$와 $y=3$이 만나는 점의 좌표는 $(1,\ 3)$, 직선 $y=3x$와 $x=5$가 만나는 점의 좌표는 $(5,\ 15)$이므로

(넓이)$=\frac{1}{2}\times(5-1)\times(15-3)=24$

7 직선 $y=\frac{1}{2}x$와 $y=4$가 만나는 점의 좌표는 $(8,\ 4)$,

직선 $y=\frac{1}{2}x$와 $x=2$가 만나는 점의 좌표는 $(2,\ 1)$이므로

(넓이)$=\frac{1}{2}\times(8-2)\times(4-1)=9$

8 직선 $y=2x$와 $y=6$이 만나는 점의 좌표는 $(3,\ 6)$, 직선 $y=2x$와 $x=1$이 만나는 점의 좌표는 $(1,\ 2)$이므로

(넓이)$=\frac{1}{2}\times(3-1)\times(6-2)=4$

거저먹는 시험 문제 147쪽

1 ①	2 ⑤	3 ④	4 28
5 ③	6 ①		

1 점 $(-4,\ 3)$을 지나고 y축에 수직인 직선은 y좌표가 3이므로 $y=3$

2 점 $(-2,\ -5)$를 지나고 y축에 평행한 직선은 x좌표가 -2이므로 $x=-2$

3 (넓이)

$=\{0-(-2)\}\times\{3-(-4)\}$

$=2\times7=14$

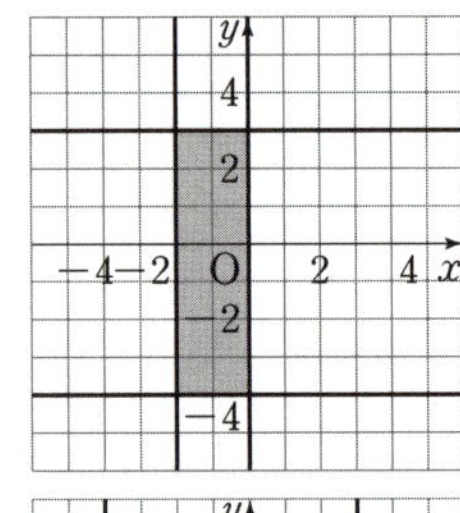

4 네 일차방정식은

$x=3,\ x=-4,\ y=-2,\ y=2$

이므로

(넓이)

$=\{3-(-4)\}\times\{2-(-2)\}$

$=7\times4=28$

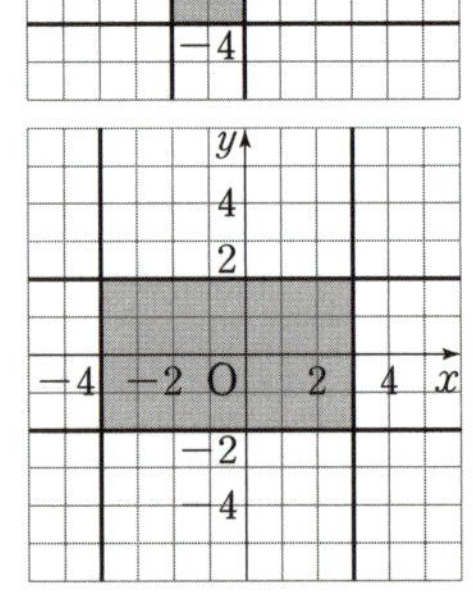

5 직선 $y=\frac{3}{2}x$와 $x=8$이 만나는 점의 좌표는 $(8,\ 12)$이므로

(넓이)$=\frac{1}{2}\times8\times12=48$

6 직선 $y=2x$와 $y=6$이 만나는 점의 좌표는 $(3,\ 6)$, 직선 $y=2x$와 $x=2$가 만나는 점의 좌표는 $(2,\ 4)$이므로

(넓이)$=\frac{1}{2}\times(3-2)\times(6-4)=1$

21 연립방정식의 해와 그래프

A 연립방정식의 해와 그래프의 교점 149쪽

1 (3, 2) 2 (−1, −1) 3 (−1, 3) 4 (2, −4)
5 $a=5, b=-1$ 6 $a=2, b=-3$
7 $a=-2, b=-2$ 8 $a=-2, b=2$

5 점 (4, 1)을 $x+y=a$에 대입하면
$4+1=a \quad \therefore a=5$
점 (4, 1)을 $bx+y=-3$에 대입하면
$4b+1=-3 \quad \therefore b=-1$

6 점 (−2, 1)을 $x+4y=a$에 대입하면
$-2+4=a \quad \therefore a=2$
점 (−2, 1)을 $2x+by=-7$에 대입하면
$-4+b=-7 \quad \therefore b=-3$

7 점 (2, 2)를 $ax+5y=6$에 대입하면
$2a+10=6 \quad \therefore a=-2$
점 (2, 2)를 $3x-4y=b$에 대입하면
$6-8=b \quad \therefore b=-2$

8 점 (−1, −1)을 $5x+ay=-3$에 대입하면
$-5-a=-3 \quad \therefore a=-2$
점 (−1, −1)을 $x-3y=b$에 대입하면
$-1+3=b \quad \therefore b=2$

B 두 일차방정식의 그래프의 교점을 지나는 일차함수 150쪽

1 (−1, 3) 2 (−4, −1) 3 (1, 5) 4 (2, 2)
5 −1 6 2 7 7 8 −6

1 두 일차방정식 $2x+y-1=0$, $-x+2y-7=0$을 연립하여 구한 해가 교점의 좌표이므로 순서쌍으로 나타내면
(−1, 3)

2 두 일차방정식 $x-8y-4=0$, $-3x+2y-10=0$을 연립하여 구한 해가 교점의 좌표이므로 순서쌍으로 나타내면
(−4, −1)

3 두 일차방정식 $6x-y-1=0$, $2x-y+3=0$을 연립하여 구한 해가 교점의 좌표이므로 순서쌍으로 나타내면
(1, 5)

4 두 일차방정식 $-2x+3y-2=0$, $3x-8y+10=0$을 연립하여 구한 해가 교점의 좌표이므로 순서쌍으로 나타내면
(2, 2)

5 두 일차방정식 $x+6y+7=0$, $2x+3y-4=0$을 연립하여 풀면
$x=5, y=-2$
이것을 $y=ax+3$에 대입하면 $a=-1$

6 두 일차방정식 $3x-4y+3=0$, $-x+5y-12=0$을 연립하여 풀면 $x=3, y=3$
이것을 $y=ax-3$에 대입하면 $a=2$

7 두 일차방정식 $-5x+4y-11=0$, $3x-2y+5=0$을 연립하여 풀면 $x=1, y=4$
이것을 $y=-3x+a$에 대입하면 $a=7$

8 두 일차방정식 $-8x+3y-10=0$, $5x-3y+4=0$을 연립하여 풀면 $x=-2, y=-2$
이것을 $y=-2x+a$에 대입하면 $a=-6$

C 두 일차방정식의 그래프의 교점을 지나는 직선의 방정식 151쪽

1 $x=1$ 2 $y=9$ 3 $x=-2$ 4 $y=3$
5 $y=3x-8$ 6 $y=-x+4$ 7 $y=2x+\frac{5}{3}$
8 $y=-4x-13$

1 두 일차방정식 $x+y=4$, $3x-y=0$을 연립하여 풀면 $x=1$, $y=3$이므로 이 교점을 지나고 y축에 평행한 직선의 방정식은
$x=1$

2 두 일차방정식 $2x-y=1$, $4x-3y=-7$을 연립하여 풀면 $x=5$, $y=9$이므로 이 교점을 지나고 x축에 평행한 직선의 방정식은 $y=9$

3 두 일차방정식 $3x+y=-2$, $6x+5y=8$을 연립하여 풀면 $x=-2$, $y=4$이므로 이 교점을 지나고 x축에 수직인 직선의 방정식은 $x=-2$

4 두 일차방정식 $-2x+y=-5$, $3x-7y=-9$를 연립하여 풀면 $x=4, y=3$이므로 이 교점을 지나고 y축에 수직인 직선의 방정식은 $y=3$

5 두 일차방정식 $x-y=4$, $5x+2y=6$을 연립하여 풀면
$x=2$, $y=-2$이므로 기울기가 3인 직선의 방정식
$y=3x+b$에 대입하면
$b=-8 \quad \therefore y=3x-8$

6 두 일차방정식 $x-2y=1$, $2x-7y=-1$을 연립하여 풀면
$x=3, y=1$이므로 기울기가 −1인 직선의 방정식
$y=-x+b$에 대입하면
$b=4 \quad \therefore y=-x+4$

7 두 일차방정식 $2x-3y=-1$, $x+6y=-3$을 연립하여 풀면
$x=-1, y=-\frac{1}{3}$이므로 기울기가 2인 직선의 방정식
$y=2x+b$에 대입하면
$b=\frac{5}{3} \quad \therefore y=2x+\frac{5}{3}$

8 두 일차방정식 $x+3y=5$, $x+4y=8$을 연립하여 풀면
$x=-4, y=3$이므로 기울기가 −4인 직선의 방정식
$y=-4x+b$에 대입하면
$b=-13 \quad \therefore y=-4x-13$

D 한 점에서 만나는 세 직선 152쪽

1 1　2 2　3 -3　4 -1
5 -4　6 2　7 -2　8 -3

1 두 일차방정식 $x+y=4$, $x-y=8$을 연립하여 풀면 $x=6$, $y=-2$이므로 $ax-y=8$에 대입하면
$6a+2=8$, $6a=6$
$\therefore a=1$

2 두 일차방정식 $3x-2y=0$, $5x-y=7$을 연립하여 풀면 $x=2$, $y=3$이므로 $4x-ay=2$에 대입하면
$8-3a=2$, $-3a=-6$
$\therefore a=2$

3 두 일차방정식 $4x+y=4$, $x+y=-2$를 연립하여 풀면 $x=2$, $y=-4$이므로 $3ax-2y=-10$에 대입하면
$6a+8=-10$
$\therefore a=-3$

4 두 일차방정식 $x+3y=3$, $2x+5y=4$를 연립하여 풀면 $x=-3$, $y=2$이므로 $x-ay=a$에 대입하면
$-3-2a=a$, $-3a=3$
$\therefore a=-1$

5 두 일차방정식 $2x+y=4$, $x-5y=-9$를 연립하여 풀면 $x=1$, $y=2$이므로 $ax+4y=-a$에 대입하면
$a+8=-a$, $2a=-8$
$\therefore a=-4$

6 두 일차방정식 $5x+y=10$, $4x-3y=-11$을 연립하여 풀면 $x=1$, $y=5$이므로 $3x-ay=a-9$에 대입하면
$3-5a=a-9$, $-6a=-12$
$\therefore a=2$

7 두 일차방정식 $x-2y=3$, $5x-4y=-3$을 연립하여 풀면 $x=-3$, $y=-3$이므로 $a(x-1)+y=5$에 대입하면
$-4a-3=5$, $-4a=8$
$\therefore a=-2$

8 두 일차방정식 $6x+y=2$, $5x+y=1$을 연립하여 풀면 $x=1$, $y=-4$이므로 $7x-ay=-a-8$에 대입하면
$7+4a=-a-8$, $5a=-15$
$\therefore a=-3$

E 연립방정식의 해의 개수와 두 그래프의 위치 관계 153쪽

1 $a=2, b=3$　2 $a=3, b=8$
3 $a=4, b=-1$　4 $a=-3, b=5$
5 5　6 $-\frac{5}{3}$　7 $-\frac{1}{2}$　8 -3

1 해가 무수히 많으므로
$\frac{a}{6}=\frac{1}{3}=\frac{1}{b}$　$\therefore a=2, b=3$

2 해가 무수히 많으므로
$\frac{-1}{-4}=\frac{a}{12}=\frac{2}{b}$　$\therefore a=3, b=8$

3 해가 무수히 많으므로
$\frac{a}{-2}=\frac{2}{b}=\frac{8}{-4}$　$\therefore a=4, b=-1$

4 해가 무수히 많으므로
$\frac{9}{-3}=\frac{a}{1}=\frac{15}{-b}$　$\therefore a=-3, b=5$

5 해가 없으므로
$\frac{a}{1}=\frac{10}{2}\neq\frac{-5}{-4}$　$\therefore a=5$

6 해가 없으므로
$\frac{3}{-1}=\frac{5}{a}\neq\frac{7}{1}$　$\therefore a=-\frac{5}{3}$

7 해가 없으므로
$\frac{1}{4}=\frac{a}{-2}\neq\frac{10}{5}$　$\therefore a=-\frac{1}{2}$

8 해가 없으므로
$\frac{6}{-2}=\frac{9}{a}\neq\frac{2}{3}$　$\therefore a=-3$

거저먹는 시험 문제 154쪽

1 $x=1, y=2$　2 ③　3 ⑤
4 $a=7, b=-4$　5 $a=3, b=2$　6 ③

1 연립방정식의 해는 두 직선의 교점의 좌표이므로
$x=1, y=2$

2 두 일차방정식 $4x+y=1$, $2x+3y=-2$를 연립하여 구한 해가 교점의 좌표이므로 순서쌍으로 나타내면 $\left(\frac{1}{2}, -1\right)$

3 두 일차방정식의 그래프의 교점이 $(-2, 1)$이므로
$ax-2y+8=0$에 대입하면 $a=3$

4 점 $(2, 3)$을 $2x+y=a$에 대입하면
$4+3=a$　$\therefore a=7$
점 $(2, 3)$을 $bx+y=-5$에 대입하면
$2b+3=-5$　$\therefore b=-4$

5 $\frac{a}{1}=\frac{6}{b}=\frac{-9}{-3}$이므로 $a=3, b=2$

6 $\frac{a}{6}=\frac{2}{4}\neq\frac{3}{b}$이므로 $a=3, b\neq6$

22 직선의 방정식의 응용

A 직선이 선분과 만날 조건 156쪽

1 $\frac{2}{3}\le a\le4$　2 $1\le a\le3$　3 $\frac{2}{5}\le a\le\frac{3}{2}$
4 $1\le a\le5$　5 $1\le a\le4$　6 $\frac{1}{2}\le a\le2$

1 직선 $y=ax$에 점 A$(1,\ 4)$를 대입하면 $a=4$
점 B$(3,\ 2)$를 대입하면 $a=\frac{2}{3}$
$\therefore \frac{2}{3}\le a\le 4$

2 직선 $y=ax$에 점 A$(2,\ 6)$을 대입하면 $a=3$
점 B$(3,\ 3)$을 대입하면 $a=1$
$\therefore 1\le a\le 3$

3 직선 $y=ax$에 점 A$(2,\ 3)$을 대입하면 $a=\frac{3}{2}$
점 B$(5,\ 2)$를 대입하면 $a=\frac{2}{5}$
$\therefore \frac{2}{5}\le a\le \frac{3}{2}$

4 직선 $y=ax-2$에 점 A$(1,\ 3)$을 대입하면 $a=5$
점 B$(3,\ 1)$을 대입하면 $a=1$
$\therefore 1\le a\le 5$

5 직선 $y=ax-2$에 점 A$(1,\ 2)$를 대입하면 $a=4$
점 B$(4,\ 2)$를 대입하면 $a=1$
$\therefore 1\le a\le 4$

6 직선 $y=ax-2$에 점 A$(3,\ 4)$를 대입하면 $a=2$
점 B$(6,\ 1)$을 대입하면 $a=\frac{1}{2}$
$\therefore \frac{1}{2}\le a\le 2$

B 직선으로 둘러싸인 도형의 넓이 157쪽

1 1　2 $\frac{3}{2}$　3 13　4 $\frac{5}{2}$
5 $\frac{11}{4}$　6 25

1 $x+y-3=0,\ -x+y+1=0$을 연립하여 풀면 $x=2,\ y=1$이므로 구하는 삼각형의 높이는 y좌표의 절댓값인 1이다.
$x+y-3=0$의 x절편이 3이고, $-x+y+1=0$의 x절편이 1이므로 구하는 넓이는
$\frac{1}{2}\times(3-1)\times 1=1$

2 $2x+y+8=0,\ 4x-y+10=0$을 연립하여 풀면 $x=-3,\ y=-2$이므로 삼각형의 높이는 y좌표의 절댓값인 2이다.
$2x+y+8=0$의 x절편이 -4이고 $4x-y+10=0$의 x절편이 $-\frac{5}{2}$이므로 구하는 넓이는
$\frac{1}{2}\times\left\{-\frac{5}{2}-(-4)\right\}\times 2=\frac{3}{2}$

3 $2x+7y+6=0,\ x-3y-10=0$을 연립하여 풀면 $x=4,\ y=-2$이므로 삼각형의 높이는 y좌표의 절댓값인 2이다.
$2x+7y+6=0$의 x절편이 -3이고 $x-3y-10=0$의 x절편이 10이므로 구하는 넓이는
$\frac{1}{2}\times\{10-(-3)\}\times 2=13$

4 $3x-y+1=0,\ 2x+y-6=0$을 연립하여 풀면 $x=1,\ y=4$이므로 삼각형의 높이는 x좌표의 절댓값인 1이다.
$3x-y+1=0$의 y절편이 1이고, $2x+y-6=0$의 y절편이 6이므로 구하는 넓이는
$\frac{1}{2}\times(6-1)\times 1=\frac{5}{2}$

5 $5x+y+3=0,\ x-2y+5=0$을 연립하여 풀면 $x=-1,\ y=2$이므로 삼각형의 높이는 x좌표의 절댓값인 1이다.
$5x+y+3=0$의 y절편이 -3이고, $x-2y+5=0$의 y절편이 $\frac{5}{2}$이므로 구하는 넓이는
$\frac{1}{2}\times\left\{\frac{5}{2}-(-3)\right\}\times 1=\frac{11}{4}$

6 $x-y+3=0,\ x+y+7=0$을 연립하여 풀면 $x=-5,\ y=-2$이므로 삼각형의 높이는 x좌표의 절댓값인 5이다.
$x-y+3=0$의 y절편이 3이고 $x+y+7=0$의 y절편이 -7이므로 구하는 넓이는
$\frac{1}{2}\times\{3-(-7)\}\times 5=25$

C 넓이를 이등분하는 직선의 방정식 158쪽

1 x절편: -4, y절편: 4　2 8　3 4
4 Help 4, 4 / 2　5 -2　6 -1
7 x절편: 2, y절편: 6　8 6　9 3
10 3　11 1　12 3

1 일차방정식 $x-y+4=0$의 그래프의 x절편은 -4, y절편은 4
2 $\triangle ABO=\frac{1}{2}\times 4\times 4=8$
3 $\triangle CBO=\frac{1}{2}\times\triangle ABO=4$
4 점 C의 y좌표를 k라 하면 밑변의 길이는 4이고 넓이가 4이므로
$\frac{1}{2}\times 4\times k=4$　$\therefore k=2$
5 점 C의 y좌표가 2이므로 $x-y+4=0$에 $y=2$를 대입하면 $x=-2$
6 $x=-2,\ y=2$를 $y=mx$에 대입하면 $m=-1$
7 일차함수 $y=-3x+6$의 x절편은 2, y절편은 6
8 $\triangle AOB=\frac{1}{2}\times 2\times 6=6$
9 $\triangle COB=\frac{1}{2}\times\triangle AOB=3$
10 점 C의 y좌표를 k라 하면 밑변의 길이는 2이고 넓이가 3이므로
$\frac{1}{2}\times 2\times k=3$　$\therefore k=3$
11 점 C의 y좌표가 3이므로 $y=-3x+6$에 $y=3$을 대입하면 $x=1$
12 $x=1,\ y=3$을 $y=mx$에 대입하면 $m=3$

D 그래프를 이용한 일차함수의 활용 159쪽

1 12분 2 20 ℃ 3 7분 4 20분

1 x절편이 15이고 y절편이 30이므로 일차함수의 식으로 나타내면
$y=-2x+30$
이 식에 $y=6$을 대입하면 $x=12$
따라서 남은 양초의 길이가 6 cm가 되는 시간은 12분 후이다.

2 x절편이 20이고 y절편이 80이므로 일차함수의 식으로 나타내면
$y=-4x+80$
이 식에 $x=15$를 대입하면 $y=20$
따라서 15분 후의 물의 온도는 20 ℃이다.

3 A물통의 그래프는 x절편이 10이고 y절편이 50이므로 일차함수의 식으로 나타내면 $y=-5x+50$
B물통의 그래프는 x절편이 12이고 y절편이 36이므로 일차함수의 식으로 나타내면 $y=-3x+36$
물통에 남아 있는 물이 같아져야 하므로
$-5x+50=-3x+36$일 때 $x=7$
따라서 두 물통에 남아 있는 물의 양이 같아지는 시간은 7분 후이다.

4 형의 그래프는 두 점 $(10,\ 0)$, $(30,\ 3)$을 지나므로 일차함수의 식으로 나타내면 $y=\frac{3}{20}x-\frac{3}{2}$
동생의 그래프는 두 점 $(0,\ 0)$, $(40,\ 3)$을 지나므로 일차함수의 식으로 나타내면 $y=\frac{3}{40}x$
동생과 형이 만나야 하므로 $\frac{3}{20}x-\frac{3}{2}=\frac{3}{40}x$일 때 $x=20$
따라서 동생이 출발한 지 20분 후에 형과 만난다.

거저먹는 시험 문제 160쪽

1 ① 2 ④ 3 27 4 7분
5 40분

1 직선 $y=ax-4$에 점 $\mathrm{A}(-2,\ 4)$를 대입하면 $a=-4$
점 $\mathrm{B}(-5,\ 1)$을 대입하면 $a=-1$
$\therefore\ -4\le a\le -1$

2 $x+y-5=0$, $-3x+y+3=0$을 연립하여 풀면
$x=2$, $y=3$이므로 구하는 삼각형의 높이는 y좌표의 절댓값인 3이다.
$x+y-5=0$의 x절편이 5이고, $-3x+y+3=0$의 x절편이 1이므로 구하는 넓이는 $\frac{1}{2}\times(5-1)\times3=6$

3 $x-2y+10=0$, $x+y+4=0$을 연립하여 풀면 $x=-6$, $y=2$이므로 구하는 삼각형의 높이는 x좌표의 절댓값인 6이다.
$x-2y+10=0$의 y절편이 5, $x+y+4=0$의 y절편이 -4이므로 구하는 넓이는 $\frac{1}{2}\times\{5-(-4)\}\times6=27$

4 x절편이 10이고 y절편이 40이므로 일차함수의 식으로 나타내면
$y=-4x+40$
이 식에 $y=12$를 대입하면 $x=7$
따라서 불을 붙인 지 7분 후에 초의 길이가 12 cm가 된다.

5 형의 그래프는 두 점 $(20,\ 0)$, $(60,\ 5)$를 지나므로 일차함수의 식으로 나타내면 $y=\frac{1}{8}x-\frac{5}{2}$
동생의 그래프는 두 점 $(0,\ 0)$, $(80,\ 5)$를 지나므로 일차함수의 식으로 나타내면 $y=\frac{1}{16}x$
즉, $\frac{1}{8}x-\frac{5}{2}=\frac{1}{16}x$일 때 $x=40$
따라서 동생이 출발한 지 40분 후에 형과 만난다.

《바쁜 중2를 위한 빠른 중학연산》
효과적으로 보는 방법

'바빠 중학연산·도형' 시리즈는 1학기 과정이 '바빠 중학연산' 두 권으로,
2학기 과정이 '바빠 중학도형' 한 권으로 구성되어 있습니다.

1. 취약한 영역만 보강하려면? — 3권 중 한 권만 선택하세요!

중2 과정 중에서도 수와 식의 계산이나 부등식이 어렵다면 중학연산 1권 <수와 식의 계산, 부등식 영역>을, 연립방정식과 함수가 어렵다면 중학연산 2권 <연립방정식, 함수 영역>을, 도형이 어렵다면 중학도형 <도형의 성질, 도형의 닮음과 피타고라스 정리, 확률>을 선택하여 정리해 보세요. 중2뿐 아니라 중3이라도 자신이 취약한 영역을 집중적으로 공부하여 학습 결손을 빠르게 보충하세요.

2. 중2이지만 수학이 약하거나, 중2 수학을 준비하는 중1이라면?

중학수학 진도에 맞게 [중학연산 1권 → 중학연산 2권 → 중학도형] 순서로 공부하세요.
기본 문제부터 풀 수 있어서, 중학수학의 기초를 탄탄히 다질 수 있습니다.

3. 학원이나 공부방 선생님이라면?

1) 기초가 부족한 학생에게는 개념을 간단히 설명한 후 자습용 교재로 이용하세요.
2) 개념을 익힌 학생에게는 과제용 교재로 이용하세요.
3) 가벼운 선행 학습과 학습 결손을 보강하기 위한 방학용 초단기 교재로 적합합니다.

★ 바빠 중2 연산 1권은 22단계, 2권은 22단계로 구성되어 있고, 단계마다 1시간 안에 풀 수 있습니다.

가장 먼저 풀어야 할

허세 없는 기본 문제집!

바쁜 중2를 위한 빠른 중학연산 2권

알찬 교육 정보도 만나고 출판사 이벤트에도 참여하세요!

바빠 공부단 카페

cafe.naver.com/easyispub

'바빠 공부단' 카페에서 함께 공부해요!
수학, 영어 담당 바빠쌤의 지도를 받을 수 있어요.

인스타그램

@easys_edu

카카오톡 채널

이지스에듀 검색!

바빠 시리즈 출간 소식과 출판사 이벤트,
교육 정보를 제일 먼저 알려 드려요!

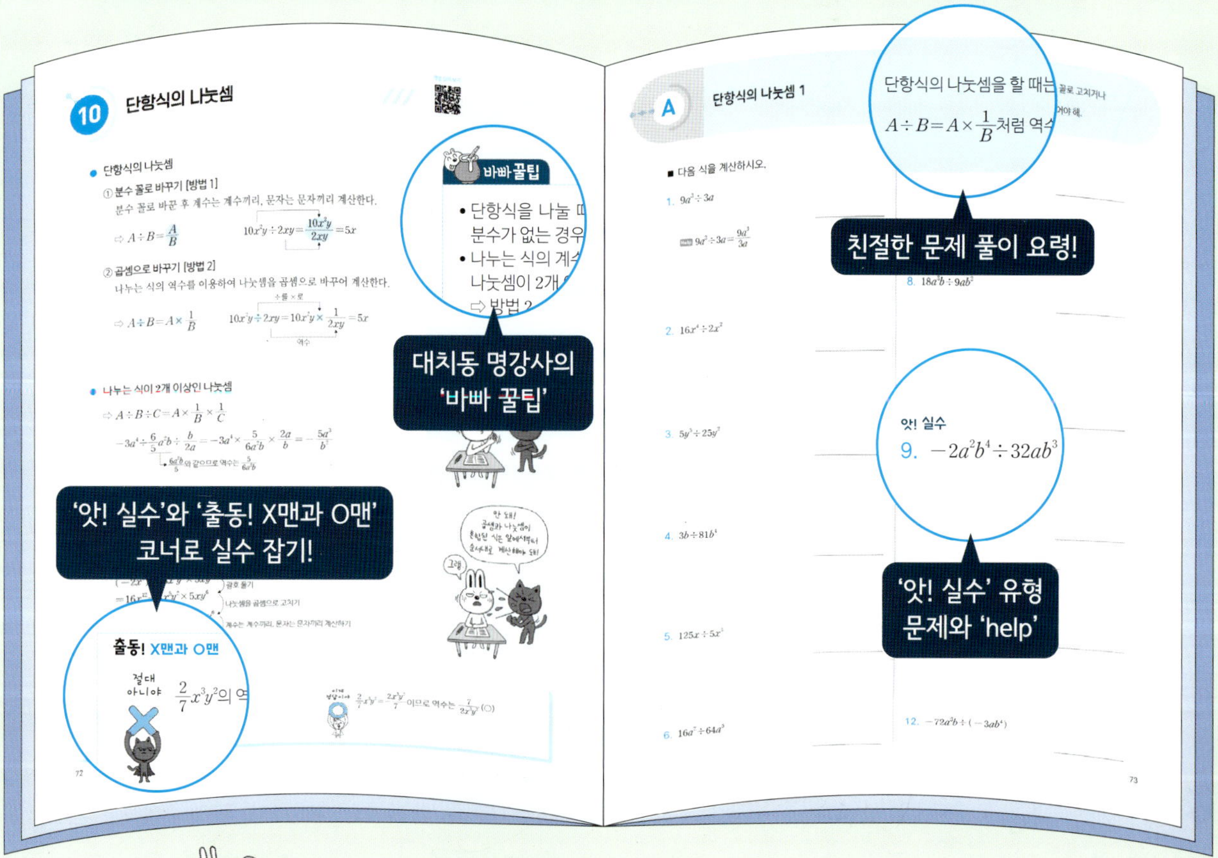